H3C 系列丛书

H3C 路由与交换实践教程

朱 麟 刘 源 编著

電子工業出版社
Publishing House of Electronics Industry
北京 • BEIJING

内 容 简 介

本教材针对高职高专学生的认知特点以及高职高专教育的培养目标、特点和要求，根据华三 H3CNE 认证考试要求，全面介绍路由与交换的精要技术和实践技能，合理安排教学与实验内容。全书共 11 章，第 1 章主要介绍华三路由器的概念、特点、内部结构和工作原理以及设备的基本操作技能；第 2 章介绍路由的概念和静态路由的基本配置；第 3 章主要介绍 RIP 协议的工作原理和主要数据包的格式以及 RIP 协议的相关配置；第 4 章介绍 OSPF 协议的工作原理和相关配置命令；第 5 章介绍路由引入和路由策略；第 6 章详细介绍交换机的工作原理和相关基本操作；第 7 章介绍虚拟局域网概念、VLAN 中的三种接口及配置；第 8 章介绍传统 VLAN 间路由实现方式与三层交换原理；第 9 章介绍生成树协议的工作原理以及几种生成树协议的操作方法；第 10 章介绍可靠性技术，DLDP、BFD 和 VRRP 的概念与配置；第 11 章介绍 IRF 技术与原理及相关配置。

本书既可作为高职高专计算机网络专业的教材，也可作为参加华三 H3CNE 认证考试人员和广大自学者的参考书。

图书在版编目（CIP）数据

H3C 路由与交换实践教程 / 朱麟，刘源编著. —北京：电子工业出版社，2018.2
（H3C 系列丛书）
ISBN 978-7-121-33318-7

Ⅰ. ①H… Ⅱ. ①朱…②刘… Ⅲ. ①计算机网络－路由选择－高等职业教育－教材②计算机网络－信息交换机－高等职业教育－教材 Ⅳ. ①TN915.05

中国版本图书馆 CIP 数据核字（2017）第 311816 号

策划编辑：宋　梅
责任编辑：宋　梅
印　　刷：北京天宇星印刷厂
装　　订：北京天宇星印刷厂
出版发行：电子工业出版社
　　　　　北京市海淀区万寿路 173 信箱　邮编　100036
开　　本：787×980　1/16　印张：22.5　字数：504 千字
版　　次：2018 年 2 月第 1 版
印　　次：2024 年 12 月第 13 次印刷
定　　价：78.00 元

凡所购买电子工业出版社图书有缺损问题，请向购买书店调换。若书店售缺，请与本社发行部联系，联系及邮购电话：（010）88254888，88258888。

质量投诉请发邮件至 zlts@phei.com.cn，盗版侵权举报请发邮件至 dbqq@phei.com.cn。

本书咨询联系方式：mariams@phei.com.cn。

前　言

路由与交换是网络专业的核心课程，本教材是为路由与交换课程编写的，其内容选取符合职业能力培养、教学职场化、教材实践化的特点。本教材是苏州工业园区服务外包职业学院江苏省示范教材建设项目，编著者长期从事网络技术专业的教学工作，对高职高专学生学习有自己的教学方法和教学理念，同时与业内知名企业合作紧密，在技能型人才培养方面有着独到的经验。本教材旨在提供一本理论与实践一体化、充分体现技能培养的校企合作的规划教材。

本教材内容安排以基础性和实践性为重点，力图在讲述路由与交换相关协议工作原理的基础上，注重对学生的实践技能培养。本教材的主要特色是教学内容设计做到了理论与技术应用对接，具有鲜明的专业教材特色。在理论上把各个协议的原理讲述透彻，在实验设计上融入实际工程应用，体现与实际工程接轨，以真实设备与仿真软件相结合。

全书共 11 章。

第 1 章主要介绍华三路由器的概念、特点、内部结构和工作原理以及设备的基本操作技能。

第 2 章介绍路由的概念和静态路由的基本配置。

第 3 章主要介绍 RIP 协议的工作原理和主要数据包的格式以及 RIP 协议的相关配置。

第 4 章介绍 OSPF 协议的工作原理和相关配置命令。

第 5 章介绍路由引入和路由策略。

第 6 章详细介绍交换机的工作原理和相关基本操作。

第 7 章介绍虚拟局域网概念，VLAN 中的三种接口及配置。

第 8 章介绍传统 VLAN 间路由实现方式与三层交换原理。

第 9 章介绍生成树协议的工作原理以及几种生成树协议的操作方法。

第 10 章介绍可靠性技术，DLDP、BFD 及 VRRP 的概念和配置。

第 11 章介绍 IRF 技术与原理，以及相关配置。

本教材作为苏州工业园区服务外包职业学院江苏省示范教材建设项目成果，第 1～5 章由朱麟老师撰稿，第 6～11 章由刘源老师撰稿，全书由朱麟老师修改定稿。参加本书编写工作的还有蒋建峰、周悦、汤静老师。特别感谢南京嘉环科技有限公司培训部项目经理马强对编写工作的支持。

本教材配套有教学资源 PPT 课件，如有需要，请登录电子工业出版社华信教育资源网（www.hxedu.com.cn），注册后免费下载

由于作者水平有限，书中难免存在错误和疏漏之处，敬请各位老师和同学指正，可发送邮件至 linnazhu@hotmail.com。

编著者

2017 年 11 月

目　　录

第1章

路由器及其基本配置

本章要点

- 华三路由器及其基本配置
- 实训1：通过Console访问H3C路由器及其基本配置
- 实训2：通过Telnet与SSH访问H3C路由器
- 实训3：使用FTP上传/下载系统文件
- 实训4：H3C路由器密码恢复

路由器（Router），是互联网络的枢纽，是目前因特网中连接各局域网和广域网的主要网络设备，其通过路由表选择最佳路径顺序发送信号。路由器广泛应用于各种行业服务。目前，路由器的厂商和产品多样，本章主要介绍华三路由器的结构、启动过程、命令行及基本配置。

1.1 华三路由器及其基本配置

华三技术有限公司（简称华三），致力于 IT 基础架构产品及方案的研究、开发、生产、销售及服务，拥有完备的路由器、以太网交换机、无线、网络安全、服务器、存储、IT 管理系统、云管理平台等产品。

华三的设备型号众多，如 CR 系列核心路由器，主要用于主干网；SR 系列高端路由器，适合大型广域网核心层、骨干层，大型园区网核心，城域网的核心位置；MSR 系列开放多业务路由器，适合中小型企业和分支机构；ER G2 系列路由器，是面向中小企业的下一代路由器。本书所有路由实训将以华三 MSR 系列路由器为例。

1.1.1 华三路由器简介

路由器是一台小型的计算机，和常用的 PC 一样，其基本的硬件包括 CPU、RAM、ROM、Flash；另外和 PC 不同的是路由器还有一个特殊的存储部件 NVRAM，以及基本的网络连接接口：WAN 接口和 LAN 接口。支持路由器工作的除了基本的硬件，路由器也有其自身的操作系统 Comware。

路由器各个部件及其基本功能如下所述。

- CPU：中央处理器，执行操作系统指令，主要负责路由的计算；
- RAM：随机存储器，又称内存，存储 CPU 执行的指令和数据，包括操作系统，运行配置文件（Running Configuration File）、IP 路由表、ARP 缓存、数据包缓存；
- ROM：只读存储器，存放诊断软件和引导程序；
- NVRAM：非易失性随机存储器，用来存放异常告警信息；
- Flash：闪存，用于存放应用程序文件、配置文件等；
- Interfaces：接口，连接广域网和局域网。

1.1.2 路由器的启动过程

路由器的启动过程主要有以下几个阶段。

① POST：加电自检。

② 加载 BOOTROM 程序。

③ 查找操作系统。

④ 加载操作系统。

⑤ 查找启动配置文件（Startup Configuration File）。

⑥ 加载启动配置文件（Startup Configuration File）。

1.1.3　路由器的访问方式

路由器可以通过多种方式访问 CLI 环境，最常见的方法有以下几种。

- 控制台（Console）；
- Telnet；
- SSH；
- AUX 端口。

1. 通过控制台访问

控制台端口是一种管理端口，可以通过该端口对华三设备进行外带访问。如图 1-1 所示是华三 MSR 系列的 2630 型号路由器的各个端口。通过控制台访问路由器需要一条 Console 线缆，如图 1-2 所示，一端（Com 接口）连接到计算机的 Com 接口，另一端连接到路由器的 Console 接口。

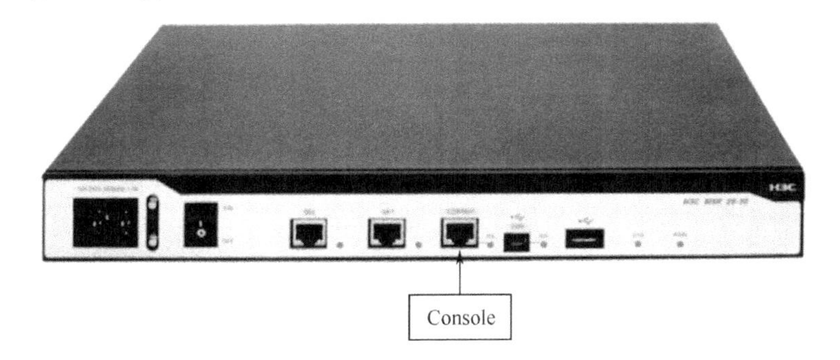

图 1-1　路由器端口

图 1-2　Console 线缆

2. 通过 Telnet 访问

Telnet 是通过虚拟连接在网络中建立远程设备的 CLI 会话方法。利用 Telnet 建立远程会话需要事先在设备上配置远程登录线路，并且给设备的接口配置 IPv4 地址，这样用户能够从 Telnet 客户端输入命令远程连接设备。

3. 通过 SSH 访问

安全外壳协议（SSH）提供与 Telnet 相同的远程登录功能，不同之处在于，Telnet 远程登录时，连接通信过程中的信息是不加密的，而 SSH 提供了更加严格的身份验证，采取加密手段这样可以使得用户 ID、密码等信息在传输过程中保持私密。

4. 通过 AUX 访问

AUX（路由器辅助端口）的连接方法是通过调制解调器进行拨号连接。

1.1.4 H3C 路由器 CLI 简介

命令视图是 Comware 命令行接口对用户的一种呈现方式。用户登录到命令行接口后总会处于某种视图之中，并只能执行该视图所允许的特定命令和操作。比较常见的命令视图有以下几种。

① 用户视图：网络设备启动后的默认视图，在该视图下可以查看启动后设备基本运行状态和统计信息。路由器名字外是一对“<>”符号，如<H3C>。

② 系统视图：在用户视图下使用 system-view 命令切换进入该视图，是配置系统全局通用参数的视图。路由器名字外是一对“[]”符号，如[H3C]。

③ 路由协议视图：在后续介绍路由和路由协议时常用，路由协议的大部分参数在该视图下配置。在系统视图下，使用路由协议启动命令可以进入到相应的路由协议视图，如 OSPF 协议视图、RIP 协议视图等。

④ 接口视图：配置接口参数的视图称为接口视图，在该视图下可以配置接口相关的物理属性、IP 地址等重要参数。使用 interface 命令并指定接口类型及编号进入相应的接口视图。

要进入某个视图，需要使用相应的特定命令，要从当前视图返回上一层视图，使用 quit 命令；使用 Ctrl+Z 命令可以从任意非用户视图立即返回用户视图。视图具备层次化，要进入某个视图，可能必须首先进入另一个视图。图 1-3 展示了各视图之间的关系。

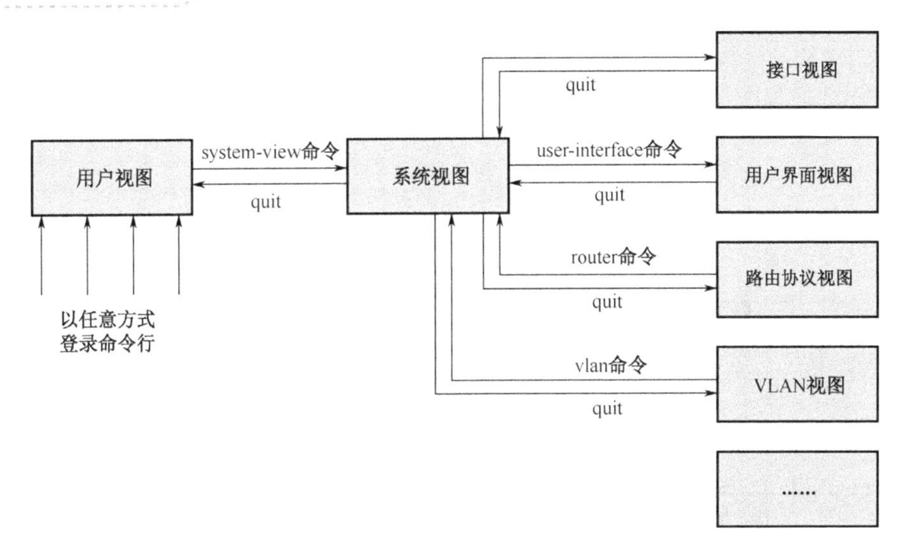

图 1-3　各种视图之间的关系

1.2　实训 1：通过 Console 访问 H3C 路由器及其基本配置

【实验目的】

- 根据图和要求搭建网络拓扑；
- 完成设备的基本配置：如名字、远程登录密码、控制台密码、系统运行配置、系统时间、删除文件等；
- 配置和激活路由器接口；
- 验证配置。

【实验拓扑】

实验拓扑如图 1-4 所示。

设备参数如表 1-1 所示。

【实验内容】

根据之前 1.1.3 介绍，用 Console 线缆连接路由器和 PC，如果是 Windows XP，可以通过开始菜单—附件—通信里的超级终端登录设备。Windows 7 以上高版本的操作系统没有超级终端附件，则可以通过安装第三方软件如 SecureCRT 访问设备。安装好后打开 SecureCRT 软件，设置连接参数，如图 1-5 所示。其中 Port（本机端口 COM1）须根据实际计算机上设备参数设置。（本书之后实验都是通过 SecureCRT 软件访问设备的）

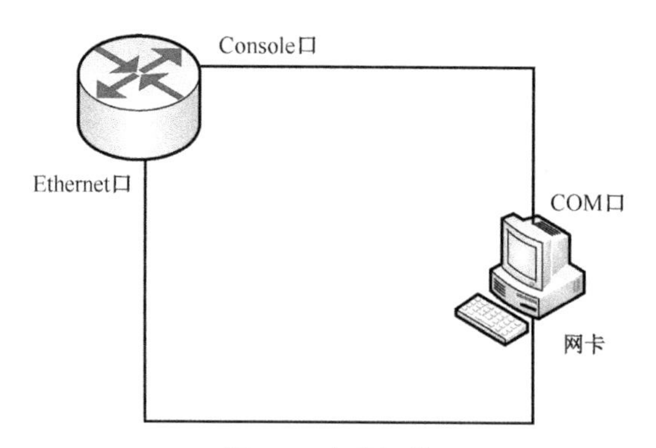

图 1-4 实验拓扑

表 1-1 设备参数表

设 备	接 口	IP 地址	子网掩码	默认网关
H3C	G0/0	192.168.1.1	255.255.255.0	N/A
	Loopback0	10.10.10.10	255.255.255.255	N/A
PC	NIC	192.168.1.100	255.255.255.0	192.168.1.1

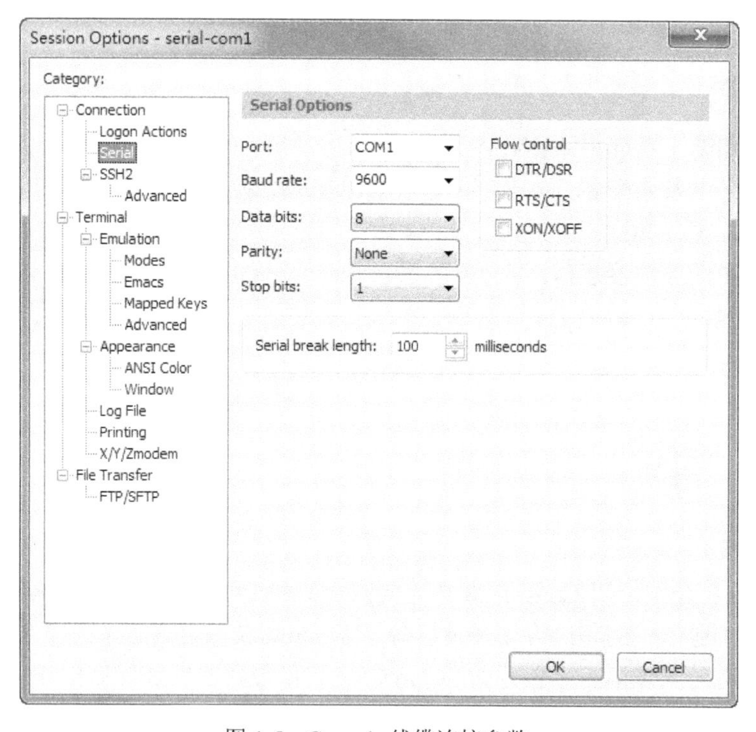

图 1-5 Console 线缆连接参数

路由器开机后，按回车键，进入用户视图，如下所示。

```
******************************************************************************
* Copyright (c) 2004-2013 Hangzhou H3C Tech. Co., Ltd. All rights reserved.  *
* Without the owner's prior written consent,                                  *
* no decompiling or reverse-engineering shall be allowed.                     *
******************************************************************************
Line aux0 is available.
Press ENTER to get started.
<H3C>system-view                              //进入系统视图
System View: return to User View with Ctrl+Z.
[H3C]sysname R1                               //配置路由器名字为 R1
[R1]display clock                             //查看当前系统时间（用户视图和系统视图均可）
12:47:26 UTC Mon 08/14/2017
Ctrl+Z 切换回用户视图
<R1>clock datetime 10:20:30 10/01/2008        //在用户视图下更改系统时间
<R1>display clock
10:20:37 UTC Wed 10/01/2008
```

1. 配置控制台相关信息

（1）配置控制台密码

```
[H3C]user-interface aux0
[H3C -line-aux0]authentication-mode password
[H3C -line-aux0]set authentication password simple 123456
[H3C -line-aux0]quit
[H3C]qu
< H3C >qu
```

（2）重新登录

退出后再登录需要密码，如下所示。

```
Press ENTER to get started.
Password:        //输入 123456 后进入用户视图
```

2. 配置远程登录信息

```
 [H3C]user-interface vty 0 4
//VTY 的编号为 0～4，第一个登录的远程用户为 VTY0，第二个为 VTY1，以此类推，此处也可以选择要配置的 VTY 编号
[H3C-line-vty0-4]authentication-mode scheme
```

```
    //VTY 用户界面视图配置验证方式。这里有三种方式可以选择，关键字 none 表示不验证；password 表示使用单纯的密码验证方式；关键字 scheme 表示使用用户名 / 密码验证方式
    [H3C-line-vty0-4]set authentication password simple 123456
    [H3C-line-vty0-4]user level-15          //配置本用户界面登录后的用户级别
```

3. 配置接口信息

```
[H3C]interface g0/0
//进入接口并配置 IP 地址和子网掩码
[H3C-GigabitEthernet0/0]ip add 192.168.1.1 24
[H3C-GigabitEthernet0/0]undo shutdown
//路由器接口默认情况下是关闭的，需手动开启
H3C]interface LoopBack0
//环回接口创建后自动开启，环回接口比较稳定，适合于之后的各种协议工作
[H3C-LoopBack0]ip add 10.10.10.10 255.255.255.255
<H3C>
//无论当前属于何种模式，使用 Ctrl+Z 命令可以退到用户视图
```

4. 保存配置

```
<H3C>save                 //保存当前配置
The current configuration will be written to the device. Are you sure? [Y/N]:y
Please input the file name(*.cfg)[flash:/startup.cfg]
(To leave the existing filename unchanged, press the enter key):
Validating file. Please wait...
Configuration is saved to device successfully.
```

5. 验证路由器版本信息

查看版本信息：

```
<H3C>display version
H3C Comware Software, Version 7.1.042, Release 0007P02            //Comware 版本
Copyright (c) 2004-2013 Hangzhou H3C Tech. Co., Ltd. All rights reserved.
H3C MSR26-30 uptime is 0 weeks, 0 days, 0 hours, 32 minutes
Last reboot reason : User reboot
Boot image: flash:/msr26-cmw710-boot-r0007p02.bin                 //Comware 地址
Boot image version: 7.1.042P05, Release 0007P02
  Compiled Aug 07 2013 15:05:42
System image: flash:/msr26-cmw710-system-r0007p02.bin
System image version: 7.1.042, Release 0007P02
  Compiled Aug 07 2013 15:05:56
```

```
CPU ID: 0x1
1G bytes DDR3 SDRAM Memory
2M bytes Flash Memory          //Flash
PCB               Version:   3.0
CPLD              Version:   2.0
Basic    BootWare Version:   1.20
Extended BootWare Version:   1.20
[SLOT   0]AUX             (Hardware)3.0,   (Driver)1.0,   (CPLD)2.0
[SLOT   0]GE0/0           (Hardware)3.0,   (Driver)1.0,   (CPLD)2.0
[SLOT   0]GE0/1           (Hardware)3.0,   (Driver)1.0,   (CPLD)2.0
[SLOT   0]CELLULAR0/0     (Hardware)3.0,   (Driver)1.0,   (CPLD)2.0
[SLOT   2]SIC-1SAE        (Hardware)2.0,   (Driver)1.0,   (CPLD)1.0
[SLOT   3]SIC-1SAE        (Hardware)2.0,   (Driver)1.0,   (CPLD)1.0
```

6. 查看路由器当前配置信息

```
<H3C>display current-configuration
#
 version 7.1.042, Release 0007P02
#
 sysname H3C
#
 system-working-mode
 password-recovery enable
#
vlan 1
#
controller Cellular0/0
#
interface Aux0
#
interface Serial2/0
#
interface Serial3/0
#
interface NULL0
#
interface LoopBack0
```

```
 ip address 10.10.10.10 255.255.255.255
#
interface GigabitEthernet0/0
 port link-mode route
 ip address 192.168.1.1 255.255.255.0
#
interface GigabitEthernet0/1
 port link-mode route
 shutdown
#
 scheduler logfile size 16
#
line class aux
 user-role network-admin
#
line class tty
 user-role network-operator
#
line class vty
 user-role network-operator
#
line aux 0
 user-role network-admin
#
line vty 0 4
 authentication-mode scheme
 user-role level-15
 user-role network-operator
 set authentication password hash
 aaa session-limit ftp 16
 aaa session-limit telnet 16
 aaa session-limit http 16
 aaa session-limit ssh 16
 aaa session-limit https 16
 domain default enable system
#
role name level-0
```

```
  description Predefined level-0 role
  (------省略部分输出------)
#
return
//路由器的当前配置信息，运行时保存在 RAM 中
```

7. 查看路由器启动配置文件

```
<H3C>display startup
  Current startup saved-configuration file: NULL
  Next main startup saved-configuration file: flash:/startup.cfg
  Next backup startup saved-configuration file: NULL
//路由器的启动配置文件，保存在 Flash 中
```

8. 查看接口信息

```
[H3C]display interface g0/0
GigabitEthernet0/0
Current state: UP
Line protocol state: UP
//接口最大传输单元、带宽、延迟、可靠性、负载等信息
Description: GigabitEthernet0/0 Interface
Bandwidth: 1000000kbps
Maximum Transmit Unit: 1500
Internet Address is 192.168.1.1/24 Primary
IP Packet Frame Type:PKTFMT_ETHNT_2, Hardware Address: 70f9-6d70-1c56
IPv6 Packet Frame Type:PKTFMT_ETHNT_2, Hardware Address: 70f9-6d70-1c56
Media type: twisted pair, loopback: not set, promiscuous mode: not set
1000Mb/s, Full-duplex, link type: autonegotiation,
flow-control: disabled
Output queue - Urgent queuing: Size/Length/Discards 0/100/0
Output queue - Protocol queuing: Size/Length/Discards 0/500/0
Output queue - FIFO queuing: Size/Length/Discards 0/75/0
Last clearing of counters: Never
Last 300 seconds input rate: 11.34 bytes/sec, 90 bits/sec, 0.12 packets/sec
Last 300 seconds output rate: 1.39 bytes/sec, 11 bits/sec, 0.02 packets/sec
Input:
   287 packets, 30174 bytes
   139 broadcasts, 116 multicasts, 0 pauses
   0 errors, 0 runts, 0 giants
```

```
    0 CRC, 0 overruns
    0 drops, 0 no buffers
  Output:
    21 packets, 1260 bytes
    4 broadcasts, 0 multicasts, 0 pauses
    0 errors, 0 underruns, 0 collisions
    0 deferred, 0 lost carriers
```

9. 查看串行接口信息

```
[H3C]display interface s2/0
Serial2/0
Current state: DOWN
Line protocol state: DOWN
Description: Serial2/0 Interface
Bandwidth: 64kbps
Maximum Transmit Unit: 1500
Hold timer: 10 seconds
Internet protocol processing: disabled
Link layer protocol: PPP
LCP: initial
（------省略部分输出------）
Physical layer: synchronous, Baudrate: 64000 bps
Interface: no cable
Clock mode: DTECLK1
DCD: DOWN, DTR: DOWN, DSR: DOWN, RTS: DOWN, CTS: DOWN
//此接口是 DTE 接口
```

10. 查看接口三层信息

```
[H3C]display ip interface g0/0
GigabitEthernet0/0 current state: UP
Line protocol current state: UP
Internet Address is 192.168.1.1/24 Primary
Broadcast address: 192.168.1.255
The Maximum Transmit Unit: 1500 bytes
input packets : 98, bytes : 8851, multicasts : 2
output packets : 0, bytes : 0, multicasts : 0
(------省略部分输出------)
```

11. 查看所有接口简要信息

```
[H3C]display interface brief
Brief information on interface(s) under route mode:
Link: ADM - administratively down; Stby - standby
Protocol: (s) - spoofing
Interface           Link    Protocol  Main IP        Description
Aux0                UP      --        --
GE0/0               UP      UP        192.168.1.1
GE0/1               ADM     DOWN      --
InLoop0             UP      UP(s)     --
Loop0               UP      UP(s)     10.10.10.10
NULL0               UP      UP(s)     --
REG0                DOWN    --        --
S2/0                DOWN    DOWN      --
S3/0                DOWN    DOWN      --
```

1.3　实训 2：通过 Telnet 与 SSH 访问 H3C 路由器

【实验目的】

- 掌握使用 Telnet 终端登录设备的方法；
- 掌握使用 SSH 终端登录设备的方法。

【实验拓扑】

实验拓扑继续使用图 1-4。

【实验内容】

1. 验证 Telnet 功能

```
[H3C]telnet server enable
//在路由器上开启 Telnet 服务
[H3C]local-user test
New local user added.
[H3C-luser-manage-test]password simple 123456
[H3C-luser-manage-test]service-type telnet
//通过 Console 口配置 Telnet 本地用户
[H3C]header login "Welcome to H3C world!"
//配置登录欢迎信息
```

通过 SecureCRT 建立一个 Telnet 连接，如图 1-6 所示，利用环回接口地址连接。因为环回接口比较稳定。输入刚才配置的用户名和密码登录路由器，如图 1-7 所示。

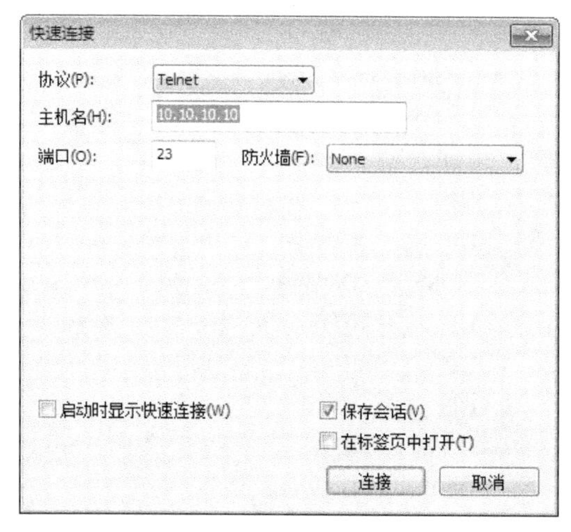

图 1-6　Telnet 连接

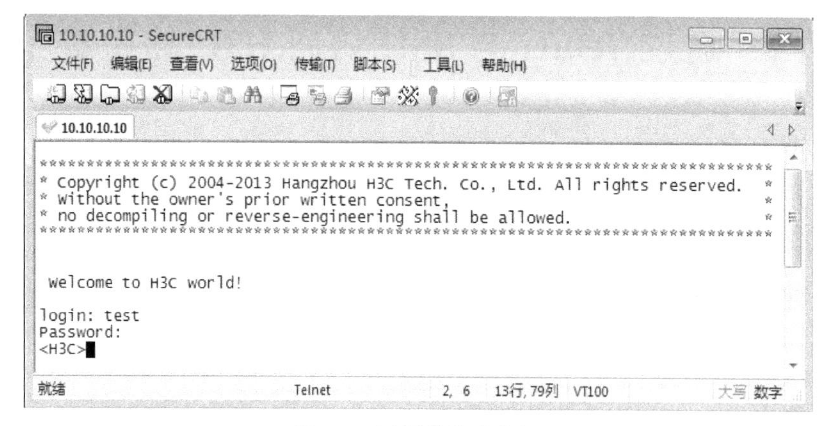

图 1-7　远程登录路由器

2. 验证 SSH 功能

```
[H3C]ssh server enable
//开启路由器 SSH 功能
[H3C]local-user test
New local user added.
[H3C-luser-manage-test]password simple 123456
[H3C-luser-manage-test]service-type ssh
//创建本地账号用户名和密码
[H3C]public-key local create rsa
```

```
The range of public key modulus is (512 ～ 2048).
If the key modulus is greater than 512, it will take a few minutes.
Press CTRL+C to abort.
Input the modulus length [default = 1024]:
Generating Keys...
............++++++
.....++++++
...++++++++
..............................................++++++++
Create the key pair successfully.
//生成 RSA 密钥对
```

通过 SecureCRT 建立一个 SSH 连接，如图 1-8 所示，利用环回接口地址连接。因为环回接口比较稳定。输入用户名和密码登录路由器，如图 1-9 所示，验证用户名和密码后，登录到路由器，如图 1-10 所示。

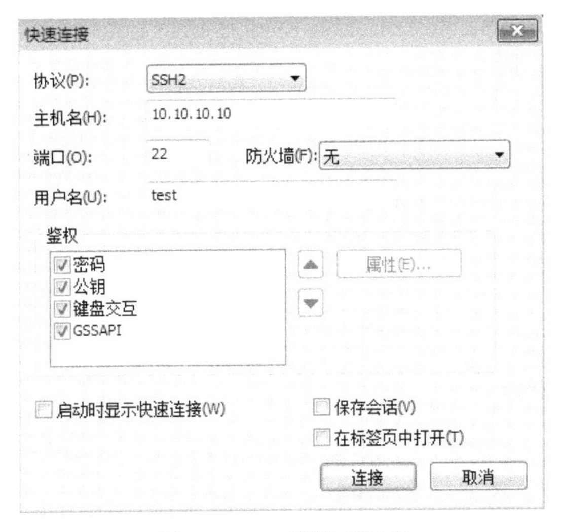

图 1-8　SSH 连接对话框

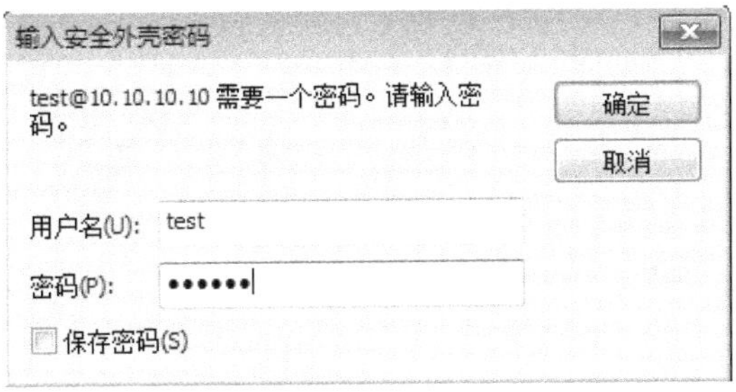

图 1-9　用户名和密码验证

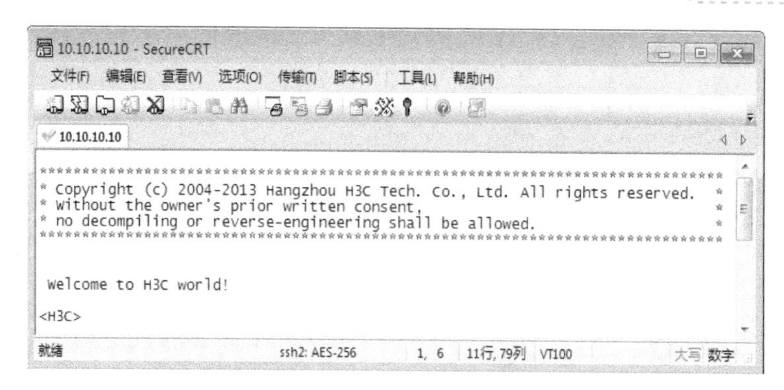

图 1-10　SSH 远程登录路由器

1.4　实训 3：使用 FTP 上传 / 下载系统文件

【实验目的】

- 掌握 FTP 服务器的使用方法；
- 备份路由器配置文件；
- 备份路由器启动文件。

【实验拓扑】

实验拓扑继续使用图 1-4。

【实验内容】

1. 备份路由器配置文件

首先完成路由器的基本信息配置，主要是接口 IP 地址，并且保证 PC 的 IP 地址已经设置完成，与路由器接口在同一网段；然后在路由器上启动 FTP 服务并添加一个本地用户。

```
[H3C]interface g0/0
[H3C -GigabitEthernet0/0]undo shutdown
[H3C -GigabitEthernet0/0]ip add 192.168.1.1 24
[H3C]local-user test01
New local user added.
[H3C -luser-manage-test01]password simple 123456
[H3C -luser-manage-test01]service-type ftp
[H3C -luser-manage-test01]authorization-attribute user-role level-3
//设置该用户的优先级为 level-3
[H3C -luser-manage-test01]authorization-attribute work-directory flash:
```

```
//设置该用户的工作目录为 flash:
[H3C]ftp server enable                          //在路由器上启动 FTP 服务
[H3C]save
The current configuration will be written to the device. Are you sure? [Y/N]:y
Please input the file name(*.cfg)[flash:/startup.cfg]
(To leave the existing filename unchanged, press the enter key):r1-config.cfg
Validating file. Please wait...
Configuration is saved to device successfully.    //保存配置文件为 r1-config.cfg
< H3C >pwd
flash:
< H3C >dir
Directory of flash:
   (------省略部分输出------)
 6 -rw-    9003008 Jun 01 2014 02:29:25   msr26-cmw710-boot-r0007p02.bin
 7 -rw-    1038336 Jun 01 2014 02:29:32   msr26-cmw710-data-r0007p02.bin
 8 -rw-      10240 Jun 01 2014 02:29:31   msr26-cmw710-security-r0007p02.bin
 9 -rw-   25317376 Jun 01 2014 02:29:31   msr26-cmw710-system-r0007p02.bin
10 -rw-    1276928 Jun 01 2014 02:29:32   msr26-cmw710-voice-r0007p02.bin
11 -rw-       2091 Oct 08 2008 11:05:22   r1-config.cfg
12 -rw-      30385 Oct 08 2008 11:05:22   r1-config.mdb
```

完成配置后，可以在 PC 端用 FTP 登录到路由器下载配置文件，FTP 保存的文件如图 1-11 所示。

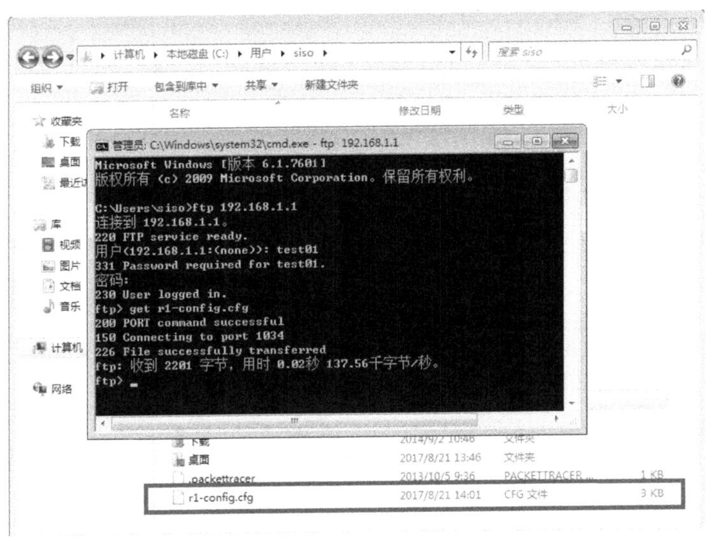

图 1-11　FTP 保存的文件

同时在路由器端也可以看到 test01 用户的登录下载信息。

```
[H3C]%Oct 8 11:07:26:848 2008 R1 FTP/6/AUTH: User N/A@192.168.1.100 for connection.
%Oct 8 11:07:33:332 2008 R1 FTP/6/AUTH: User test01@192.168.1.100 login.
%Oct 8 11:07:43:352 2008 R1 FTP/5/OPER: User test01@192.168.1.100 downloaded
flash:/r1-config.cfg.
```

2. 还原路由器配置文件

FTP 需要上传的文件如图 1-12 所示。

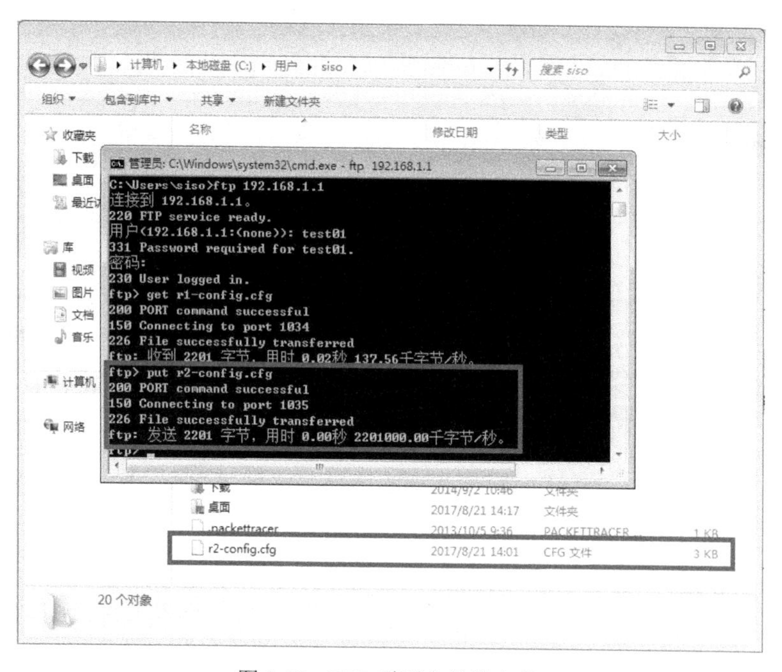

图 1-12　FTP 需要上传的文件

```
< H3C >startup saved-configuration r2-config.cfg main
//设置 r2-config.cfg 为下次启动的配置主文件
Please wait...... Done.
< H3C >startup saved-configuration r1-config.cfg backup
//设置 r1-config.cfg 为下次启动的配置备份文件
Please wait...... Done.
< H3C >display startup        //查看启动文件
 Current startup saved-configuration file: NULL
 Next main startup saved-configuration file: flash:/r2-config.cfg
 Next backup startup saved-configuration file: flash:/r1-config.cfg
```

3．备份 IOS

华三 IOS 默认情况下是存储在 Flash 中的。

```
<H3C>dir
Directory of flash:
   0 drw-              - Jun 01 2014 02:30:52    diagfile
   1 -rw-            735 Oct 01 2008 13:39:03    hostkey
   2 -rw-            118 Oct 08 2008 11:05:22    ifindex.dat
   3 -rw-           2098 Oct 01 2008 12:58:24    level
   4 drw-              - Jun 01 2014 02:30:54    license
   5 drw-              - Oct 01 2008 11:06:12    logfile
   6 -rw-        9003008 Jun 01 2014 02:29:25    msr26-cmw710-boot-r0007p02.bin
   7 -rw-        1038336 Jun 01 2014 02:29:32    msr26-cmw710-data-r0007p02.bin
   8 -rw-          10240 Jun 01 2014 02:29:31    msr26-cmw710-security-r0007p02.bin
   9 -rw-       25317376 Jun 01 2014 02:29:31    msr26-cmw710-system-r0007p02.bin
  10 -rw-        1276928 Jun 01 2014 02:29:32    msr26-cmw710-voice-r0007p02.bin
  11 drw-              - Jun 01 2014 02:30:52    seclog
  12 -rw-            591 Oct 01 2008 13:39:04    serverkey
```

1.5　实训 4：H3C 路由器密码恢复

【实验目的】

- 恢复路由器的密码。
- 验证配置。

【实验拓扑】

实验拓扑继续使用图 1-4。

【实验内容】

当网络管理员忘记，或者不知道路由器的密码的时候，就须要恢复密码，恢复密码实际上是修改原有的密码，并不能查出原来的密码。

1．远程 Telnet 密码忘记

绝大多数企业网络管理员都是通过 Telnet 来管理路由交换设备的，如果忘记了这个密码，我们可以拿 Console 线连接计算机的 COM 串口以及 MSR 路由器的 Console 口后重新设置 Telnet 本地用户的密码，方法如前 1.3 所示。

2．Console 管理密码与 Telnet 密码均忘记

这时我们可以将路由器电源关闭，然后在 Console 线连接正常的情况下重新启动路由器，观察终端连接中显示的信息，当出现“Press Ctrl+B to access EXTENDED-BOOTWARE MENU...”时迅速按下 Ctrl+B 键，这时进入扩展启动选项。

```
Press Ctrl+B to access EXTENDED-BOOTWARE MENU...
Password recovery capability is enabled.
Note: The current operating device is flash
Enter < Storage Device Operation > to select device.
===================<EXTENDED-BOOTWAREMENU>======================
|<1> Boot System                                               |
|<2> Enter Serial SubMenu                                      |
|<3> Enter Ethernet SubMenu                                    |
|<4> File Control                                              |
|<5> Restore to Factory Default Configuration                  |
|<6> Skip Current System Configuration                         |
|<7> BootWare Operation Menu                                   |
|<8> Skip Authentication for Console Login                     |
|<9> Storage Device Operation                                  |
|<0> Reboot
==========================================================================
Ctrl+Z: Access EXTENDED ASSISTANT MENU
Ctrl+F: Format File System
Enter your choice(0-9): 8
Clear Image Password Success!
```

在扩展启动选项中有 10 个选项提供给我们，依次是启动系统、进入串口子菜单、进入以太口子菜单、文件控制、恢复出厂设置、忽略加载系统、bootware 操作菜单、忽略 Console 口认证、存储设备操作以及重启。我们选择 8，选择完毕后又回到刚才的菜单，表面看起来没什么差别，实际已经执行完毕，接下来我们选择 0-reboot 重启路由器即可。这时进入系统不再需要密码。

第2章 静态路由

本章要点

- IP 路由基础
- 实训 1：带下一跳地址的静态路由
- 实验 2：带送出接口的静态路由
- 实训 3：汇总静态路由与默认路由
- 实训 4：路由负载分担、路由备份与 BFD 联动

路由器是能够将数据报文在不同逻辑网段间转发的网络设备。路由是指导路由器如何进行数据报文发送的路径信息。每条路由都包含有目的地址、下一跳、出接口、到目的地代价等要素。路由器根据自己的路由表，选择一条最佳路径转发数据，路由表是路由器工作的核心，路由表的形成主要有两种方式：静态设定与动态生成。静态设定通过配置路由器静态路由的方式完成。本章主要介绍路由器配置静态路由的方法。

2.1 IP 路由基础

路由器根据所收到的数据报头的目的地址选择一个合适的路径，将数据包传送到下一个路由器，路径上最后的路由器负责将数据包送交目的主机。数据包在网络上的传输就好像是体育运动中的接力赛一样，每一个路由器只负责将数据包在本站通过最优的路径转发。

路由器的特点是逐跳转发。在图 2-1 所示的网络中，RTA 收到 PC 发往 Server 的数据包后，将数据包转发给 RTB，RTA 并不负责指导 RTB 如何转发数据包，所以，RTB 必须自己把数据包转发给 RTC，RTC 再转发给 RTD，以此类推。这就是路由的逐跳性，即路由器只指导本地转发行为，不会影响其他设备转发行为，设备之间的转发是相互独立的。

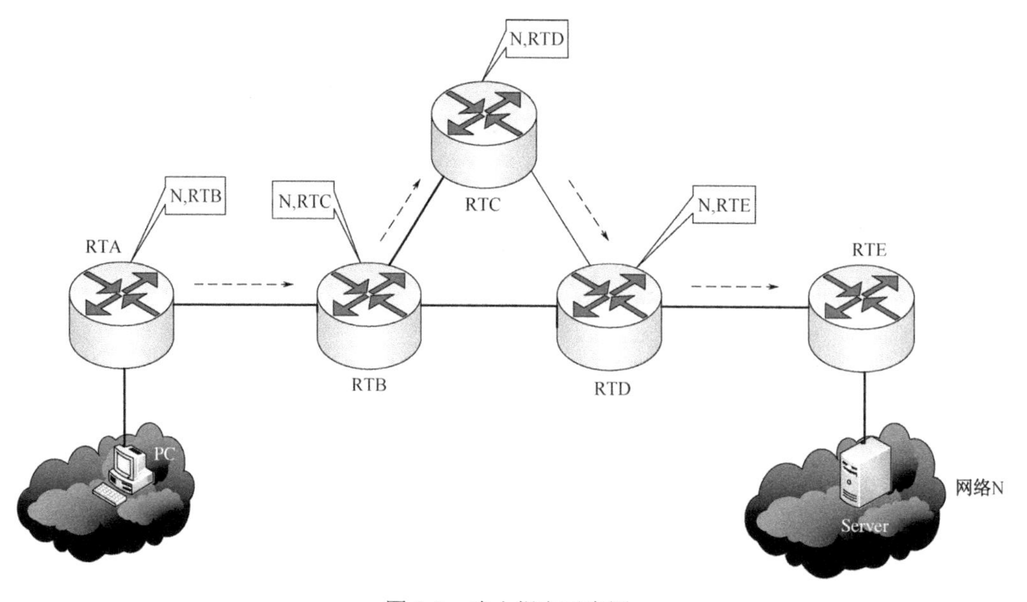

图 2-1 路由报文示意图

2.1.1 路由表

路由器中转发数据包所依据的路由条目就组成了路由器中的路由表。每个路由器中都保存着一张路由表，将数据包转发到目的网络，路由器须要有到那个网络的路由条目。如果在路由器上目的网络的路由条目不存在，数据包就会被丢弃。

1. 路由表存储的信息

① 直连网络：这些路由条目来自路由器的活动接口。当接口配置了 IP 地址并且已经激活时，路由器会直接将接口所在的路由条目加入到路由表中。路由器的每一个接口都连接了不同的网络。

② 远程网络：这些路由条目来自连接到本路由器的其他路由器的远程网络。通向这些网络的路由条目可以由网络管理员手动安排，或者配置动态路由让路由器自动学习并且计算到达远程网络的路径。

2. 路由表条目中包括的主要信息

① 目的网络：用来标识 IP 数据报文的目的地址或目的网络。

② 出接口：指明 IP 包将从该路由器哪个接口转发。

③ 下一跳地址：更接近目的网络的下一个路由器地址。

④ 度量值：说明 IP 包需要花多大的代价才能到达目标。

⑤ 优先级：代表了路由协议的可信度。

在华三路由器上，查看路由器路由表的命令是 display ip routing-table。

如图 2-2 所示拓扑，已配置好动态路由协议 OSPF。

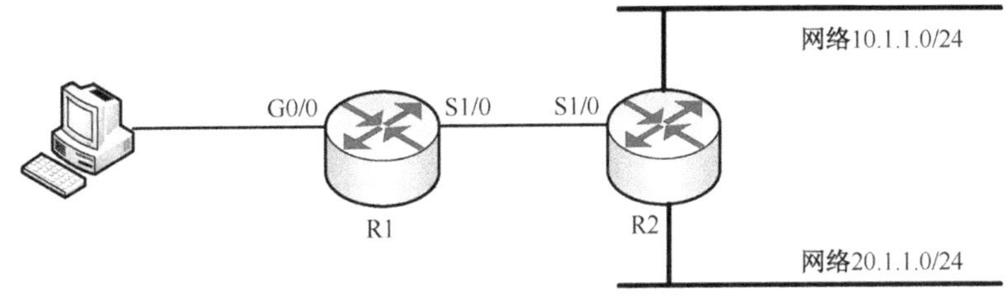

图 2-2　网络拓扑

在路由器 R1 上查看路由表，输入命令 display ip routing-table，从 R1 的路由表中可以看出，直连路由条目若干条，如表 2-1 所示。远程网络有 2 条路由条目，如表 2-2 所示。

表 2-1　直连路由条目

Destination/Mask	Proto	Pre	Cost	NextHop	Interface
192.168.1.0/24	Direct	0	0	192.168.1.1	GE0/0
192.168.12.0/24	Direct	0	0	192.168.12.1	S1/0

表 2-2　远程路由条目

Destination/Mask	Proto	Pre	Cost	NextHop	Interface
10.1.1.1/32	O_INTRA	10	1562	192.168.12.2	S1/0
20.1.1.1/32	O_INTRA	10	1562	192.168.12.2	S1/0

- Destination/Mask：目的网络；
- Proto：Direct 标识直连网络，接口配置好并激活后，条目将自动转入路由器路由表；
- O_INTRA：标识远程网络，由动态路由协议 OSPF 学习得到；
- Pre（Preference）：优先级；
- Cost：代价；
- NextHop：下一跳 IP 地址；
- Interface：出接口。

2.1.2　路由协议

互联网上的路由协议众多，根据路由算法对网络变化的适应能力，主要分为以下两种选择策略。

① 静态路由选择策略：非自适应路由选择，其特点是简单，开销较小，但不能及时适应网络状态的变化。

② 动态路由选择策略：自适应路由选择，其特点是能较好地适应网络状态的变化，但实现起来较为复杂，开销也比较大。

现在的网络被分成了很多个自治系统（Autonomous System，AS）。每个自治系统都有一个唯一的自治系统编号。动态路由协议按照工作范围的不同，可以分为内部网关协议（IGP）和外部网关协议（EGP）。

路由协议如图 2-3 所示。

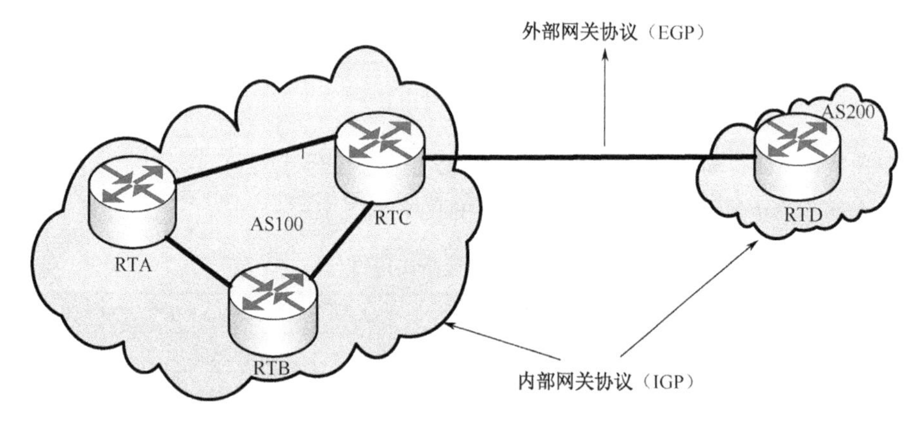

图 2-3　路由协议

① IGP：是在一个自治系统内部使用的路由选择协议，主要目的是发现和计算自治系统内

的路由信息。目前这类路由选择协议使用得最多，如 RIP、OSPF 和 IS-IS 协议。

② EGP：是在自治系统之间使用的路由协议，若源站和目的站处在不同的自治系统中，当数据报文传到一个自治系统的边界时，就须要使用一种协议将路由选择信息传递到另一个自治系统中。在外部网关协议中，目前使用最多的是 BGP。

按照路由的寻径算法和交换路由信息的方式，路由协议可以分为距离矢量路由协议和链路状态路由协议。典型的距离矢量协议如 RIP，典型的链路状态协议如 OSPF。

2.1.3　路由优先级

在计算路由信息时，因为不同路由协议所考虑的因素不同，所以计算出的路径也可能不同。具体表现就是到相同的目的地址，不同的路由协议所生成路由的下一跳可能会不同。在这种情况下，路由器会选择哪一条路由作为转发报文的依据呢？此时就取决于路由条目的优先级，具有较高优先级（数值越小表明优先级越高）的路由协议发现的路由将成为最优路由，被加入到路由表中。

H3C 路由器的默认优先级如表 2-3 所示。各动态路由协议的优先级也可以根据用户需求进行配置。

表 2-3　路由协议及默认的路由优先级

路由协议	优 先 级
DIRECT	0
IS-IS	15
STATIC	60
RIP	100
OSPF_ASE	150
OSPF_NSSA	150
IBGP	255
EBGP	255

2.1.4　路由的度量

路由度量值是动态路由协议用来衡量到达这条路由所指目的地址的代价，当到达目的地网络有多条路径时，路由器就会寻找一条最佳路径，选择的依据就是根据度量的值。各路由协议通常会考虑以下因素。

- 跳数：经过路由器的个数，每经过一个路由器，跳数加一；
- 带宽：标识信号传输的数据传输能力，主要是单位时间内通过链路的数据量；
- 开销：链路上的消耗，带宽越大，开销越小，此度量主要用于 OSPF 路由协议；

- 延迟：数据传输通过链路时的时间消耗；
- 负载：链路的数据容量；
- 可靠性：通常指数据链路上的数据传输错误率。

不同的动态路由协议会选择其中的一种或几种因素来计算度量值。在常用的路由协议中，RIP 使用“跳数”来计算度量值，跳数越小，其度量值也就越小。OSPF 使用“带宽”来计算度量值，带宽越大，路由度量值越小。

2.1.5 静态路由协议

静态路由是手工配置的路由，可由网络管理员指定数据包发送的路径。

（1）静态路由的主要特点

- 比较适合网络规模不大，路由器数量较少，路由表也相对较小的场景；
- 节省带宽，不消耗 CPU 资源；
- 数据包传输路径确定，不能根据拓扑变化做出调整；
- 安全性较高。

（2）静态路由的主要类型

- 标准静态路由；
- 默认静态路由；
- 汇总静态路由；
- 浮动静态路由。

2.1.6 默认路由

默认路由也称为缺省路由，是能够与所有数据包匹配的路由。在没有找到匹配的路由表项的情况下，路由器会根据默认静态路由转发数据包。一般情况下，会在网络的边界，又叫作末节网络配置默认静态路由，如图 2-4 所示，R1 为末节网络中的末节路由器。

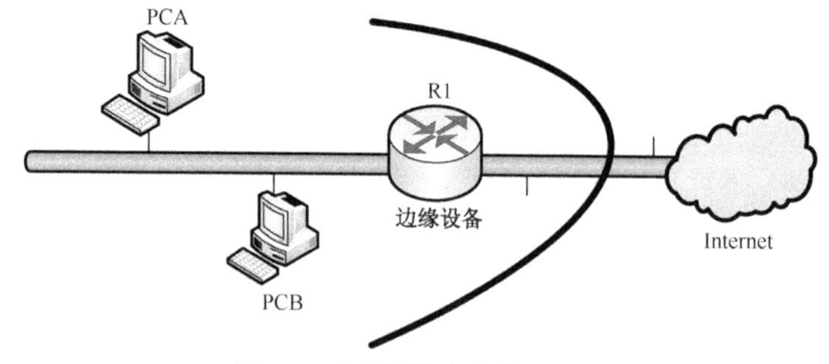

图 2-4　末节网络和末节路由器

2.1.7　路由备份和负载分担

如图 2-5 所示，某企业网络使用一台出口路由器连接到不同的 ISP。如想实现路由备份，则可将其中一条路由的优先级改变。如想让连接到 ISP 甲的线路为主线路，则可以降低到达 ISP 甲的静态路由优先级的值，数据包会被优先转发到 ISP 甲。如果网络产生故障，如 S0/0 端口断开，意味着路由表中到 ISP 甲的下一跳失效，路由器会自动选择下一跳到 ISP 乙的路由，由此来实现路由备份。

当去往目的网络有多条路径，并且每条路径上的优先级相同时，路由器就会执行负载分担，即数据被平均分配到每条链路上传输。如图 2-5 所示，可配置两条默认静态路由，下一跳指向两个不同接口，使用默认的优先级。网络内访问 ISP 的数据报文被从路由器的两个接口 S0/0 和 S0/1 轮流转发到 ISP。这样可以提高链路的带宽利用率。

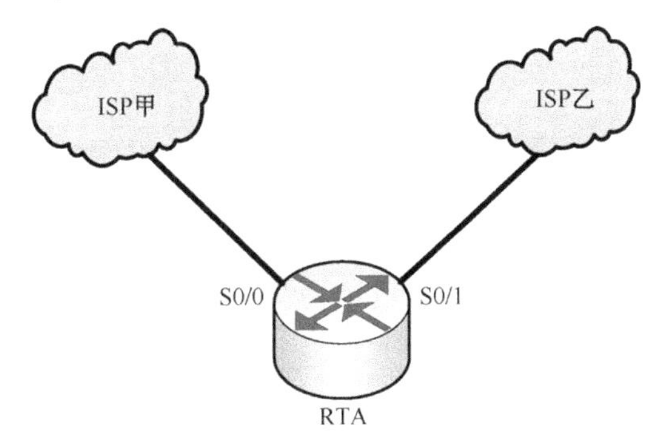

图 2-5　路由备份和负载分担

在链路带宽接近时，可以使用负载分担模式；而在链路带宽相差较大时，使用备份方式。因为在负载分担模式下，如果一条链路的带宽较小，则会成为网络传输的瓶颈。

2.1.8　静态黑洞路由的应用

在配置静态路由时，对应接口可以配置为 NULL 0。NULL 接口是一个特别的接口，无法在上面配置 IP 地址。如图 2-6 所示为一种常见的网络规划方案。RTD 为汇聚层设备，下面连接多台接入层的路由器，每台接入路由都会配置默认路由指向 RTD，相应地，RTD 配置有 10.0.0.0/24、10.0.1.0/24 等多条静态路由，回指到 RTA、RTB 等，同时 RTD 上配有一条默认路由指向 RTE。由于这些接入层路由器所连接的网段是连续的，可以聚合成一条 10.0.0.0/16 的路由，所以在 RTE 上配置到 10.0.0.0/16 的静态路由，指向 RTD。

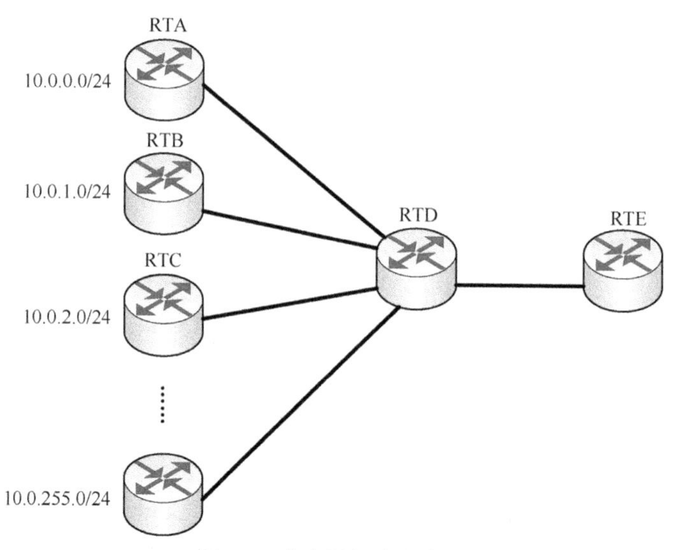

图 2-6　静态黑洞路由应用

正常情况下，网络都能很好的运转，但如果出现意外，RTC 和 RTD 之间的链路中断，这时 RTA 有报文送往 10.0.2.1，送到 RTD 后，只能匹配默认路由送往 RTE，RTE 查询路由表后发现 10.0.0.0/16 匹配，于是又将报文送往 RTD，同理 RTD 又送往 RTE，这样就产生了环路。所以需要在 RTD 上配置一条黑洞路由：

```
ip route-static 10.0.0.0 255.255.0.0 null 0
```

这样，再发生上述情况就会把报文送到 NULL 接口（丢弃）而避免环路的产生。

2.2　实训 1：带下一跳地址的静态路由

【实验目的】

- 根据图和要求搭建网络拓扑；
- 完成设备的接口配置；
- 部署静态路由并修改、删除静态路由；
- 验证配置。

【实验拓扑】

实验拓扑如图 2-7 所示。

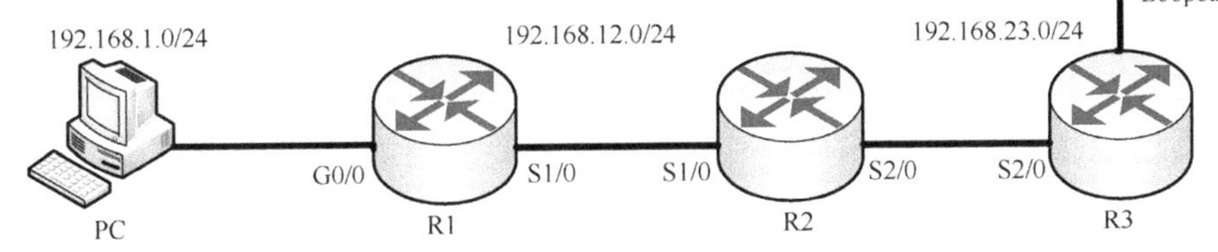

图 2-7　实验拓扑

设备参数如表 2-4 所示。

表 2-4　设备参数表

设 备	接 口	IP 地址	子网掩码	默认网关
R1	G0/0	192.168.1.1	255.255.255.0	N/A
	S1/0	192.168.12.1	255.255.255.0	N/A
R2	S1/0	192.168.12.2	255.255.255.0	N/A
	S2/0	192.168.23.2	255.255.255.0	N/A
R3	S2/0	192.168.23.3	255.255.255.0	N/A
	Loopback0	172.16.0.3	255.255.255.0	N/A
	Loopback1	172.16.1.3	255.255.255.0	N/A
	Loopback2	172.16.2.3	255.255.255.0	N/A
	Loopback3	172.16.3.3	255.255.255.0	N/A
PC	NIC	192.168.1.100	255.255.255.0	192.168.1.1

【实验内容】

1. 配置路由器

（1）配置 R1

```
[R1]interface G0/0
[R1-GigabitEthernet0/0]undo shutdown
[R1-GigabitEthernet0/0]ip add 192.168.1.1 255.255.255.0
[R1-GigabitEthernet0/0]quit
[R1]interface s1/0
[R1-Serial1/0]ip add 192.168.12.1 24
[R1-Serial1/0]quit
//以下配置带一跳地址的静态路由
[R1]ip route-static 172.16.0.0 255.255.255.0 192.168.12.2
[R1]ip route-static 172.16.1.0 255.255.255.0 192.168.12.2
```

```
[R1]ip route-static 172.16.2.0 255.255.255.0 192.168.12.2
[R1]ip route-static 172.16.3.0 255.255.255.0 192.168.12.2
[R1]ip route-static 172.16.23.0 255.255.255.0 192.168.12.2
```

（2）配置 R2

```
[R2]interface s1/0
[R2-Serial1/0]ip add 192.168.12.2 24
[R2-Serial1/0]quit
[R2]interface s2/0
[R2-Serial2/0]ip add 192.168.23.2 24
[R2-Serial2/0]quit
//以下配置带一跳地址的静态路由
[R2]ip route-static 172.16.0.0 24 192.168.23.3
[R2]ip route-static 172.16.1.0 24 192.168.23.3
[R2]ip route-static 172.16.2.0 24 192.168.23.3
[R2]ip route-static 172.16.3.0 24 192.168.23.3
[R2]ip route-static 192.168.1.0 24 192.168.12.1
```

（3）配置 R3

```
[R3]interface LoopBack 0
[R3-LoopBack0]ip add 172.16.0.3 24
[R3-LoopBack0]quit
[R3]interface LoopBack 1
[R3-LoopBack1]ip add 172.16.1.3 24
[R3-LoopBack1]quit
[R3]interface LoopBack 2
[R3-LoopBack2]ip add 172.16.2.3 24
[R3-LoopBack2]quit
[R3]interface LoopBack 3
[R3-LoopBack3]ip add 172.16.3.3 24
[R3-LoopBack3]quit
[R3]interface s2/0
[R3-Serial2/0]ip add 192.168.23.3 24
[R3-Serial2/0]quit
[R3]ip route-static 192.168.1.0 24 192.168.23.2
[R3]ip route-static 192.168.12.0 24 192.168.23.2
```

静态路由的配置在系统视图下进行，命令如下：

ip route-static *dest-address{mask|mask-length} {gateway-address|interface-type interface- number}*

```
[preference preference-value]
```

其中各参数的解释如下：

① *dest-address*：静态路由的目的 IP 地址，点分十进制格式。

② *mask*：对应 IP 地址的掩码。

③ *mask-length*：掩码中网络号长度，取值范围为 0～32。比如掩码长度为 24，则掩码为 255.255.255.0。

④ *gateway-address*：下一跳的 IP 地址。

⑤ *interface-type interface-number*：指定静态路由的出接口类型和接口号。

⑥ **preference** *preference-value*：指定静态路由的优先级，取值范围为 1～255，默认值为 60。

2. 查看路由器路由表

（1）查看 R1 的路由表

```
[R1]display ip routing-table
Destinations : 22        Routes : 22
(-----省略部分输出--------)
Destination/Mask    Proto    Pre    Cost    NextHop         Interface
172.16.0.0/24       Static   60     0       192.168.12.2    S1/0
172.16.1.0/24       Static   60     0       192.168.12.2    S1/0
172.16.2.0/24       Static   60     0       192.168.12.2    S1/0
172.16.3.0/24       Static   60     0       192.168.12.2    S1/0
172.16.23.0/24      Static   60     0       192.168.12.2    S1/0
192.168.1.0/24      Direct   0      0       192.168.1.1     GE0/0
192.168.12.0/24     Direct   0      0       192.168.12.1    S1/0
```

（2）查看 R2 的路由表

```
[R2]display ip routing-table
Destinations : 23        Routes : 23
(-----省略部分输出--------)
Destination/Mask    Proto    Pre    Cost    NextHop         Interface
172.16.0.0/24       Static   60     0       192.168.23.3    S2/0
172.16.1.0/24       Static   60     0       192.168.23.3    S2/0
172.16.2.0/24       Static   60     0       192.168.23.3    S2/0
172.16.3.0/24       Static   60     0       192.168.23.3    S2/0
192.168.1.0/24      Static   60     0       192.168.12.1    S1/0
192.168.12.0/24     Direct   0      0       192.168.12.2    S1/0
192.168.23.0/24     Direct   0      0       192.168.23.2    S2/0
```

（3）查看 R3 的路由表

```
[R3]display ip routing-table
Destinations : 31        Routes : 31
(-----省略部分输出--------)
Destination/Mask    Proto   Pre  Cost   NextHop        Interface
127.255.255.255/32  Direct  0    0      127.0.0.1      InLoop0
172.16.0.0/24       Direct  0    0      172.16.0.3     Loop0
172.16.1.0/24       Direct  0    0      172.16.1.3     Loop1
172.16.2.0/24       Direct  0    0      172.16.2.3     Loop2
172.16.3.0/24       Direct  0    0      172.16.3.3     Loop3
192.168.1.0/24      Static  60   0      192.168.23.2   S2/0
192.168.12.0/24     Static  60   0      192.168.23.2   S2/0
192.168.23.0/24     Direct  0    0      192.168.23.3   S2/0
```

【实验测试】

给 PC 安排 IP 地址 192.168.1.100，子网掩码为 255.255.255.0，默认网关为 192.168.1.1。进入 PC 的命令行，进行连通性测试，如图 2-8 所示。

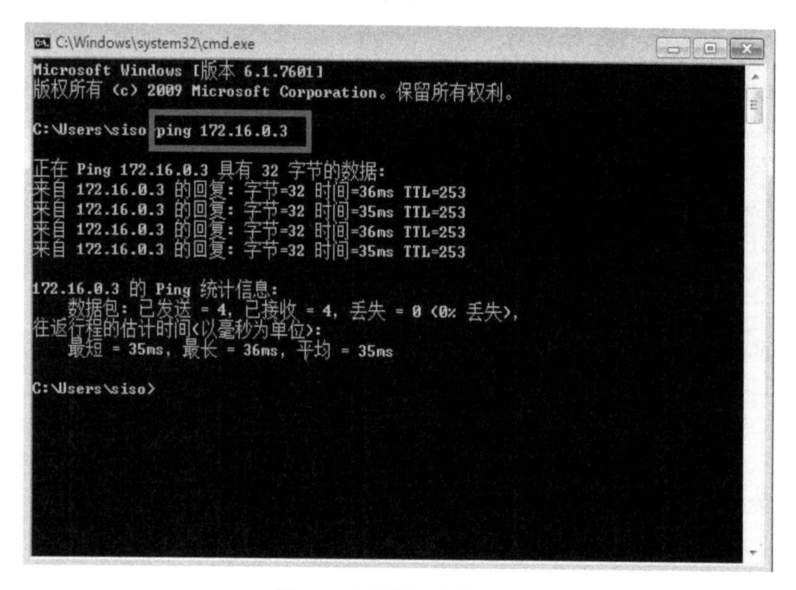

图 2-8 连通性测试结果

Windows 默认 ping 命令会发送 4 个数据包，我们也可以利用路由器进行连通性测试。

```
[R1]ping 172.16.0.3
Ping 172.16.3.3 (172.16.0.3): 56 data bytes, press escape sequence to break
```

```
56 bytes from 172.16.0.3: icmp_seq=0 ttl=254 time=48.286 ms
56 bytes from 172.16.0.3: icmp_seq=1 ttl=254 time=47.732 ms
56 bytes from 172.16.0.3: icmp_seq=2 ttl=254 time=48.114 ms
56 bytes from 172.16.0.3: icmp_seq=3 ttl=254 time=47.933 ms
56 bytes from 172.16.0.3: icmp_seq=4 ttl=254 time=48.073 ms
--- Ping statistics for 172.16.0.3 ---
5 packet(s) transmitted, 5 packet(s) received, 0.0% packet loss
```

ping 命令可以带参数，下面列举说明几个常用参数的含义：

① -a：指定 ICMP Echo Request 报文中的源 IP 地址。

② -s：指定 ICMP Echo Request 报文的长度。

③ -c：指定发送 ICMP Echo Request 报文的数目，默认值为 5。

2.3 实验 2：带送出接口的静态路由

1. 修改静态路由配置

（1）修改路由器 R1 上的配置

```
//首先删除之前带下一跳 IP 地址的静态路由，在原配置命令前面加“undo”
[R1]undo ip route-static 172.16.0.0 255.255.255.0 192.168.12.2
[R1]undo ip route-static 172.16.1.0 255.255.255.0 192.168.12.2
[R1]undo ip route-static 172.16.2.0 255.255.255.0 192.168.12.2
[R1]undo ip route-static 172.16.3.0 255.255.255.0 192.168.12.2
[R1]undo ip route-static 172.16.23.0 255.255.255.0 192.168.12.2
[R1]ip route-static 172.16.0.0 24 s1/0
[R1]ip route-static 172.16.1.0 24 s1/0
[R1]ip route-static 172.16.2.0 24 s1/0
[R1]ip route-static 172.16.3.0 24 s1/0
[R1]ip route-static 172.16.23.0 24 s1/0
```

（2）修改路由器 R2 上的配置

```
[R2]undo ip route-static 172.16.0.0 24 192.168.23.3
[R2]undo ip route-static 172.16.1.0 24 192.168.23.3
[R2]undo ip route-static 172.16.2.0 24 192.168.23.3
[R2]undo ip route-static 172.16.3.0 24 192.168.23.3
[R2]undo ip route-static 192.168.1.0 24 192.168.12.1
[R2]ip route-static 172.16.0.0 24 s2/0
[R2]ip route-static 172.16.1.0 24 s2/0
```

```
[R2]ip route-static 172.16.2.0 24 s2/0
[R2]ip route-static 172.16.3.0 24 s2/0
[R2]ip route-static 192.168.1.0 24 s1/0
```

（3）修改路由器 R3 上的配置

```
[R3]undo ip route-static 192.168.1.0 24 192.168.23.2
[R3]undo ip route-static 192.168.12.0 24 192.168.23.2
[R3]ip route-static 192.168.1.0 24 s2/0
[R3]ip route-static 192.168.12.0 24 s2/0
```

2. 查看路由器路由表的静态路由条目

（1）查看 R1 路由表中的静态路由条目

```
Destination/Mask    Proto   Pre  Cost     NextHop      Interface
172.16.0.0/24       Static  60   0        0.0.0.0      S1/0
172.16.1.0/24       Static  60   0        0.0.0.0      S1/0
172.16.2.0/24       Static  60   0        0.0.0.0      S1/0
172.16.3.0/24       Static  60   0        0.0.0.0      S1/0
172.16.23.0/24      Static  60   0        0.0.0.0      S1/0
```

（2）查看 R2 路由表中的静态路由条目

```
Destination/Mask    Proto   Pre  Cost     NextHop      Interface
172.16.0.0/24       Static  60   0        0.0.0.0      S2/0
172.16.1.0/24       Static  60   0        0.0.0.0      S2/0
172.16.2.0/24       Static  60   0        0.0.0.0      S2/0
172.16.3.0/24       Static  60   0        0.0.0.0      S2/0
192.168.1.0/24      Static  60   0        0.0.0.0      S1/0
```

（3）查看 R3 路由表中的静态路由条目

```
Destination/Mask    Proto   Pre  Cost     NextHop      Interface
192.168.1.0/24      Static  60   0        0.0.0.0      S2/0
192.168.12.0/24     Static  60   0        0.0.0.0      S2/0
```

【实验测试】

在路由器 R1 上 ping 路由器 R3 上的回环口 172.16.3.3。

```
[R1]ping 172.16.3.3
Ping 172.16.3.3 (172.16.3.3): 56 data bytes, press escape sequence to break
56 bytes from 172.16.3.3: icmp_seq=0 ttl=254 time=48.286 ms
56 bytes from 172.16.3.3: icmp_seq=1 ttl=254 time=47.732 ms
```

```
56 bytes from 172.16.3.3: icmp_seq=2 ttl=254 time=48.114 ms
56 bytes from 172.16.3.3: icmp_seq=3 ttl=254 time=47.933 ms
56 bytes from 172.16.3.3: icmp_seq=4 ttl=254 time=48.073 ms
--- Ping statistics for 172.16.3.3 ---
5 packet(s) transmitted, 5 packet(s) received, 0.0% packet loss
round-trip min/avg/max/std-dev = 47.732/48.028/48.286/0.186 ms
[R1]%Sep 12 09:14:16:147 2017 R1 PING/6/PING_STATIS_INFO: Ping statistics for 172.16.3.3: 5 packet(s) transmitted, 5 packet(s) received, 0.0% packet loss, round-trip min/avg/max/std-dev = 47.732/48.028/48.286/0.186 ms.
```

2.4 实训 3：汇总静态路由与默认路由

【实验目的】

- 根据图和要求搭建网络拓扑；
- 完成设备的接口配置；
- 部署汇总静态路由，部署默认静态路由；
- 验证配置。

【实验拓扑】

实验拓扑如图 2-9 所示。

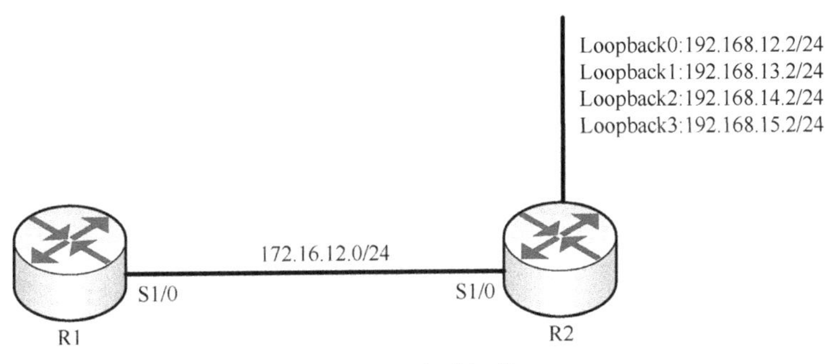

图 2-9 实验拓扑

设备参数如表 2-5 所示。

表 2-5 设备参数表

设 备	接 口	IP 地址	子网掩码	默认网关
R1	Loopback0	10.10.10.10	255.255.255.0	N/A
	S1/0	172.16.12.1	255.255.255.0	N/A

续表

设 备	接 口	IP 地址	子网掩码	默认网关
R2	S1/0	172.16.12.2	255.255.255.0	N/A
	Loopback0	192.168.12.2	255.255.255.0	N/A
	Loopback1	192.168.13.2	255.255.255.0	N/A
	Loopback2	192.168.14.2	255.255.255.0	N/A
	Loopback3	192.168.15.2	255.255.255.0	N/A

2.4.1　汇总路由的配置

【实验内容】

如图 2-9 所示，给路由器 R2 设置了 4 个回环口来模拟 4 个局域网，因此路由器 R2 应该有 4 个直连路由条目。路由器 R1 须要添加去往路由器 R2 的 4 个回环接口的静态路由，须要配置 4 条静态路由，为了精简路由表，现在把 4 条路由汇聚成一条。

计算汇总路由时须要找到最长匹配前缀，这样就得到了汇聚地址 192.168.12.0/22。汇聚地址的计算如图 2-10 所示。

192.168.12.0	11000000.10101000.000011	00.00000000
192.168.13.0	11000000.10101000.000011	01.00000000
192.168.14.0	11000000.10101000.000011	10.00000000
192.168.15.0	11000000.10101000.000011	11.00000000
192.168.12.0	11000000.10101000.000011	00.00000000

汇总地址192.168.12.0/22

图 2-10　地址汇聚

（1）配置 R1

```
[R1]interface LoopBack 0
[R1-LoopBack0]ip add 10.10.10.10 24
[R1-LoopBack0]quit
[R1]interface s1/0
[R1-Serial1/0]ip add 172.16.12.1 24
[R1-Serial1/0]quit
[R1] ip route-static 192.168.12.0 255.255.252.0 s1/0
//配置静态汇总路由，使用聚合地址
```

（2）配置 R2

```
[R2]interface LoopBack 0
[R2-LoopBack0]ip add 192.168.12.2 24
[R2-LoopBack0]quit
[R2]interface LoopBack 1
[R2-LoopBack1]ip add 192.168.13.2 24
[R2-LoopBack1]quit
[R2]interface LoopBack 2
[R2-LoopBack2]ip add 192.168.14.2 24
[R2-LoopBack2]quit
[R2]interface LoopBack 3
[R2-LoopBack3]ip add 192.168.15.2 24
[R2-LoopBack3]quit
[R2]interface s1/0
[R2-Serial2/0]ip add 172.16.12.2 24
[R2-Serial2/0]quit
[R2]ip route-static 10.10.10.0 255.255.255.0 s1/0
```

（3）查看路由器路由表信息

```
[R1]display ip routing-table
Destinations : 18          Routes : 18
(-----省略部分输出--------)
Destination/Mask      Proto     Pre    Cost          NextHop         Interface
10.10.10.0/24         Direct    0      0             10.10.10.10     Loop0
172.16.12.0/24        Direct    0      0             172.16.12.1     S1/0
192.168.12.0/22       Static    60     0             0.0.0.0         S1/0
[R2]display ip routing-table
Destinations : 30          Routes : 30
(-----省略部分输出--------)
Destination/Mask      Proto     Pre    Cost          NextHop         Interface
10.10.10.0/24         Static    60     0             0.0.0.0         S1/0
172.16.12.0/24        Direct    0      0             172.16.12.2     S1/0
192.168.12.0/24       Direct    0      0             192.168.12.2    Loop0
192.168.13.0/24       Direct    0      0             192.168.13.2    Loop1
192.168.14.0/24       Direct    0      0             192.168.14.2    Loop2
192.168.15.0/24       Direct    0      0             192.168.15.2    Loop3
```

【实验测试】

```
[R1]ping -a 10.10.10.10 192.168.12.2
//指定源地址 10.10.10.10
--- Ping statistics for 192.168.12.2 ---
5 packet(s) transmitted, 5 packet(s) received, 0.0% packet loss
[R1]ping -a 10.10.10.10 192.168.13.2
--- Ping statistics for 192.168.13.2 ---
5 packet(s) transmitted, 5 packet(s) received, 0.0% packet loss
//在路由器 R1 的回环口上 ping 路由器 R2 的两个回环口，都发送成功，说明目的地址可以与汇总路由相匹配
```

2.4.2 默认路由的配置

修改路由器 R1 的配置：

```
[R1]undo ip route-static 192.168.12.0 255.255.252.0 s2/0
[R1]ip route-static 0.0.0.0 0 s2/0
//配置静态默认路由，网络地址与子网掩码都是 0.0.0.0，在没有精确匹配时，此路由条目能与所有网络匹配
[R1]display ip routing-table
Destinations : 18        Routes : 18
(-----省略部分输出--------)
Destination/Mask    Proto    Pre    Cost    NextHop        Interface
0.0.0.0/0           Static   60     0       0.0.0.0        S1/0
10.10.10.0/24       Direct   0      0       10.10.10.10    Loop0
172.16.12.0/24      Direct   0      0       172.16.12.1    S1/0
```

【实验测试】

```
[R1]ping -a 10.10.10.10 192.168.14.2
//指定源地址 10.10.10.10
--- Ping statistics for 192.168.14.2 ---
5 packet(s) transmitted, 5 packet(s) received, 0.0% packet loss
[R1]ping -a 10.10.10.10 192.168.15.2
--- Ping statistics for 192.168.15.2 ---
5 packet(s) transmitted, 5 packet(s) received, 0.0% packet loss
//发送成功，两个目的网络都能与默认路由相匹配
```

2.5　实训 4：路由负载分担、路由备份与 BFD 联动

【实验目的】

- 理解负载分担的含义；
- 部署静态路由，实现负载分担；
- 配置浮动静态路由；
- 配置 BFD 联动；
- 验证配置。

【实验拓扑】

实验拓扑如图 2-11 所示。

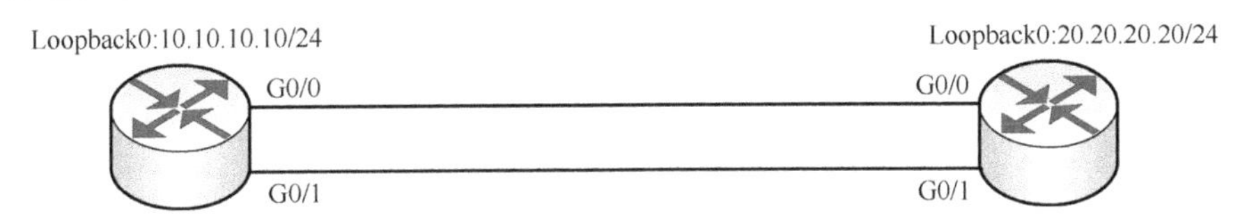

图 2-11　实验拓扑

设备参数如表 2-6 所示。

表 2-6　设备参数表

设 备	接 口	IP 地址	子网掩码	默认网关
R1	Loopback0	10.10.10.10	255.255.255.0	N/A
	G0/0	192.168.1.1	255.255.255.0	N/A
	G0/1	192.168.2.1	255.255.255.0	N/A
R2	Loopback0	20.20.20.20	255.255.255.0	N/A
	G0/0	192.168.1.2	255.255.255.0	N/A
	G0/1	192.168.2.2	255.255.255.0	N/A

【实验内容】

2.5.1　路由负载分担

（1）配置 R1

```
[R1]interface LoopBack 0
[R1-LoopBack0]ip add 10.10.10.10 24
[R1-LoopBack0]quit
```

```
[R1]interface g0/0
[R1-GigabitEthernet0/0]undo shutdown
[R1-GigabitEthernet0/0]ip add 192.168.1.1 24
[R1-GigabitEthernet0/0]quit
[R1]interface g0/1
[R1-GigabitEthernet0/1]undo shutdown
[R1-GigabitEthernet0/1]ip add 192.168.2.1 24
[R1-GigabitEthernet0/0]quit
[R1]ip route-static 20.20.20.0 255.255.255.0 192.168.1.2
[R1]ip route-static 20.20.20.0 255.255.255.0 192.168.2.2
```

（2）配置 R2

```
[R2]interface LoopBack 0
[R2-LoopBack0]ip add 20.20.20.20 24
[R2-LoopBack0]quit
[R2]interface g0/0
[R2-GigabitEthernet0/0]undo shutdown
[R2-GigabitEthernet0/0]ip add 192.168.1.2 24
[R2-GigabitEthernet0/0]quit
[R2]interface g0/1
[R2-GigabitEthernet0/1]undo shutdown
[R2-GigabitEthernet0/1]ip add 192.168.2.2 24
[R2-GigabitEthernet0/0]quit
[R2]ip route-static 10.10.10.0 255.255.255.0 192.168.1.1
[R2]ip route-static 10.10.10.0 255.255.255.0 192.168.2.1
```

（3）查看路由表信息

```
[R1]display ip routing-table
Destinations : 21          Routes : 22
(-----省略部分输出--------)
Destination/Mask    Proto    Pre   Cost        NextHop          Interface
10.10.10.0/24       Direct    0     0          10.10.10.10      Loop0
20.20.20.0/24       Static   60     0          192.168.1.2      GE0/0
                                               192.168.2.2      GE0/1
192.168.1.0/24      Direct    0     0          192.168.1.1      GE0/0
192.168.2.0/24      Direct    0     0          192.168.2.1      GE0/1
[R2]display ip routing-table
Destinations : 21          Routes : 22
```

```
(-----省略部分输出--------)
Destination/Mask    Proto    Pre  Cost    NextHop        Interface
10.10.10.0/24       Static   60   0       192.168.1.1    GE0/0
                                          192.168.2.1    GE0/1
20.20.20.0/24       Direct   0    0       20.20.20.20    Loop0
192.168.1.0/24      Direct   0    0       192.168.1.2    GE0/0
192.168.2.0/24      Direct   0    0       192.168.2.2    GE0/1
```

路由器 R1 去往远程网络 20.20.20.0/24 的下一跳地址有两个，因为静态路由默认优先级都是 60，代价都是 0，数据流量会根据路由表条目，一半由下一跳 192.168.1.2 转发，一半由下一跳 192.168.2.2 转发。

2.5.2　路由备份

现在我们来修改路由器静态路由协议的配置，把其中一条静态路由协议的优先级改为 100，这样路由器就会选择默认优先级是 60 的路由，而当优先级是 60 的链路故障时，另一条路由作为备份路由加入路由表。

```
[R1]undo ip route-static 20.20.20.0 255.255.255.0 192.168.2.2
//删除其中一条路由
[R1]ip route-static 20.20.20.0 255.255.255.0 192.168.2.2 preference 100
//配置备份静态路由，优先级为 100
[R1]display ip routing-table
Destinations : 21        Routes : 21
(-----省略部分输出--------)
Destination/Mask    Proto    Pre   Cost    NextHop        Interface
10.10.10.0/24       Direct   0     0       10.10.10.10    Loop0
20.20.20.0/24       Static   60    0       192.168.1.2    GE0/0
192.168.1.0/24      Direct   0     0       192.168.1.1    GE0/0
192.168.2.0/24      Direct   0     0       192.168.2.1    GE0/1
```

以上输出显示，路由器静态路由条目中只有一条优先级为 60 的路由。这时我们把这条链路断开，则备份路由将会加入路由表。

```
[R1]interface g0/0
[R1-GigabitEthernet0/0]shutdown
%Sep 11 13:22:39:335 2017 R1 IFNET/5/LINK_UPDOWN: Line protocol on the interface
GigabitEthernet0/0 is down.
[R1-GigabitEthernet0/0]quit
[R1]display ip routing-table
Destinations : 21        Routes : 21
```

```
(-----省略部分输出--------)
Destination/Mask    Proto    Pre    Cost    NextHop        Interface
10.10.10.0/24       Direct   0      0       10.10.10.10    Loop0
20.20.20.0/24       Static   100    0       192.168.1.2    GE0/0
192.168.1.0/24      Direct   0      0       192.168.1.1    GE0/0
192.168.2.0/24      Direct   0      0       192.168.2.1    GE0/1
```

以上输出显示，路由表中的静态路由的优先级是 100，即我们之前配置的备份静态路由，确实起到了备份的作用。

2.5.3 静态路由与 BFD 联动

BFD（双向转发检测）协议提供一种轻负担，快速检测两台邻接路由器之间转发路径联通状态的方法。加快启用备份转发路径，大大减少整个网络的收敛时间，提升现有网络的性能。例如，在图 2-11 的拓扑中，在 G0/0 链路配置 BFD 与静态路由联动。

```
//省略设备接口 ip 配置，删除原有的静态路由配置
[R1-GigabitEthernet0/0]bfd min-transmit-interval 500
[R1-GigabitEthernet0/0]bfd min-receive-interval 500
[R1-GigabitEthernet0/0]bfd detect-multiplier 9
[R1-GigabitEthernet0/0]quit
//在 R1 的 G0/0 接口配置 bfd 协议
[R1]ip route-static 20.20.20.0 24 g0/0 192.168.1.2 bfd control-packet
[R1]ip route-static 20.20.20.0 24 g0/1 192.168.2.2 preference 100
//在 R1 上配置备份路由与 bfd
[R2-GigabitEthernet0/0]bfd min-transmit-interval 500
[R2-GigabitEthernet0/0]bfd min-receive-interval 500
[R2-GigabitEthernet0/0]bfd detect-multiplier 9
[R2-GigabitEthernet0/0]quit
//在 R2 的 G0/0 接口配置 bfd 协议
[R2]ip route-static 10.10.10.0 24 g0/0 192.168.1.1 bfd control-packet
[R2]ip route-static 10.10.10.0 24 g0/0 192.168.2.1 preference 100
//在 R2 上配置备份路由与 bfd
[R1]display bfd session
 Total Session Num: 1      Up Session Num: 1      Init Mode: Active
 IPv4 Session Working Under Ctrl Mode:
 LD/RD        SourceAddr     DestAddr      State   Holdtime   Interface
 1537/1537     192.168.1.1    192.168.1.2   Up       4034ms      GE0/0
//检查配置结果，成功
```

```
<R1>debugging bfd event
<R1>debugging bfd scm
<R1>terminal debugging
//在 R1 上打开 bfd 功能调试信息开关
//当 G0/0 之间的链路出现故障时，能快速切换到 G0/1 链路
[R2]interface g0/0
[R2-GigabitEthernet0/0]shutdown
<R1>%Sep 13 03:23:43:530 2017 R1 IFNET/3/PHY_UPDOWN: Physical state on the interface
GigabitEthernet0/0 changed to down.
%Sep 13 03:23:43:531 2017 R1 IFNET/5/LINK_UPDOWN: Line protocol state on the interface
GigabitEthernet0/0 changed to down.
*Sep 13 03:23:43:538 2017 R1 BFD/7/DEBUG: [K]Update session success. Session LD:1537 Status:1
Flag:12288
*Sep 13 03:23:43:539 2017 R1 BFD/7/DEBUG: [K]Write sync session queue success. Session LD:1537.
MsgType:12.
*Sep 13 03:23:43:540 2017 R1 BFD/7/DEBUG: [K]Process sync finish.session LD:1537 Type:9 Ret:0.
*Sep 13 03:23:43:543 2017 R1 BFD/7/DEBUG: [K]Delete session success [192.168.1.1/192.168.1.2,
LD/RD:1537/1537,                                Interface:GE0/0, SessType:Ctrl,
LinkType:INET]
*Sep 13 03:23:43:543 2017 R1 BFD/7/DEBUG: Notify driver to stop receiving BFD packet
*Sep 13 03:23:43:545 2017 R1 BFD/7/DEBUG: Process finish delete success [LD:1537]
*Sep 13 03:23:43:545 2017 R1 BFD/7/DEBUG: Proc Sync Down Finish. Session LD:1537.
//R1 上查看静态路由
<R1>display ip routing-table protocol static
Summary Count : 1
Static Routing table Status : <Active>
Summary Count : 1
Destination/Mask    Proto     Pre    Cost       NextHop          Interface
20.20.20.0/24       Static    100     0         192.168.2.2        GE0/1
```

以上输出显示，启动了备份路由。

第3章

RIP 协议

本章要点

- RIPv1 与 RIPv2
- RIPng 概述
- 实训 1：RIPv1 基本配置
- 实训 2：RIPv2 基本配置
- 实训 3：RIPv2 扩展配置
- 实训 4：RIPng 配置

RIP（Routing Information Protocol）是应用最早的内部网关协议，适合小型网络，是典型的距离矢量路由协议。目前，RIP 协议有 RIPv1 和 RIPv2 版本，版本 1 是有类路由协议，版本 2 是无类路由协议。

动态路由协议是通过路由信息的交换来生成和维护路由表的，当网络拓扑发生变化时，动态路由协议可以自动更新，选择最佳路径。相比静态路由，动态路由有以下一些优点：

- 当增加或删除网络时，管理员维护网络的工作量较少；
- 当网络拓扑发生变化时，路由器会自动更新路由表；
- 网络设备配置简单；
- 网络扩展性好。

3.1 RIPv1 与 RIPv2

在 RIP 的发展过程中，先后开发了两个版本，表 3-1 对 RIPv1 与 RIPv2 进行了比较。

表 3-1 RIPv1 与 RIPv2 比较

功能和特征	RIPv1	RIPv2
度量	都以跳数作为度量	
优先级	都是 100	
更新方式	广播（255.255.255.255）	组播（224.0.0.9）
VLSM 与 CIDR	不支持	支持
IP 类别	有类	无类
汇总	不支持	支持
认证	不支持	明文或 MD5

RIPv1 与 RIPv2 两个版本都使用 UDP 报文来交换信息，端口号为 520，每 30 s 发送一次路由更新信息，RIPv1 使用广播方式，RIPv2 使用组播方式，支持最多跳数为 15，跳数 16 表示不可达。

3.1.1 RIPv1 数据包格式

RIPv1 的数据包格式如图 3-1 所示，表 3-2 列出了各个字段的描述。

0	8	16	31
命令=1或2	版本=1	必须为零	
地址类型标识符（2=IP）		必须为零	
IP地址（网络地址）			
必须为零			
必须为零			
度量（跳数）			

图 3-1　RIPv1 消息格式

表 3-2　RIPv1 消息字段描述

字　段	描　述
命令	1 表示请求，2 表示应答
版本	1 或 2 表示 RIP 的版本 1 或 2
地址类型标识符	2 表示 IP 地址，如果请求路由器的整个路由表则设置为 0
IP 地址	目的网络地址，可以是网络，也可以是子网
度量	1～16 之间的数表示经过路由器的个数

3.1.2　RIPv2 数据包格式

RIPv2 的数据包格式如图 3-2 所示，表 3-3 为 RIPv2 消息字段描述。

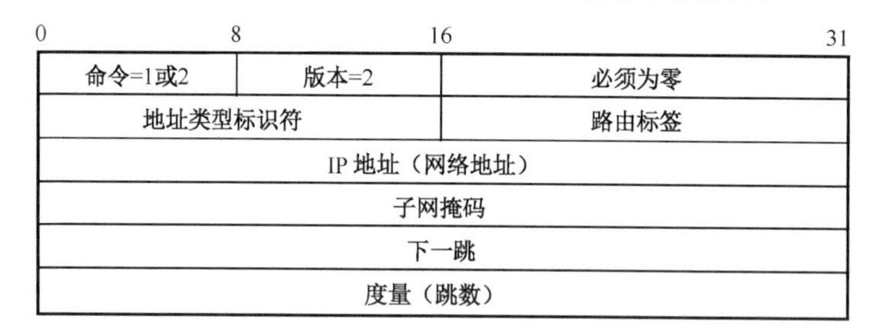

图 3-2　RIPv2 消息格式

表 3-3　RIPv2 消息字段描述

字　段	描　述
命令	1 表示请求，2 表示应答
版本	1 或 2 表示 RIP 的版本 1 和 2
地址类型标识符	2 表示 IP 地址，如果请求路由器的整个路由表则设置为 0
IP 地址	目的网络地址，可以是网络，也可以是子网
子网掩码	对应 IP 地址的子网掩码（32 位）
下一跳	用于标志比发送方路由器的地址更佳的下一跳地址（如果存在）。如果此字段被设置为全零（0.0.0.0），则发送方路由器的地址便是最佳的下一跳地址
度量	1～16 之间的数表示经过路由器的个数

3.1.3　RIP 路由表更新与维护

RIP 协议周期性地发送全部的路由更新信息或与触发更新相结合的信息。RIP 协议通过广播或组播 UDP 报文来交换路由信息，端口为 520。

RIP 路由信息更新与维护是由定时器来完成的。RIP 协议中有以下 3 个重要的定时器。

① Update 定时器：定义了发送路由更新的时间间隔。默认值为 30 s。

② Timeout 定时器：定义了路由老化时间。老化时间内，如果没有收到关于某条路由的更新报文，则该条路由的度量值会被设置为无穷大（16），并从路由表中撤销。默认值为 180 s。

③ Garbage-Collect 定时器：定义了一条路由从度量值变为 16 开始，直到它从路由表中被删除所经过的时间。如果超过了 Garbage-Collect，该路由仍没有更新，将被彻底删除。默认值为 120 s。

3.1.4　RIP 环路避免

路由环路是指网络中的数据包在一系列路由器之间不断传输却无法到达目的地网络的一种现象。路由环路会对网络造成严重的影响，导致网络性能降低，延迟加大，甚至网络瘫痪。网络出现故障，静态路由配置错误等多种因素都会导致路由环路。

RIP 设计了一些机制来避免在网络中产生路由环路，如下所述。

① 路由毒化：路由器主动把路由表中发生故障的路由项以度量值 16（不可达）的形式通告给 RIP 邻居，以使邻居能够及时得知网络发生故障。

② 水平分割：路由器从某个接口学到的路由，不会再从该接口发回给邻居路由。为了阻止环路，在 RIP 协议中水平分割默认是被开启的。

③ 毒性逆转：路由器从某个接口学到路由后，将该路由的度量值设置为无穷大（16），并从原接口发回邻居路由器。

④ 定义最大值：如果产生环路，则会使路由器中路由项的跳数不断增大，网络无法收敛。所以通过给每种距离矢量路由协议度量值定义一个最大值，能够解决上述问题。在 RIP 路由协议中，规定度量值是跳数，所能达到的最大值为 16。

⑤ 抑制时间：抑制时间与路由毒化结合使用，能够在一定程度上避免产生路由环路。抑制时间规定，当一条路由的度量值变为无穷大（16）时，该路由将进入抑制状态。在抑制状态下，只有来自同一邻居且度量值小于无穷大（16）的路由更新信息才会被路由器接收，取代不可达路由。

⑥ 触发更新：指当路由表中路由信息产生改变时，路由器不必等到更新周期到来，而立

即发送路由更新信息给相邻路由器。

3.2 RIPng 概述

RIPng 又称为下一代 RIP 协议，是对原来的 IPv4 网络中 RIP2 协议的扩展，大多数的 RIP 的概念都可以用于 RIPng。为了在 IPv6 网络中应用，RIPng 对原来 RIP 做了如下一些修改：UDP 端口为 521，使用 FF02::9 作为链路本地范围内的 RIPng 路由器组播地址，前缀长度 128 比特，下一跳地址使用 IPv6。

RIPng 的数据包格式如图 3-3 所示，表 3-4 为 RIPng 消息字段描述。

0	8	16 31
命令=1或2	版本=1	必须为零
下一跳路由表项		
IPv6 前缀路由表项		
IPv6 前缀路由表项		
IPv6 前缀路由表项		

图 3-3　RIPng 消息格式

表 3-4　RIPng 消息字段描述

字　段	描　述
命令	1 表示请求，2 表示应答
版本	1 表示 RIPng 的版本为 1
下一跳路由表项	位于一组具有相同下一跳的“IPv6 前缀 RTE”的前面，它定义了下一跳的 IPv6 地址
IPv6 前缀路由表项	描述了 RIPng 路由表中的目的 IPv6 地址、路由标记、前缀长度以及度量值

RIPng 使用组播方式周期性发送路由信息。RIPng 自身不提供认证功能，而是通过 IPv6 提供的安全机制来保证自身报文的合法性的，只能在 IPv6 网络中运行。

3.3 实训 1：RIPv1 基本配置

3.3.1 RIPv1 基本配置

【实验目的】

- 熟悉动态网络拓扑结构；

- 部署 RIPv1 动态路由协议；
- 理解 RIPv1 协议的工作原理；
- 掌握 RIPv1 协议的各种配置查看命令；
- 掌握 RIPv1 协议相关参数的修改方法；
- 验证配置。

【实验拓扑】

实验拓扑如图 3-4 所示。

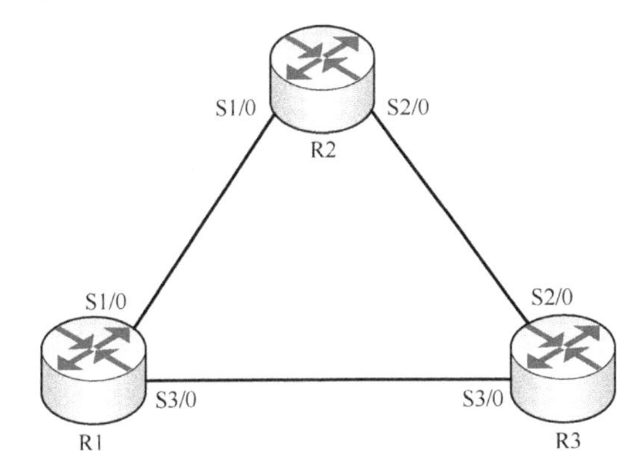

图 3-4 实验拓扑

设备参数如表 3-5 所示。

表 3-5 设备参数表

设 备	接 口	IP 地址	子网掩码	默认网关
R1	S1/0	192.168.12.1	255.255.255.0	N/A
	S3/0	192.168.13.1	255.255.255.0	N/A
	Loopback0	192.168.1.1	255.255.255.0	N/A
R2	S1/0	192.168.12.2	255.255.255.0	N/A
	S2/0	192.168.23.2	255.255.255.0	N/A
	Loopback0	192.168.2.2	255.255.255.0	N/A
R3	S2/0	192.168.23.3	255.255.255.0	N/A
	S3/0	192.168.13.3	255.255.255.0	N/A
	Loopback0	192.168.3.3	255.255.255.0	N/A

【实验内容】

1. 给路由器配置 RIP 协议

（1）配置路由器 R1

```
[R1]rip
[R1-rip-1]network 192.168.12.0
[R1-rip-1]network 192.168.13.0
[R1-rip-1]network 192.168.1.0
```

（2）配置路由器 R2

```
[R2]rip
[R2-rip-1]network 192.168.12.0
[R2-rip-1]network 192.168.23.0
[R2-rip-1]network 192.168.2.0
```

（3）配置路由器 R3

```
[R3]rip
[R3-rip-1]network 192.168.13.0
[R3-rip-1]network 192.168.23.0
[R3-rip-1]network 192.168.3.0
```

这里需要注意，在 RIP 中通告直连网段时，即使划分了子网，也只需要通告主类网络；即使通告了子网掩码，也只能看到有类的网络地址。

动态路由协议 RIP 的配置步骤如下：

① 在系统视图下用 rip 命令启动 rip 进程并进入 rip 视图。

```
rip[process-id]
```

其中，*process-id* 为进程 id，通常不必指定，系统会自动选择进程 1 作为当前 rip 的进程。

② 在 rip 视图下用 network 命令指定哪些直连网段接口使能 rip。

```
network network-address
```

其中，*network-address* 为指定网段的有类网络地址。

2. 查看路由器路由信息

（1）查看 R1 的路由表

```
[R1]display ip routing-table
Destinations : 25        Routes : 26
(------省略部分输出----------)
Destination/Mask    Proto    Pre    Cost    NextHop        Interface
```

```
192.168.1.0/24      Direct   0     0    192.168.1.1     Loop0
192.168.2.0/24      RIP      100   1    192.168.12.2    S1/0
192.168.3.0/24      RIP      100   1    192.168.13.3    S3/0
192.168.12.0/24     Direct   0     0    192.168.12.1    S1/0
192.168.13.0/24     Direct   0     0    192.168.13.1    S3/0
192.168.23.0/24     RIP      100   1    192.168.12.2    S1/0
                                        192.168.13.3    S3/0
```

（2）查看 R2 的路由表

```
[R2]display ip routing-table
Destinations : 25        Routes : 26
(------省略部分输出----------)
Destination/Mask    Proto    Pre   Cost NextHop         Interface
192.168.1.0/24      RIP      100   1    192.168.12.1    S1/0
192.168.3.0/24      RIP      100   1    192.168.23.3    S2/0
192.168.2.0/24      Direct   0     0    192.168.2.2     Loop0
192.168.12.0/24     Direct   0     0    192.168.12.2    S1/0
192.168.13.0/24     RIP      100   1    192.168.12.1    S1/0
                                        192.168.23.3    S2/0
192.168.23.0/24     Direct   0     0    192.168.23.2    S2/0
```

（3）查看 R3 的路由表

```
[R3]display ip routing-table
Destinations : 25        Routes : 26
(------省略部分输出----------)
Destination/Mask    Proto    Pre   Cost NextHop         Interface
172.168.3.0/24      Direct   0     0    172.168.3.3     Loop0
192.168.1.0/24      RIP      100   1    192.168.13.1    S3/0
192.168.2.0/24      RIP      100   1    192.168.23.2    S2/0
192.168.12.0/24     RIP      100   1    192.168.13.1    S3/0
                                        192.168.23.2    S2/0
192.168.13.0/24     Direct   0     0    192.168.13.3    S3/0
192.168.23.0/24     Direct   0     0    192.168.23.3    S2/0
```

（4）查看 RIP 路由条目

在查看路由表时，如果只想查看通过 RIP 协议学习到的路由，也可以用命令 display ip routing-table protocol rip。

```
[R1]display ip routing-table protocol rip
Summary Count : 4
RIP Routing table Status : <Active>
Summary Count : 4
Destination/Mask    Proto  Pre   Cost      NextHop          Interface
192.168.2.0/24      RIP    100   1         192.168.12.2     S1/0
192.168.3.0/24      RIP    100   1         192.168.13.3     S3/0
192.168.23.0/24     RIP    100   1         192.168.12.2     S1/0
                                           192.168.13.3     S3/0
RIP Routing table Status : <Inactive>
Summary Count : 0
```

（5）查看路由协议 RIP

```
[R1]display rip
  Public VPN-instance name:
    RIP process: 1
       RIP version: 1
       Preference: 100
       Checkzero: Enabled
       Default cost: 0
       Summary: Enabled
       Host routes: Enabled
       Maximum number of load balanced routes: 8
       Update time :30 secs        Timeout time :180 secs
       Suppress time :120 secs     Garbage-collect time :120 secs
       Update output delay: 20(ms)    Output count:      3
       Silent interfaces: None
       Default routes: Disabled
       Verify-source: Enabled
       Networks:
           192.168.1.0              192.168.12.0
           192.168.13.0
       Configured peers: None
       Triggered updates sent: 3
       Number of routes changes: 4
       Number of replies to queries: 2
```

（6）查看 RIP 数据库

```
[R1]display rip 1 database
   192.168.1.0/24, auto-summary
//RIPv1 版本会进行自动汇总，把无类的 IP 地址汇总成有类的地址
   192.168.1.0/24, cost 0, nexthop 192.168.1.1, RIP-interface
   192.168.2.0/24, auto-summary
   192.168.2.0/24, cost 1, nexthop 192.168.12.2
   192.168.3.0/24, auto-summary
   192.168.3.0/24, cost 1, nexthop 192.168.13.3
   192.168.12.0/24, auto-summary
   192.168.12.0/24, cost 0, nexthop 192.168.12.1, RIP-interface
   192.168.13.0/24, auto-summary
   192.168.13.0/24, cost 0, nexthop 192.168.13.1, RIP-interface
   192.168.23.0/24, auto-summary
   192.168.23.0/24, cost 1, nexthop 192.168.12.2
   192.168.23.0/24, cost 1, nexthop 192.168.13.3
```

（7）其他常用命令

```
<R1>reset rip 1 process
//重启 rip 1 进程
<R1>display rip 1 interface s1/0
//显示 rip 1 进程中 s1/0 接口信息
<R1>display rip 1 route
//显示指定 rip 进程的路由信息以及与每条路由相关的定时器的值
[H3C-rip-1]preference 120
//设置优先级，默认情况下为 100
[H3C-rip-1]timers ?
  garbage-collect  Garbage-collect timer
  suppress         Suppress timer
  timeout          Timeout timer
  update           Update timer
//调整 4 个定时器的值
```

3.3.2　静默接口

【实验目的】

- 掌握静默接口的含义及配置；

- 掌握单播更新的配置及应用。

【实验拓扑】

- 实验拓扑如图 3-5 所示。

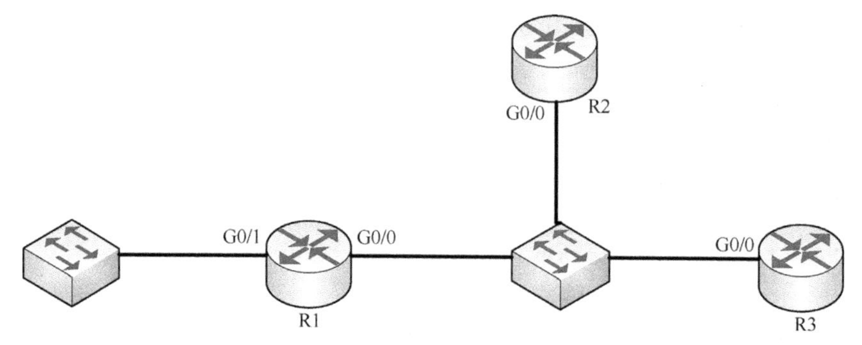

图 3-5　实验拓扑

设备参数如表 3-6 所示。

表 3-6　设备参数表

设 备	接 口	IP 地址	子网掩码	默认网关
R1	G0/0	192.168.1.1	255.255.255.0	N/A
	G0/1	192.168.2.1	255.255.255.0	N/A
R2	G0/0	192.168.1.2	255.255.255.0	N/A
	Loopback0	192.168.20.20	255.255.255.0	N/A
R3	G0/0	192.168.1.3	255.255.255.0	N/A

【实验内容】

1. 给路由器配置 RIP 协议

（1）配置路由器 R1

```
[R1]rip
[R1-rip-1]network 192.168.1.0
[R1-rip-1]network 192.168.2.0
```

（2）配置路由器 R2

```
[R2]rip
[R2-rip-1]network 192.168.1.0
[R2-rip-1]network 192.168.20.0
```

（3）配置路由器 R3

```
[R3]rip
[R3-rip-1]network 192.168.1.0
```

2. 静默接口

（1）查看路由器 R1 的 RIP 调试信息

```
<R1>terminal debugging
The current terminal is enabled to display debugging logs.
<R1>terminal monitor
The current terminal is enabled to display logs.
<R1>debugging rip 1 packet
<R1>*Sep 21 11:31:59:691 2017 R1 RIP/7/RIPDEBUG: RIP 1 : Receiving response from 192.168.1.2 on
GigabitEthernet0/0
*Sep 21 11:31:59:691 2017 R1 RIP/7/RIPDEBUG:Packet: version 1, cmd response, length 24
*Sep 21 11:31:59:691 2017 R1 RIP/7/RIPDEBUG:AFI 2, destination 192.168.20.0, cost 1
*Sep 21 11:31:59:941 2017 R1 RIP/7/RIPDEBUG: RIP 1 : Sending response on interface
GigabitEthernet0/0 from 192.168.1.1 to 255.255.255.255
*Sep 21 11:31:59:942 2017 R1 RIP/7/RIPDEBUG:Packet: version 1, cmd response, length 24
*Sep 21 11:31:59:942 2017 R1 RIP/7/RIPDEBUG:AFI 2, destination 192.168.2.0, cost 1
*Sep 21 11:31:59:942 2017 R1 RIP/7/RIPDEBUG: RIP 1 : Sending response on interface
GigabitEthernet0/1 from 192.168.2.1 to 255.255.255.255
*Sep 21 11:31:59:942 2017 R1 RIP/7/RIPDEBUG:Packet: version 1, cmd response, length 44
*Sep 21 11:31:59:942 2017 R1 RIP/7/RIPDEBUG:AFI 2, destination 192.168.1.0, cost 1
*Sep 21 11:31:59:942 2017 R1 RIP/7/RIPDEBUG:AFI 2, destination 192.168.20.0, cost 2
*Sep 21 11:32:26:193 2017 R1 RIP/7/RIPDEBUG: RIP 1 : Receiving response from 192.168.1.2 on
GigabitEthernet0/0
```

从调试信息中看到，RIP 的广播信息从 G0/0 和 G0/1 端口发出，而 G0/1 端口没有连接路由器，所以根本不需要发送路由更新信息到此接口，否则会影响带宽，带来安全隐患，所以我们配置 G0/1 为静默端口，工作在抑制状态，只接收而不发送更新报文。

```
[R1]rip 1
[R1-rip-1]silent-interface g0/1
```

（2）查看调试信息

```
<R1>*Sep 21 12:55:18:442 2017 R1 RIP/7/RIPDEBUG: RIP 1 : Sending response on interface
GigabitEthernet0/0 from 192.168.1.1 to 255.255.255.255
*Sep 21 12:55:18:442 2017 R1 RIP/7/RIPDEBUG:Packet: version 1, cmd response, length 24
*Sep 21 12:55:18:442 2017 R1 RIP/7/RIPDEBUG:AFI 2, destination 192.168.2.0, cost 1
```

```
*Sep 21 12:56:50:608 2017 R1 RIP/7/RIPDEBUG:Packet: version 1, cmd response, length 24
*Sep 21 12:56:50:608 2017 R1 RIP/7/RIPDEBUG:AFI 2, destination 192.168.20.0, cost 1
*Sep 21 12:56:50:941 2017 R1 RIP/7/RIPDEBUG: RIP 1 : Sending response on interface
GigabitEthernet0/0 from 192.168.1.1 to 255.255.255.255
*Sep 21 12:56:50:942 2017 R1 RIP/7/RIPDEBUG: Packet: version 1, cmd response, length 24
*Sep 21 12:56:50:942 2017 R1 RIP/7/RIPDEBUG: AFI 2, destination 192.168.2.0, cost 1
*Sep 21 12:57:17:107 2017 R1 RIP/7/RIPDEBUG: RIP 1 : Receiving response from 192.168.1.2 on
GigabitEthernet0/0
*Sep 21 12:57:17:107 2017 R1 RIP/7/RIPDEBUG: Packet: version 1, cmd response, length 24
```

从以上显示的信息可以看出，由于配置了静默端口，路由器 R1 的 G0/1 端口不再发送 RIP 路由更新信息。

3.4 实训 2：RIPv2 基本配置

【实验目的】

- 掌握不连续网络的含义；
- 理解 RIP 自动汇总；
- 部署 RIPv2 动态路由协议；
- 验证配置。

【实验拓扑】

实验拓扑如图 3-6 所示。

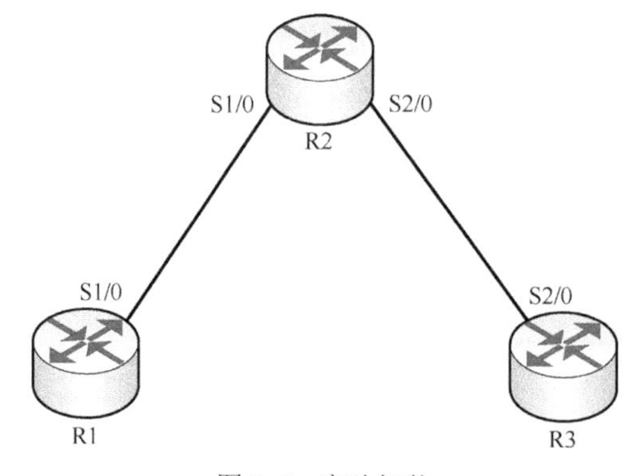

图 3-6 实验拓扑

设备参数如表 3-7 所示。

表 3-7 设备参数表

设 备	接 口	IP 地址	子网掩码	默认网关
R1	S1/0	192.168.12.1	255.255.255.0	N/A
	Loopback0	172.16.1.1	255.255.255.0	N/A
	Loopback1	172.16.2.1	255.255.255.0	N/A
R2	S1/0	192.168.12.2	255.255.255.0	N/A
	S2/0	192.168.23.2	255.255.255.0	N/A
R3	S2/0	192.168.23.3	255.255.255.0	N/A
	Loopback0	172.16.3.3	255.255.255.0	N/A
	Loopback1	172.16.4.3	255.255.255.0	N/A

3.4.1 不连续网络路由配置

（1）配置路由器 R1

```
[R1]rip
[R1-rip-1]network 192.168.12.0
[R1-rip-1]network 172.16.0.0
```

（2）配置路由器 R2

```
[R2]rip
[R2-rip-1]network 192.168.12.0
[R2-rip-1]network 192.168.23.0
```

（3）配置路由器 R3

```
[R3]rip
[R3-rip-1]network 192.168.23.0
[R3-rip-1]network 172.16.0.0
```

（4）查看连通性

在路由器 R1 上 ping 路由器 R3 的回环口 172.16.3.3。

```
[R1]ping 172.16.3.3
Ping 172.16.3.3 (172.16.3.3): 56 data bytes, press CTRL_C to break
Request time out
Request time out
Request time out
Request time out
```

```
Request time out
--- Ping statistics for 172.16.3.3 ---
5 packet(s) transmitted, 0 packet(s) received, 100.0% packet loss
[R1]%Sep 22 09:02:53:997 2017 R1 PING/6/PING_STATISTICS: Ping statistics for 172.16.3.3: 5 packet(s) transmitted, 0 packet(s) received, 100.0% packet loss.
```

以上输出显示路由器 R1 ping 不通目的网络，查看路由表发现 R1 没有通往子类网络的路由条目，因为 RIPv1 在发送路由更新信息时不发送子网掩码，路由器 R1 只会收到 172.16.0.0 的主类网络条目，但该网段是 R1 的直连网络，所以路由表中只有直连条目。

```
[R1]display ip routing-table
Destinations : 22        Routes : 22
(------省略部分输出----------)
Destination/Mask    Proto    Pre Cost        NextHop         Interface
172.16.1.0/24       Direct   0    0          172.16.1.1      Loop0
172.16.2.0/24       Direct   0    0          172.16.2.1      Loop1
192.168.12.0/24     Direct   0    0          192.168.12.1    Ser1/0
192.168.23.0/24     RIP      100  1          192.168.12.2    Ser1/0
```

在路由器 R2 上分别 ping 路由器 R3 的回环口 172.16.3.3 和 172.16.4.3。

```
[R2]ping 172.16.3.3
Ping 172.16.3.3 (172.16.3.3): 56 data bytes, press CTRL_C to break
Request time out
Request time out
Request time out
Request time out
Request time out
--- Ping statistics for 172.16.3.3 ---
5 packet(s) transmitted, 0 packet(s) received, 100.0% packet loss
[R2]%Sep 22 09:20:52:319 2017 R2 PING/6/PING_STATISTICS: Ping statistics for 172.16.3.3: 5 packet(s) transmitted, 0 packet(s) received, 100.0% packet loss.
[R2]ping 172.16.4.3
Ping 172.16.4.3 (172.16.4.3): 56 data bytes, press CTRL_C to break
56 bytes from 172.16.4.3: icmp_seq=0 ttl=255 time=0.815 ms
56 bytes from 172.16.4.3: icmp_seq=1 ttl=255 time=4.195 ms
56 bytes from 172.16.4.3: icmp_seq=2 ttl=255 time=0.891 ms
56 bytes from 172.16.4.3: icmp_seq=3 ttl=255 time=0.901 ms
56 bytes from 172.16.4.3: icmp_seq=4 ttl=255 time=0.958 ms
--- Ping statistics for 172.16.4.3 ---
5 packet(s) transmitted, 5 packet(s) received, 0.0% packet loss
```

```
round-trip min/avg/max/std-dev = 0.815/1.552/4.195/1.322 ms
[R2]%Sep 22 09:20:59:301 2017 R2 PING/6/PING_STATISTICS: Ping statistics for 172.16.4.3: 5 packet(s) transmitted, 5 packet(s) received, 0.0% packet loss, round-trip min/avg/max/std-dev = 0.815/1.552/4.195/1.322 ms.
```

以上输出显示路由器 R2 ping 不通网络 172.16.3.3，但 ping172.16.4.3 成功。查看路由器 R2 的路由表，发现有两条通往 172.16.0.0 的路由条目，原因是 R2 分别收到了 R1 与 R3 的路由更新信息，里面都包括了主类 172.16.0.0，并且度量相同。

```
[R2]display ip routing-table
Destinations : 19        Routes : 20
(------省略部分输出----------)
Destination/Mask    Proto   Pre  Cost        NextHop         Interface
172.16.0.0/16       RIP     100  1           192.168.12.1    Ser1/0
                                             192.168.23.3    Ser2/0
192.168.12.0/24     Direct  0    0           192.168.12.2    Ser1/0
192.168.23.0/24     Direct  0    0           192.168.23.2    Ser2/0
```

导致只 ping 通一个的原因是路由器执行负载均衡是由快速转发表来控制的，是根据目的网络来实现的，如果要实现基于数据包的负载均衡，需要在接口上关闭快速转发表功能。

3.4.2　RIPv2 版本配置

配置 RIPv2 版本只需要在 rip 视图下输入“version 2”。对于不连续网络，必须关闭自动聚合功能，使用命令“undo summary”。

（1）配置路由器 R1

```
[R1]rip 1
[R1-rip-1]version 2
[R1-rip-1]no summary
```

（2）配置路由器 R2

```
[R2]rip 1
[R2-rip-1]version 2
[R2-rip-1]undo summary
```

（3）配置路由器 R3

```
[R3]rip 1
[R3-rip-1]version 2
[R3-rip-1]no summary
```

（4）查看路由器 R1 的路由表

```
[R1]display ip routing-table protocol rip
Summary count : 6
RIP Routing table status : <Active>
Summary count : 3
Destination/Mask    Proto   Pre    Cost        NextHop         Interface
172.16.3.0/24       RIP     100    2           192.168.12.2    Ser1/0
172.16.4.0/24       RIP     100    2           192.168.12.2    Ser1/0
192.168.23.0/24     RIP     100    1           192.168.12.2    Ser1/0
```

（5）查看路由器 R2 的路由表

```
[R2]display ip routing-table protocol rip
Summary count : 6
RIP Routing table status : <Active>
Summary count : 4
Destination/Mask    Proto   Pre    Cost        NextHop         Interface
172.16.1.0/24       RIP     100    1           192.168.12.1    Ser1/0
172.16.2.0/24       RIP     100    1           192.168.12.1    Ser1/0
172.16.3.0/24       RIP     100    1           192.168.23.3    Ser2/0
172.16.4.0/24       RIP     100    1           192.168.23.3    Ser2/0
```

（6）查看路由器 R3 的路由表

```
[R3]dis ip routing-table protocol rip
Summary count : 6
RIP Routing table status : <Active>
Summary count : 3
Destination/Mask    Proto   Pre    Cost        NextHop         Interface
172.16.1.0/24       RIP     100    2           192.168.23.2    Ser2/0
172.16.2.0/24       RIP     100    2           192.168.23.2    Ser2/0
192.168.12.0/24     RIP     100    1           192.168.23.2    Ser2/0
```

以上显示，路由表已经完全收敛，子类网络条目已经存在路由表中。这时路由器 R2 再 ping 路由器 R3 的回环口：

```
<R2>ping 172.16.3.3
Ping 172.16.3.3 (172.16.3.3): 56 data bytes, press CTRL_C to break
56 bytes from 172.16.3.3: icmp_seq=0 ttl=255 time=1.052 ms
56 bytes from 172.16.3.3: icmp_seq=1 ttl=255 time=0.621 ms
56 bytes from 172.16.3.3: icmp_seq=2 ttl=255 time=0.649 ms
```

```
56 bytes from 172.16.3.3: icmp_seq=3 ttl=255 time=0.685 ms
56 bytes from 172.16.3.3: icmp_seq=4 ttl=255 time=0.641 ms
--- Ping statistics for 172.16.3.3 ---
5 packet(s) transmitted, 5 packet(s) received, 0.0% packet loss
round-trip min/avg/max/std-dev = 0.621/0.730/1.052/0.163 ms
<R2>%Sep 22 11:07:26:960 2017 R2 PING/6/PING_STATISTICS: Ping statistics for 172.16.3.3: 5 packet(s) transmitted, 5 packet(s) received, 0.0% packet loss, round-trip min/avg/max/std-dev = 0.621/0.730/1.052/0.163 ms.
ping 172.16.4.3
Ping 172.16.4.3 (172.16.4.3): 56 data bytes, press CTRL_C to break
56 bytes from 172.16.4.3: icmp_seq=0 ttl=255 time=0.906 ms
56 bytes from 172.16.4.3: icmp_seq=1 ttl=255 time=0.882 ms
56 bytes from 172.16.4.3: icmp_seq=2 ttl=255 time=1.283 ms
56 bytes from 172.16.4.3: icmp_seq=3 ttl=255 time=0.861 ms
56 bytes from 172.16.4.3: icmp_seq=4 ttl=255 time=0.667 ms
--- Ping statistics for 172.16.4.3 ---
5 packet(s) transmitted, 5 packet(s) received, 0.0% packet loss
round-trip min/avg/max/std-dev = 0.667/0.920/1.283/0.200 ms
<R2>%Sep 22 11:07:32:963 2017 R2 PING/6/PING_STATISTICS: Ping statistics for 172.16.4.3: 5 packet(s) transmitted, 5 packet(s) received, 0.0% packet loss, round-trip min/avg/max/std-dev = 0.667/0.920/1.283/0.200 ms.
```

以上显示，R2 与 R3 两个回环口都能 ping 通。

3.5　实训 3：RIPv2 扩展配置

3.5.1　默认路由

【实验目的】

- 掌握 RIP 网络中引入默认路由的方法；
- 验证配置。

【实验拓扑】

实验拓扑如图 3-7 所示。

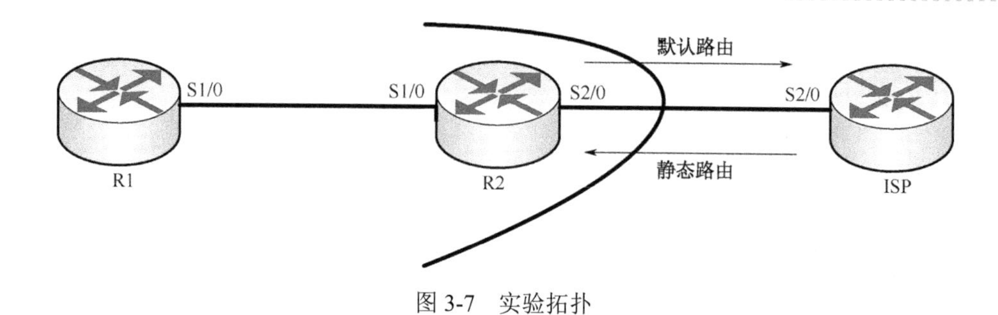

图 3-7　实验拓扑

设备参数如表 3-8 所示。

表 3-8　设备参数表

设 备	接 口	IP 地址	子网掩码	默认网关
R1	S1/0	192.168.12.1	255.255.255.0	N/A
	Loopback0	192.168.1.1	255.255.255.0	N/A
R2	S1/0	192.168.12.2	255.255.255.0	N/A
	S2/0	192.168.23.2	255.255.255.0	N/A
ISP	S2/0	192.168.23.3	255.255.255.0	N/A

【实验内容】

1. 给路由器配置 RIP 协议与静态路由

（1）配置路由器 R1

```
[R1]rip
[R1-rip-1]network 192.168.1.0
[R1-rip-1]network 192.168.12.0
```

（2）配置路由器 R2

```
[R2]rip
[R2-rip-1]network 192.168.12.0
```

（3）配置路由器 ISP

```
[ISP]ip route-static 192.168.1.0 24 192.168.23.2
[ISP]ip route-static 192.168.12.0 24 192.168.23.2
```

2. 引入默认路由

```
[R2]rip 1
[R2-rip-1]default-route originate
```

输入命令“default-route originate”后路由器 R2 发送一条 0.0.0.0 子网的路由更新信息，使得 R1 学习到了默认路由。

```
[R1]display ip routing-table
Destinations : 18        Routes : 18
(------省略部分输出----------)
Destination/Mask    Proto   Pre   Cost   NextHop        Interface
0.0.0.0/0           RIP     100   1      192.168.12.2   Ser1/0
192.168.1.0/24      Direct  0     0      192.168.1.1    Loop0
192.168.12.0/24     Direct  0     0      192.168.12.1   Ser1/0
```

3.5.2 水平分割

【实验目的】

- 理解水平分割的含义；
- 掌握水平分割的配置方法；
- 验证配置。

【实验拓扑】

实验拓扑如图 3-8 所示。

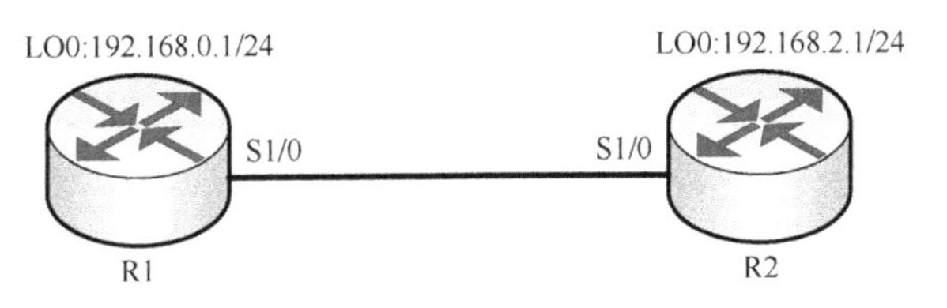

图 3-8 实验拓扑

设备参数如表 3-9 所示。

表 3-9 设备参数表

设 备	接 口	IP 地址	子网掩码	默认网关
R1	S1/0	192.168.1.1	255.255.255.0	N/A
	Loopback0	192.168.0.1	255.255.255.0	N/A
R2	S1/0	192.168.1.2	255.255.255.0	N/A
	Loopback0	192.168.2.1	255.255.255.0	N/A

【实验内容】

（1）配置路由器 R1

```
[R1]rip
[R1-rip-1]network 192.168.1.0
[R1-rip-1]network 192.168.0.0
```

（2）配置路由器 R2

```
[R2]rip
[R2-rip-1]network 192.168.1.0
[R2-rip-1]network 192.168.2.0
```

（3）观察 RIP 收发报文的情况

```
<R1>terminal debugging
The current terminal is enabled to display debugging logs.
<R1>terminal monitor
The current terminal is enabled to display logs.
<R1>debugging rip 1 packet
*Sep 22 15:28:08:998 2017 R1 RIP/7/RIPDEBUG: RIP 1 : Sending response on interface Serial1/0 from 192.168.1.1 to 255.255.255.255
*Sep 22 15:28:08:999 2017 R1 RIP/7/RIPDEBUG: Packet: version 1, cmd response, length 24
*Sep 22 15:28:08:999 2017 R1 RIP/7/RIPDEBUG:AFI 2, destination 192.168.0.0, cost 1
*Sep 22 15:28:31:340 2017 R1 RIP/7/RIPDEBUG: RIP 1 : Receiving response from 192.168.1.2 on Serial1/0
*Sep 22 15:28:31:341 2017 R1 RIP/7/RIPDEBUG: Packet: version 1, cmd response, length 24
*Sep 22 15:28:31:341 2017 R1 RIP/7/RIPDEBUG: AFI 2, destination 192.168.2.0, cost 1
```

分析以上的路由更新信息，发现 R1 在接口 S1/0 上收到路由 192.168.2.0，而不会再把此路由从接口 S1/0 上发出去，因为水平分割默认是打开的。

```
[R1-Serial1/0]undo rip split-horizon
*Sep 22 15:44:31:997 2017 R1 RIP/7/RIPDEBUG: RIP 1 : Sending response on interface Serial1/0 from 192.168.1.1 to 255.255.255.255
*Sep 22 15:44:31:997 2017 R1 RIP/7/RIPDEBUG:    Packet: version 1, cmd response, length 64
*Sep 22 15:44:31:997 2017 R1 RIP/7/RIPDEBUG:        AFI 2, destination 192.168.0.0, cost 1
*Sep 22 15:44:31:998 2017 R1 RIP/7/RIPDEBUG:        AFI 2, destination 192.168.1.0, cost 1
*Sep 22 15:44:31:998 2017 R1 RIP/7/RIPDEBUG:        AFI 2, destination 192.168.2.0, cost 2
```

在路由器 R1 的 S1/0 接口上取消水平分割后观察路由更新信息，会发现 R1 在接口 S1/0 上发送的路由更新包含了路由 192.168.0.0、192.168.1.0、192.168.2.0。把从接口 S1/0 学习到的路由又从该接口发送了出去，这样容易造成路由环路。

3.5.3 毒性逆转

【实验目的】

- 理解毒性逆转的含义；
- 掌握毒性逆转的配置方法；
- 验证配置。

【实验拓扑】

实验拓扑同 3.5.2 节图 3-8。

【实验内容】

另外一种避免环路的方法是毒性逆转。在 R1 的 S1/0 接口上启用毒性逆转。

```
[R1]interface s1/0
[R1-Serial1/0]rip poison-reverse
<R1>*Sep 22 16:23:57:498 2017 R1 RIP/7/RIPDEBUG: RIP 1 : Sending response on interface Serial1/0
from 192.168.1.1 to 255.255.255.255
*Sep 22 16:23:57:499 2017 R1 RIP/7/RIPDEBUG:Packet: version 1, cmd response, length 44
*Sep 22 16:23:57:499 2017 R1 RIP/7/RIPDEBUG:AFI 2, destination 192.168.0.0, cost 1
*Sep 22 16:23:57:500 2017 R1 RIP/7/RIPDEBUG:        AFI 2, destination 192.168.2.0, cost 16
```

由以上的输出信息可以看到，启用毒性逆转后，R1 在接口 S1/0 上发送的路由更新信息包含路由 192.168.2.0，但度量值是 16，相当于告诉路由器 R2，R1 的接口 S1/0 不能到达网络 192.168.2.0。

3.5.4 RIP 认证

【实验目的】

- 掌握 RIP 认证方法；
- 验证配置。

【实验拓扑】

实验拓扑同 3.5.2 节图 3-8。

【实验内容】

在 R1 的 S1/0 接口启动 RIPv2 的 MD5 密文验证，验证密码是 aaaaa。

```
[R1]interface s1/0
[R1-Serial1/0]rip authentication-mode md5 rfc2453 plain aaaaa
```

在 R2 的 S1/0 接口启动 RIPv2 的 MD5 密文验证，验证密码是 abcde。

```
[R2]interface s1/0
[R2-Serial1/0]rip authentication-mode md5 rfc2453 plain abcde
```

配置完成后，查看 R1 的路由表，已经没有了 RIP 路由，因为验证密码不一致，R1 学习不到对端设备发来的路由。由于原有的路由需要一段时间老化，所以我们在实验过程中可以先将端口关闭再打开。

```
[R1]interface s1/0
[R1-Serial1/0]shutdown
[R1-Serial1/0]undo shutdown
```

修改 R2 的 MD5 验证密码，使其与 R1 一致。

```
[R2-Serial1/0]rip authentication-mode md5 rfc2453 plain aaaaa
```

配置完成后，等待一段时间，可以在 R1 的路由表中查到正确的路由信息。

```
[R1]display ip routing-table protocol rip
Summary count : 3
RIP Routing table status : <Active>
Summary count : 1
Destination/Mask    Proto   Pre   Cost    NextHop        Interface
192.168.2.0/24      RIP     100   1       192.168.1.2    Ser1/0
```

3.6　实训 4：RIPng 配置

【实验目的】

- 掌握 RIPng 协议的配置方法；
- 掌握 RIPng 查看和监测的相关命令；
- 验证配置。

【实验拓扑】

实验拓扑如图 3-9。

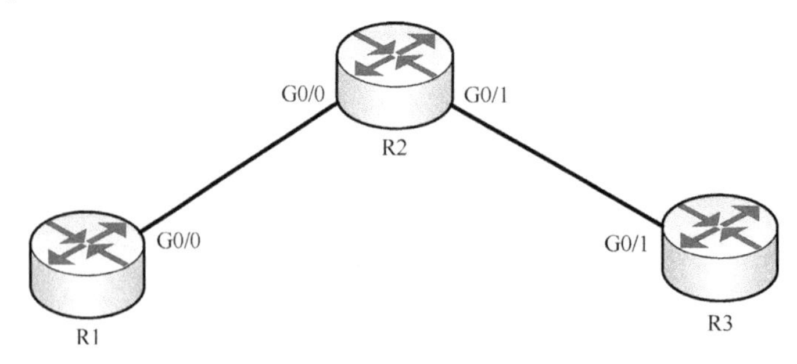

图 3-9　实验拓扑

设备参数如表 3-10 所示。

表 3-10 设备参数表

设 备	接 口	IPv6 地址
R1	G0/0	2001:：1/64
R2	G0/0	2001:：2/64
	G0/1	3001:：1/64
R3	G0/1	3001:：2/64

【实验内容】

（1）配置路由器 R1

```
[R1]interface g0/0
[R1-GigabitEthernet0/0]ipv6 address 2001::1/64
[R1-GigabitEthernet0/0]quit
[R1]ripng
[R1-ripng-1]quit
[R1]interface g0/0
[R1-GigabitEthernet0/0]ripng 1 enable
```

（2）配置路由器 R2

```
[R2]interface g0/0
[R2-GigabitEthernet0/0]ipv6 address 2001::2/64
[R2-GigabitEthernet0/0]quit
[R2]interface g0/1
[R2-GigabitEthernet0/1]ipv6 address 3001::1/64
[R2-GigabitEthernet0/1]quit
[R2]ripng
[R2-ripng-1]quit
[R2]interface g0/0
[R2-GigabitEthernet0/0]ripng 1 enable
[R2-GigabitEthernet0/0]quit
[R2]interface g0/1
[R2-GigabitEthernet0/1]ripng 1 enable
[R2-GigabitEthernet0/1]quit
```

（3）配置路由器 R3

```
[R3]interface g0/1
```

```
[R3-GigabitEthernet0/1]ipv6 address 3001::2/64
[R3-GigabitEthernet0/1]quit
[R3]ripng
[R3-ripng-1]quit
[R3]interface g0/1
[R3-GigabitEthernet0/1]ripng 1 enable
[R3-GigabitEthernet0/1]quit
```

（4）查看路由器 R1 上 RIPng 协议的相关信息

```
[R1]display ripng 1 route
    Route Flags: A - Aging, S - Suppressed, G - Garbage-collect, D - Direct O - Optimal, F - Flush to RIB
  ----------------------------------------------------------------
  Peer FE80::8875:36FF:FEF0:205 on GigabitEthernet0/0
  Destination 3001::/64,
       via FE80::8875:36FF:FEF0:205, cost 1, tag 0, AOF, 2 secs
  Local route
  Destination 2001::/64,
       via ::, cost 0, tag 0, DOF
```

（5）查看测试结果

```
[R1]ping ipv6 3001::2
Ping6(56 data bytes) 2001::1 --> 3001::2, press CTRL_C to break
56 bytes from 3001::2, icmp_seq=0 hlim=63 time=11.376 ms
56 bytes from 3001::2, icmp_seq=1 hlim=63 time=2.104 ms
56 bytes from 3001::2, icmp_seq=2 hlim=63 time=2.025 ms
56 bytes from 3001::2, icmp_seq=3 hlim=63 time=9.372 ms
56 bytes from 3001::2, icmp_seq=4 hlim=63 time=2.715 ms
--- Ping6 statistics for 3001::2 ---
5 packets transmitted, 5 packets received, 0.0% packet loss
round-trip min/avg/max/std-dev = 2.025/5.518/11.376/4.022 ms
[R1]%Sep 24 07:02:37:773 2017 R1 PING/6/PING_STATISTICS: Ping6 statistics for 3001::2: 5 packets
transmitted, 5 packets received, 0.0% packet loss, round-trip min/avg/max/std-dev = 2.025/5.518/11.376/4.022 ms.
```

与 RIPv1 和 RIPv2 相比，RIPng 是在接口上使能 RIPng 协议。

第 4 章

OSPF 协议

本章要点

- OSPF 概述
- OSPFv3 概述
- 实训 1：OSPF 单区域配置
- 实训 2：OSPF 单区域扩展配置
- 实训 3：OSPF 多区域配置
- 实训 4：OSPFv3 单区域配置
- 实训 5：OSPFv3 多区域配置

RIP 路由协议存在一些不可避免的缺陷，随着网络规模的日益增大，越来越不能满足需求。这时，OSPF（Open Shortest Path First，开放最短路径优先）解决了很多 RIP 协议无法解决的问题，而得到更广泛的应用。OSPF 是自治系统内部的路由协议，是典型的链路状态路由协议，性能更加优越。

4.1 OSPF 概述

OSPF 是一种无类路由协议，适用于中大规模的网络。链路状态路由协议使用最短路径优先算法来计算和选择路由。相对于 RIP 具有更大扩展性、快速收敛性和安全可靠性。

4.1.1 OSPF 工作过程

OSPF 协议的工作过程分为发现邻居→建立邻接关系→链路状态数据库 LSDB 中链路状态信息 LSA 的传递→计算路由。图 4-1 显示了 OSPF 协议的工作过程。

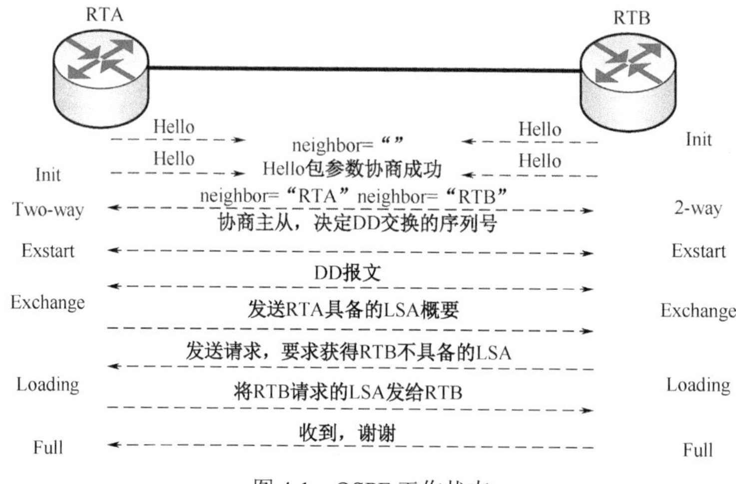

图 4-1　OSPF 工作状态

① 每一个接口以组播地址 224.0.0.5 发送 Hello 包，以寻找邻居。

② 路由器接收 Hello 包，检查参数，将该路由器作为邻居候选人，进入 init 状态，并且将对方的 RouterID 信息添加到自己要发送的 Hello 报文中。

③ 路由器接收到邻居含有自己 RouterID 的 Hello 包后进入 Two-way 状态，这时表示双方协商成功，形成邻居关系，并且将该 RouterID 添加到自己的邻居表中。一台路由可以有多个邻居。

④ 进入 Two-way 状态后，点对点网络不需要 DR/BDR 选举，广播、非广播多点可达网络

要进行 DR 与 BDR 选举。因为在广播网络中，如果互为邻居都建立邻接关系，那么邻接关系是非常复杂的。所以选举 DR 和 BDR 后，OSPF 区域内的路由器只与 DR 和 BDR 建立邻接关系。DR 的选举规则如下：

- 优先级不为 0 的路由器均具备选举资格，优先级的取值范围为 0～255；
- 最高优先级的选举为 DR；
- 优先级相同，则 RouterID 大的优先。

如图 4-2 所示，优先级为 5 的 RTA 被选举为 DR，优先级为 3 的 RTB 被选举为 BDR，RTE 不具备选举资格，其他有选举资格的路由器为 DRother。

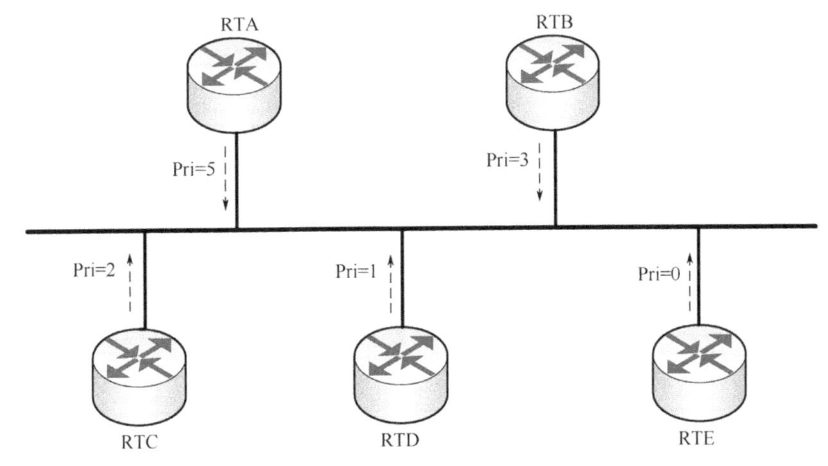

图 4-2　DR 的选举过程

⑤ DR 选举完成后或跳过 DR 选举，建立 OSPF 邻接关系，进入 Exstart 状态，并通过交换 DD 确定主从关系，由主路由定义 DD 序列号。

⑥ 主从选举完成后，进入 Exchange 状态，OSPF 路由器之间通过发布 LSA 来交互链路状态信息。

⑦ 进入 Loading 状态，对自身的链路状态数据库和收到的 LSA 概要进行比较，发现对方有自己不具备的链路信息，则向对方请求，否则不做任何响应。

⑧ 交换完成后，进入 Full 状态。

⑨ OSPF 路由器每隔 30 min 向已经建立邻接关系的邻居发送报文来维护邻居关系。

4.1.2　OSPF 数据包类型

OSPF 报文是直接封装在 IP 报文之中的，其 IP 报文头的协议号是 89。OSPF 有 5 种类型的协议报文，如表 4-1 所示。

表 4-1 OSPF 数据报类型

OSPF 报文类型	作 用
Hello	周期性发送，用来建立和维护邻居关系
DD（Database Description）	数据库内容的汇总（仅包含 LSA 摘要）
LSR（Link State Request）	链路状态请求：请求自己没有的或者比自己更新的链路状态详细信息
LSU（Link State Update）	链路状态更新：用于回复 LSR 和通告更新
LSAck（Link State Acknowledge）	链路状态确认：对 LSU 的确认

OSPF 数据报封装如图 4-3 所示。

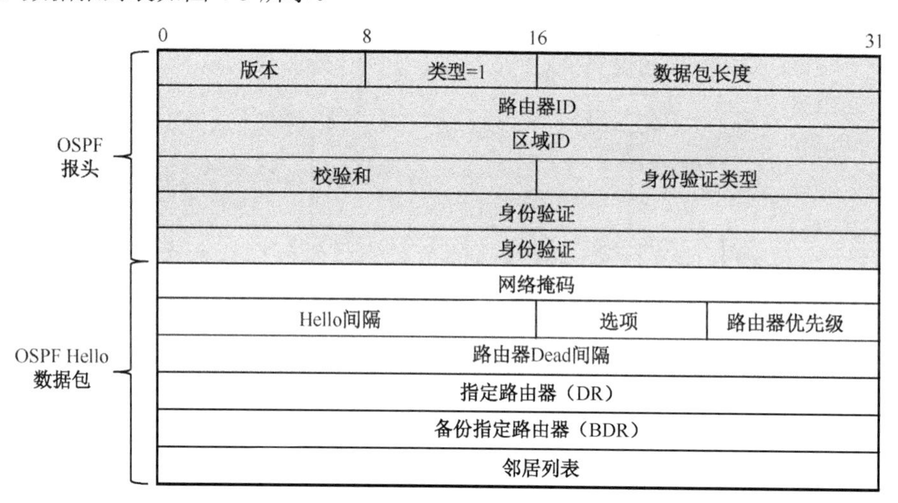

图 4-3 OSPF 数据包封装

报文中各个字段的含义如表 4-2 所示。

表 4-2 OSPF 报文字段含义

版 本	OSPF 的版本号
类型	OSPF 数据包的类型：Hello=1，DD=2，LSR=3，LSU=4，LSAck=5
路由器 ID	始发路由器 ID
区域 ID	数据包始发区域
校验和	整个 IP 数据包的校验和
身份验证类型	指明 OSPF 认证的类型，不认证=0，简单口令认证=1，MD5 认证=2
身份验证	数据包验证信息
网络掩码	与发送方接口关联的子网掩码
Hello 间隔	发送 Hello 数据包的时间间隔
路由器优先级	用于 DR/BDR 的选举
Dead 间隔	宣告邻居无效等待的最长时间
指定路由器 DR	DR 的 Router ID

续表

版 本	OSPF 的版本号
备份指定路由器 BDR	BDR 的 Router ID
邻居列表	邻居路由器的 ID 列表

在 OSPF 中除了 Hello 消息，还有 DD、LSR、LSU 和 LSACK，其编码格式和报头格式基本一致，数据包部分有所不同。

4.1.3 OSPF 路由器类型

OSPF 为了适应大型网络，可以分区域管理。OSPF 将一个大的自治系统划分为几个小的区域，每个区域负责各自区域内的邻接关系和共享相同的链路状态数据库。在不同的区域中，每个路由器的角色不同，如图 4-4 所示。

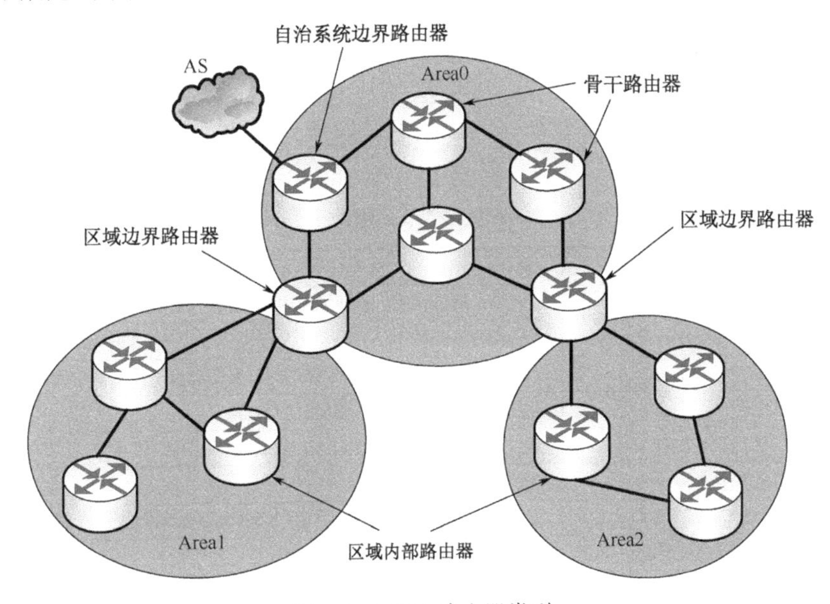

图 4-4 OSPF 路由器类型

- 骨干路由器：OSPF 划分区域后，需要有个区域作为所有区域的枢纽，所有区域间通信都必须通过该区域，这个区域称为骨干区域，协议规定区域 0 是骨干区域，保留区域 ID 号。至少有一个接口与骨干区域相连的路由器被称为骨干路由器。
- 内部路由器：所有接口都属于同一个区域的路由器。
- 区域边界路由器：连接多个区域的路由器。
- 自治系统边界路由器：与外部 AS 相连的路由器。

4.1.4 OSPF 区域类型

OSPF 协议将自治区域划分成不同区域，区域号为 0 的区域通常被称为骨干区域。骨干区域负责区域之间的路由，非骨干区域之间的路由信息必须通过骨干区域来转发。所以 OSPF 中区域划分的原则是：必须存在骨干区域且自身保持连通，非骨干区域必须跟骨干区域保持连通。OSPF 主要有以下几种区域类型。

- 骨干区域：Area=0。
- 标准区域：可以接收链路更新信息。
- Stub（末梢）区域：能学习其他区域的路由，不接收外部路由。
- Totally Stub（完全末梢）区域：不接收外部路由和区域间路由。
- Not-So-Stubby Area（非纯末梢）区域：是 Stub 区域的变形，接收本区域引入的 7 类 LSA，并且转为 5 类，不接收其他区域路由。

4.1.5 OSPF LSA 类型

OSPF 路由器之间交换的并不是路由表，而是链路状态信息。因此在 OSPF 协议中定义了不同类型的 LSA，目前有 11 种类型，如表 4-3 所示。

表 4-3 LSA 类型

类 型	名 称	说 明
1	路由器 LSA	区域内路由发出，描述区域内部与路由器直连的链路的信息
2	网络 LSA	区域内 DR 生成，在本区域内传播
3	网络汇总 LSA	由 ABR 生成，将所连区域内的链路信息以子网形式传播到邻区域
4	ASBR 汇总 LSA	由 ABR 生成，描述 ASBR 的可达信息
5	AS 外部 LSA	由 ASBR 生成，描述到 AS 外部的路由信息
6	组播 LSA	标识 OSPF 组播中的成员
7	NSSA 外部 LSA	由 NSSA 区域的 ASBR 发出，通告本区域连接的外部路由
8	外部属性 LSA	在 OSPF 区域内传播 BGP 属性
9	本地链路范围的不透明 LSA	MPLS 流量工程使用
10	本地区域范围的不透明 LSA	
11	本自治系统范围的不透明 LSA	

在所有的 LSA 中，使用较多的类型是 1、2、3、4、5、7 这 6 种。每一个 LSA 都有一个标准的 20 字节头部，如图 4-5 所示。

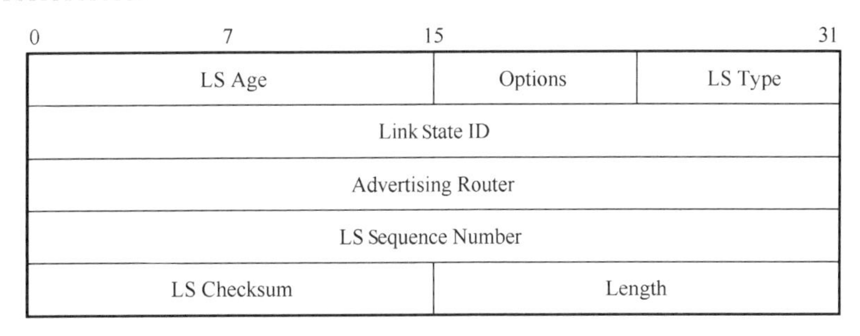

图 4-5　LSA 头部

其中主要字段含义如下。

- LS Age：LSA 产生后所经过的时间，以秒为单位。
- LS Type：LSA 的类型。
- Link State ID：代表整个路由器，由 LSA 的类型决定。
- Advertising Router：始发 LSA 的路由器的 ID。
- LS Sequence Number：LSA 的序列号，检测旧的或重复的 LSA。
- LS Checksum：除了 LS Age 字段外，关于 LSA 的全部信息的校验和。
- Length：LSA 的总长度，包括 LSA 头部，以字节为单位。

4.1.6　OSPF Router ID

一台路由器如果要运行 OSPF，则必须存在 Router ID，Router ID 是一个 32 位的无符号整数，Router ID 可以手工配置，也可以自动生成，可以在自治系统中唯一标识一台路由器。路由器在启动 OSPF 协议之前，会首先检查 Router ID 的配置，如果没有配置 Router ID，路由器会按照以下顺序自动选择一个 Router ID：

- 如果当前设备配置了 Loopback 口，将选取所有 Loopback 接口上数值最大的 IP 地址作为 Router ID；
- 如果当前设备没有配置 Loopback 口，将选取它所有已经配置 IP 地址且链路有效的接口上数值最大的 IP 地址作为 Router ID。

一般建议配置 Loopback 口，并且将 Loopback 口的 IP 地址配置为路由器的 Router ID，以便于管理和区分于其他路由器。

4.1.7　OSPF 网络类型

OSPF 根据链路层协议类型将网络分为下列 4 种类型。

- 广播（Broadcast）：当链路层协议是 Ethernet、FDDI 时，OSPF 中默认的网络类型为 Broadcast。在该类型的网络中，通常以组播的形式发送协议报文。

- 非广播多点可达网络（NBMA，Non-Broadcast Multi-Access）：当链路层协议是帧中继、ATM 或 X.25 时，OSPF 中默认的网络类型为 NBMA。在该类型的网络中，通常以单播形式发送协议报文。
- 点到多点（P2MP，Point-to-MultiPoint）：没有一种链路层协议会被默认为 P2MP 类型；点到多点必须是由其他的网络类型强制更改的。在该类型的网络中，通常以组播的形式发送协议报文。
- 点到点（P2P，Point-to-Point）：当链路层协议是 PPP、HDLC 时，OSPF 默认认为网络类型是 P2P。在该类型的网络中，通常以组播的形式发送协议报文。

4.2 OSPFv3 概述

OSPFv3 是在 OSPFv2 基础上开发的用于 IPv6 网络的路由协议。OSPFv3 在协议设计思路和工作机制方面与 OSPFv2 基本一致。为了支持 IPv6 报文的转发，OSPFv3 对 OSPFv2 做了一些必要的改进。OSPFv3 与 OSPFv2 的不同主要表现在：基于链路的运行；使用链路本地地址；链路支持多实例复用；通过 Router ID 唯一标识邻居；认证的变化；Stub 区域的支持；报文的不同；Option 字段的不同。

OSPFv3 在工作机制中使用了 5 种类型的数据包，所有类型的报文都有一个 16 字节头部，头部的编码格式如图 4-6 所示。

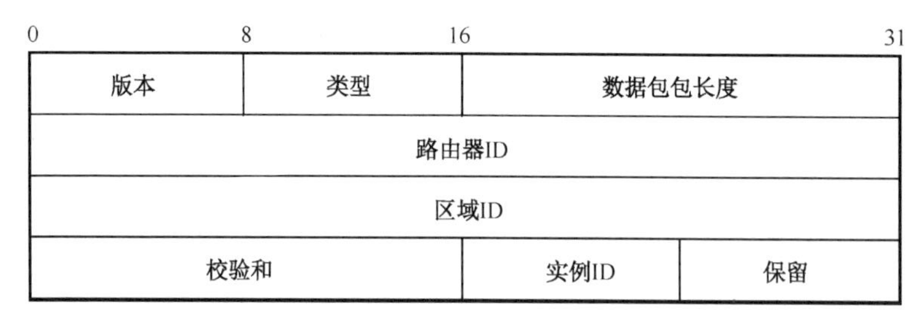

图 4-6　OSPFv3 数据包头部

头部各个字段的含义如下。

- 版本：OSPF 的版本号，version 3；
- 类型：指明 OSPF 报文类型，Hello=1，DBD=2，LSR=3，LSU=4，LSAck=5；
- 路由器 ID：源路由器的 ID；
- 区域 ID：源数据包的区域 ID；
- 校验和：对整个 IPv6 报文的校验和；
- 实例 ID：只在链路本地有意义。

4.3　实训 1：OSPF 单区域配置

【实验目的】

- 部署 OSPF 动态路由协议；
- 熟悉 OSPF 邻居关系表和 OSPF 数据库；
- 掌握 OSPF 度量计算方法；
- 掌握网络引入默认路由的方法；
- 验证配置。

【实验拓扑】

实验拓扑如图 4-7 所示。

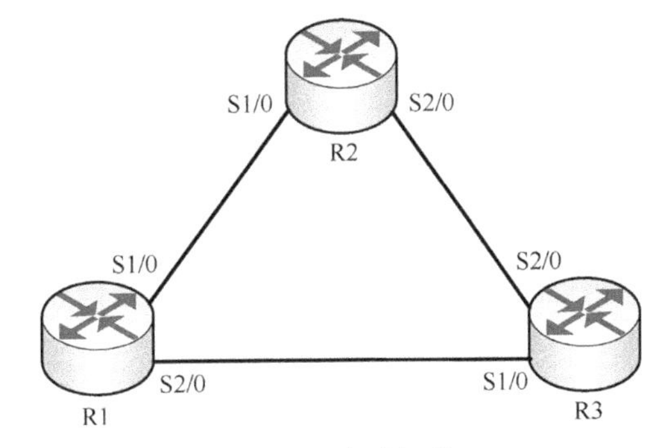

图 4-7　实验拓扑

设备参数如表 4-4 所示。

表 4-4　设备参数表

设 备	接 口	IP 地址	子网掩码	默认网关
R1	S1/0	192.168.2.1	255.255.255.0	N/A
	S2/0	192.168.3.1	255.255.255.0	N/A
	Loopback0	10.10.10.10	255.255.255.0	N/A
R2	S1/0	192.168.2.2	255.255.255.0	N/A
	S2/0	192.168.4.2	255.255.255.0	N/A
	Loopback0	20.20.20.20	255.255.255.0	N/A
R3	S1/0	192.168.3.3	255.255.255.0	N/A
	S2/0	192.168.4.3	255.255.255.0	N/A
	Loopback0	30.30.30.30	255.255.255.0	N/A

【实验内容】

1. 给路由器配置 OSPF 协议

（1）配置路由器 R1

```
[R1]ospf 1
//启动 OSPF 路由协议，进程号为 1
[R1-ospf-1]area 0
[R1-ospf-1-area-0.0.0.0]network 192.168.2.0 0.0.0.255
//通告网络
[R1-ospf-1-area-0.0.0.0]network 192.168.3.0 0.0.0.255
[R1-ospf-1-area-0.0.0.0]network 10.10.10.10 0.0.0.255
```

（2）配置路由器 R2

```
[R2]ospf 1
[R2-ospf-1]area 0
[R2-ospf-1-area-0.0.0.0]network 192.168.2.0 0.0.0.255
[R2-ospf-1-area-0.0.0.0]network 192.168.4.0 0.0.0.255
[R2-ospf-1-area-0.0.0.0]network 20.20.20.20 0.0.0.255
```

（3）配置路由器 R3

```
[R3]ospf 1
[R3-ospf-1]area 0
[R3-ospf-1-area-0.0.0.0]network 192.168.3.0 0.0.0.255
[R3-ospf-1-area-0.0.0.0]network 192.168.4.0 0.0.0.255
[R3-ospf-1-area-0.0.0.0]network 30.30.30.30 0.0.0.255
```

在区域视图下使用 network network-address wildcard-mask 命令来通告该网络。wildcard-mask 指反掩码。

2. 查看邻居关系

```
[R1]display ospf peer
                    OSPF Process 1 with Router ID 10.10.10.10
                          Neighbor Brief Information
 Area: 0.0.0.0
 Router ID       Address        Pri  Dead-Time   Interface        State
 20.20.20.20     192.168.2.2    1    37          S1/0         Full/ -
 30.30.30.30     192.168.3.3    1    38          S2/0         Full/ -
[R2]display ospf peer
```

```
                    OSPF Process 1 with Router ID 20.20.20.20
                          Neighbor Brief Information
 Area: 0.0.0.0
 Router ID        Address        Pri  Dead-Time   Interface        State
 10.10.10.10      192.168.2.1    1    34          S1/0          Full/ -
 30.30.30.30      192.168.4.3    1    34          S2/0          Full/ -
[R3]display ospf peer
                    OSPF Process 1 with Router ID 30.30.30.30
                          Neighbor Brief Information
 Area: 0.0.0.0
 Router ID        Address        Pri  Dead-Time   Interface        State
 10.10.10.10      192.168.3.1    1    31          S1/0          Full/ -
 20.20.20.20      192.168.4.2    1    33          S2/0          Full/ -
```

Display ospf peer 命令的输出包括以下内容：

- Router ID：邻居路由器的 Router ID；
- Address：邻居路由器接口的 IP 地址；
- Pri：邻居路由器的接口优先级；
- Dead-Time：路由器宣告邻居无效所需要等待的时间；
- Interface：连接邻居路由器的本地接口；
- State：邻居路由器的状态。

3. 查看路由信息

```
[R1]display ospf
          OSPF Process 1 with Router ID 10.10.10.10
//运行 OSPF，进程号为 1
                    OSPF Protocol Information
 RouterID: 10.10.10.10          Router type:
//路由器的 RouterID 为 10.10.10.10，由于没有手工设置路由器 ID，路由器选择回环口地址作为其路
由器 ID
 Route tag: 0
 Multi-VPN-Instance is not enabled
 Opaque capable
 ISPF is enabled
 SPF-schedule-interval: 5 50 200
 LSA generation interval: 5
 LSA arrival interval: 1000
 Transmit pacing: Interval: 20 Count: 3
```

```
 Default ASE parameters: Metric: 1 Tag: 1 Type: 2
 Route preference: 10
 ASE route preference: 150
 SPF calculation count: 12
 RFC 1583 compatible
 Graceful restart interval: 120
 SNMP trap rate limit interval: 10    Count: 7
 Area count: 1      Nssa area count: 0
//路由器中的区域数量为 1
 ExChange/Loading neighbors: 0
 Area: 0.0.0.0               (MPLS TE    not enabled)
 Authtype: None        Area flag: Normal
 SPF scheduled count: 6
 ExChange/Loading neighbors: 0
 Interface: 192.168.2.1 (Serial1/0) --> 192.168.2.2
 Cost: 1562        State: P-2-P         Type: PTP            MTU: 1500
 Timers: Hello 10, Dead 40, Poll 40, Retransmit 5, Transmit Delay 1
 FRR backup: Enabled
 Enabled by network configuration
 Interface: 192.168.3.1 (Serial2/0) --> 192.168.3.3
 Cost: 1562        State: P-2-P         Type: PTP            MTU: 1500
 Timers: Hello 10, Dead 40, Poll 40, Retransmit 5, Transmit Delay 1
 FRR backup: Enabled
 Enabled by network configuration
 Interface: 10.10.10.10 (LoopBack0)
 Cost: 0           State: Loopback      Type: PTP            MTU: 1536
 Timers: Hello 10, Dead 40, Poll 40, Retransmit 5, Transmit Delay 1
 FRR backup: Enabled
 Enabled by network configuration
```

4. 查看路由表

```
[R1]display ip routing-table
Destinations : 25       Routes : 26
(-----省略部分输出-----)
Destination/Mask      Proto     Pre     Cost        NextHop          Interface
10.10.10.0/24         Direct    0       0           10.10.10.10      Loop0
20.20.20.20/32        OSPF      10      1562        192.168.2.2      S1/0
30.30.30.30/32        OSPF      10      1562        192.168.3.3      S2/0
```

```
192.168.2.0/24      Direct 0   0              192.168.2.1     S1/0
192.168.3.0/24      Direct 0   0              192.168.3.1     S2/0
192.168.4.0/24      OSPF       10    3124     192.168.2.2     S1/0
                                              192.168.3.3     S2/0
[R2]display ip routing-table
Destinations : 25       Routes : 26
(-----省略部分输出-----)
Destination/Mask    Proto      Pre   Cost     NextHop         Interface
10.10.10.10/32      OSPF       10    1562     192.168.2.1     S1/0
20.20.20.0/24       Direct     0     0        20.20.20.20     Loop0
30.30.30.30/32      OSPF       10    1562     192.168.4.3     S2/0
192.168.2.0/24      Direct     0     0        192.168.2.2     S1/0
192.168.3.0/24      OSPF       10    3124     192.168.2.1     S1/0
                                              192.168.4.3     S2/0
192.168.4.0/24      Direct 0   0              192.168.4.2     S2/0
[R3]display ip routing-table
Destinations : 25       Routes : 26
(-----省略部分输出-----)
Destination/Mask    Proto      Pre   Cost     NextHop         Interface
10.10.10.10/32      OSPF       10    1562     192.168.3.1     S1/0
20.20.20.20/32      OSPF       10    1562     192.168.4.2     S2/0
30.30.30.0/24       Direct     0     0        30.30.30.30     Loop0
192.168.2.0/24      OSPF       10    3124     192.168.3.1     S1/0
                                              192.168.4.2     S2/0
192.168.3.0/24      Direct     0     0        192.168.3.3     S1/0
192.168.4.0/24      Direct     0     0        192.168.4.3     S2/0
```

5. OSPF 接口开销分析

OSPF 路由以到达目的地的开销作为度量值，而到达目的地的开销是路径上所有路由器接口开销之和。所以，通过配置路由器接口开销，可以改变 OSPF 路由开销，从而达到控制路由选路的目的。

在接口视图下，配置 OSPF 接口的开销值。

```
ospf cost value
```

在 OSPF 视图下，可以配置 OSPF 接口的参考带宽。

```
bandwidth-reference value
```

OSPF 协议会根据该接口的带宽自动计算其开销值，计算公式为

接口开销=带宽参考值÷接口带宽

默认情况下，带宽参考值为 100 Mbps。

```
[R1]display ospf routing
          OSPF Process 1 with Router ID 10.10.10.10
                    Routing Table
 Routing for network
 Destination       Cost    Type    NextHop        AdvRouter      Area
 192.168.3.0/24    1562    Stub    192.168.3.1    10.10.10.10    0.0.0.0
 192.168.4.0/24    3124    Stub    192.168.2.2    20.20.20.20    0.0.0.0
 192.168.4.0/24    3124    Stub    192.168.3.3    30.30.30.30    0.0.0.0
 30.30.30.30/32    1562    Stub    192.168.3.3    30.30.30.30    0.0.0.0
 20.20.20.20/32    1562    Stub    192.168.2.2    20.20.20.20    0.0.0.0
 10.10.10.10/32    0       Stub    10.10.10.10    10.10.10.10    0.0.0.0
 192.168.2.0/24    1562    Stub    192.168.2.1    10.10.10.10    0.0.0.0
 Total nets: 7
 Intra area: 7   Inter area: 0   ASE: 0   NSSA: 0
```

修改 R1 的配置如下：

```
[R1]interface s1/0
[R1-Serial1/0]ospf cost 1000
[R1]display ospf routing
          OSPF Process 1 with Router ID 10.10.10.10
                    Routing Table
 Routing for network
 Destination       Cost    Type    NextHop        AdvRouter      Area
 192.168.3.0/24    1562    Stub    192.168.3.1    10.10.10.10    0.0.0.0
 192.168.4.0/24    2562    Stub    192.168.2.2    20.20.20.20    0.0.0.0
 30.30.30.30/32    1562    Stub    192.168.3.3    30.30.30.30    0.0.0.0
 20.20.20.20/32    1000    Stub    192.168.2.2    20.20.20.20    0.0.0.0
 10.10.10.10/32    0       Stub    10.10.10.10    10.10.10.10    0.0.0.0
 192.168.2.0/24    1000    Stub    192.168.2.1    10.10.10.10    0.0.0.0
 Total nets: 6
 Intra area: 6   Inter area: 0   ASE: 0   NSSA: 0
```

由于 R1 的 S1/0 接口的开销值改成了 1 000，所以到相应路径的开销值发生了变化。

6. 查看 OSPF 数据库

```
[R1]display ospf lsdb
          OSPF Process 1 with Router ID 10.10.10.10
                  Link State Database
                         Area: 0.0.0.0
```

```
Type      LinkState ID    AdvRouter      Age   Len   Sequence    Metric
Router    30.30.30.30     30.30.30.30    442   84    80000005     0
Router    20.20.20.20     20.20.20.20    452   84    80000007     0
Router    10.10.10.10     10.10.10.10    141   84    80000008     0
```

以上输出的是 R1 的数据库，R2 与 R3 的数据库应该是一致的，其含义如下。

- Type：LSA 类型。
- Link State ID：LSA 链路状态 ID，代表整个路由器，实际上是 Router Link，用路由器的 Router ID 代表。
- AdvRouter：通告链路状态信息的路由器的 ID 号。
- Age：LSA 的老化时间。
- Len：LSA 的长度。
- Sequence：LSA 的序列号。
- Metric：度量值。

7. 在 OSPF 网络中注入默认路由

在路由器 R3 上引入默认路由，并把它传播到 OSPF 的区域。

```
[R3-ospf-1]default-route-advertise always
[R3-ospf-1]quit
[R1]display ip routing-table protocol ospf
Summary Count : 7
OSPF Routing table Status : <Active>
Summary Count : 4
Destination/Mask     Proto    Pre    Cost        NextHop         Interface
0.0.0.0/0            OSPF     150     1          192.168.3.3     S2/0
20.20.20.20/32       OSPF     10     1000        192.168.2.2     S1/0
30.30.30.30/32       OSPF     10     1562        192.168.3.3     S2/0
192.168.4.0/24       OSPF     10     2562        192.168.2.2     S1/0
```

以上输出显示，R1 学习到了默认路由。在 R2 上进行查询，也可以得出相同结果。

4.4　实训 2：OSPF 单区域扩展配置

4.4.1　OSPF 网络类型配置

【实验目的】

- 掌握广播多路访问 OSPF 的特征；

- 掌握路由器 ID 的选举方法;
- 掌握广播网络 DR/BDR 的选举方法;
- 掌握 OSPF 网络类型配置;
- 验证配置。

【实验拓扑】

实验拓扑如图 4-8 所示。

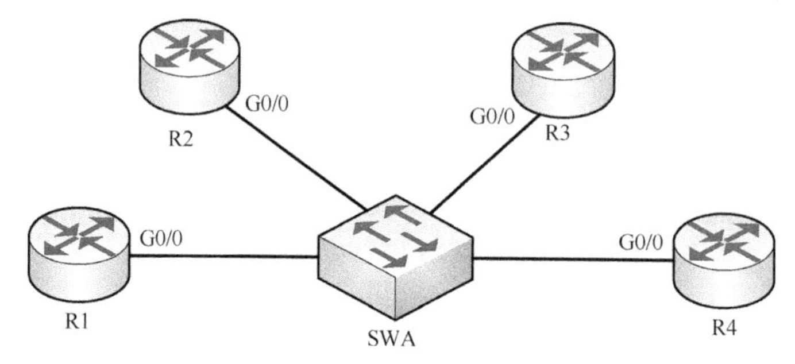

图 4-8　实验拓扑

设备参数如表 4-5 所示。

表 4-5　设备参数表

设 备	接 口	IP 地址	子网掩码	默认网关
R1	G0/0	172.16.1.1	255.255.255.0	N/A
	Loopback0	10.10.10.10	255.255.255.0	N/A
R2	G0/0	172.16.1.2	255.255.255.0	N/A
	Loopback0	20.20.20.20	255.255.255.0	N/A
R3	G0/0	172.16.1.3	255.255.255.0	N/A
	Loopback0	30.30.30.30	255.255.255.0	N/A
R4	G0/0	172.16.1.4	255.255.255.0	N/A
	Loopback0	40.40.40.40	255.255.255.0	N/A

【实验内容】

1．给路由器配置 OSPF 协议

（1）配置路由器 R1

```
[R1]ospf 1
[R1-ospf-1]area 0
[R1-ospf-1-area-0.0.0.0]network 172.16.1.0 0.0.0.255
[R1-ospf-1-area-0.0.0.0]network 10.10.10.10 0.0.0.255
```

（2）配置路由器 R2

```
[R2]ospf 1
[R2-ospf-1]area 0
[R2-ospf-1-area-0.0.0.0]network 172.16.1.0 0.0.0.255
[R2-ospf-1-area-0.0.0.0]network 20.20.20.20 0.0.0.255
```

（3）配置路由器 R3

```
[R3]ospf 1
[R3-ospf-1]area 0
[R3-ospf-1-area-0.0.0.0]network 172.16.1.0 0.0.0.255
[R3-ospf-1-area-0.0.0.0]network 30.30.30.30 0.0.0.255
```

（4）配置路由器 R4

```
[R4]ospf 1
[R4-ospf-1]area 0
[R4-ospf-1-area-0.0.0.0]network 172.16.1.0 0.0.0.255
[R4-ospf-1-area-0.0.0.0]network 40.40.40.40 0.0.0.255
```

2. 查看邻居列表

```
[R1]display ospf peer
          OSPF Process 1 with Router ID 10.10.10.10
                Neighbor Brief Information
 Area: 0.0.0.0
 Router ID       Address        Pri   Dead-Time    State            Interface
 20.20.20.20     172.16.1.2     1       39        Full/BDR          GE0/0
 30.30.30.30     172.16.1.3     1       34        Full/DROther      GE0/0
 40.40.40.40     172.16.1.4     1       34        Full/DROther      GE0/0
```

以上输出显示，路由器 R1 有三个邻居，因为 R1 最先启动 OSPF，所以它自身是指定路由器 DR，R2 是备份指定路由器，R3 和 R4 是 DROther。

3. 修改路由器 ID

下面手工修改路由器 R1 与 R2 的 ID，分别为 1.1.1.1 与 2.2.2.2。

```
[R1]router id 1.1.1.1
<R1>reset ospf 1 process
Reset OSPF process? [Y/N]:y
[R2]router id 2.2.2.2
<R2>reset ospf 1 process
Reset OSPF process? [Y/N]:y
```

手工设置了路由器 ID 后，需要用命令“reset ospf 1 process”重启 ospf 进程才能生效。重启后，再次查看 R1 的邻居，DR 和 BDR 发生了变化。

```
[R1]display ospf peer
          OSPF Process 1 with Router ID 1.1.1.1
                Neighbor Brief Information
 Area: 0.0.0.0
 Router ID        Address       Pri  Dead-Time     State          Interface
 2.2.2.2          172.16.1.2     1     32        2-Way/ -          GE0/0
 30.30.30.30      172.16.1.3     1     35        Full/BDR          GE0/0
 40.40.40.40      172.16.1.4     1     33        Full/DR           GE0/0
```

重启 ospf 进程后，DR 和 BDR 进行了重新选举，按照规则，R4 成为新的 DR，R3 成为 BDR。

4. 修改 OSPF 网络类型

首先查看 R1 的 OSPF 接口信息。

```
[R1]display ospf interface g0/0
          OSPF Process 1 with Router ID 1.1.1.1
                  Interfaces
 Area: 0.0.0.0
 Interface: 172.16.1.1 (GigabitEthernet0/0)
 Cost: 1          State: DROther      Type: Broadcast      MTU: 1500
//此网络类型是广播
 Priority: 1
 Designated router: 172.16.1.4
 Backup designated router: 172.16.1.3
 Timers: Hello 10, Dead 40, Poll 40, Retransmit 5, Transmit Delay 1
 FRR backup: Enabled
 Enabled by network configuration
MTID       Cost        Disabled      Topology name
 0          1           No              base
```

可以在接口视图下，用如下命令来修改网络类型。

```
ospf network-type network-type
```

network-type 的取值可以为 broadcast、nbma、p2mp 或 p2p。

4.4.2 OSPF 区域认证

【实验目的】

- 掌握 OSPF 基于区域的认证方法。

【实验拓扑】

实验拓扑如图 4-9 所示。

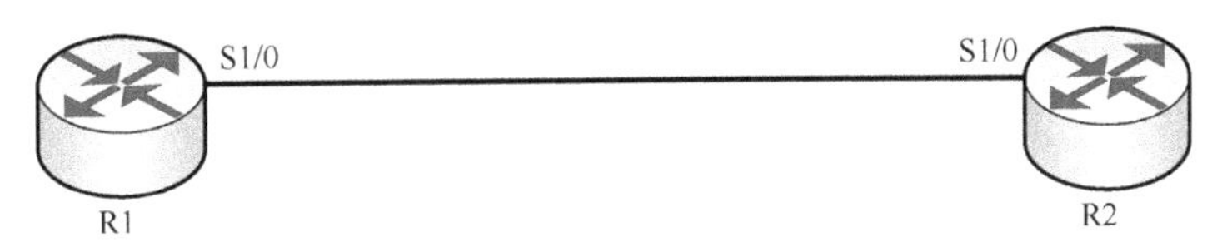

图 4-9 实验拓扑

设备参数如表 4-6 所示。

表 4-6　设备参数表

设 备	接 口	IP 地址	子网掩码	默认网关
R1	S1/0	172.16.1.1	255.255.255.0	N/A
	Loopback0	10.10.10.10	255.255.255.0	N/A
R2	S1/0	172.16.1.2	255.255.255.0	N/A
	Loopback0	20.20.20.20	255.255.255.0	N/A

【实验内容】

1. 基于区域的简单口令认证

（1）配置路由器 R1

```
[R1]ospf 1
[R1-ospf-1]area 0
[R1-ospf-1-area-0.0.0.0]network 172.16.1.0 0.0.0.255
[R1-ospf-1-area-0.0.0.0]network 10.10.10.10 0.0.0.255
[R1-ospf-1-area-0.0.0.0]authentication-mode simple plain hello
//启动区域认证，认证口令为 hello
```

（2）配置路由器 R2

```
[R2]ospf 1
[R2-ospf-1]area 0
[R2-ospf-1-area-0.0.0.0]network 172.16.1.0 0.0.0.255
[R2-ospf-1-area-0.0.0.0]network 20.20.20.20 0.0.0.255
[R2-ospf-1-area-0.0.0.0]authentication-mode simple plain hello
```

（3）查看 OSPF 认证信息

```
[R1]display ospf 1
        OSPF Process 1 with Router ID 10.10.10.10
```

```
                OSPF Protocol Information
 RouterID: 10.10.10.10          Router type:
 Route tag: 0
 Multi-VPN-Instance is not enabled
 Ext-community type: Domain ID 0x5, Route Type 0x306, Router ID 0x107
 Domain ID: 0.0.0.0
 Opaque capable
 ISPF is enabled
 SPF-schedule-interval: 5 50 200
 LSA generation interval: 5 50 200
 LSA arrival interval: 1000
 Transmit pacing: Interval: 20 Count: 3
 Default ASE parameters: Metric: 1 Tag: 1 Type: 2
 Route preference: 10
 ASE route preference: 150
 SPF calculation count: 4
 RFC 1583 compatible
 Graceful restart interval: 120
 SNMP trap rate limit interval: 10    Count: 7
 Area count: 1      NSSA area count: 0
 ExChange/Loading neighbors: 0
 Area: 0.0.0.0                 (MPLS TE    not enabled)
 Authtype: Simple        Area flag: Normal
//验证方式：简单口令
 SPF scheduled count: 3
 ExChange/Loading neighbors: 0
 Interface: 172.16.1.1 (Serial1/0) --> 172.16.1.2
 Cost: 1562       State: P-2-P        Type: PTP           MTU: 1500
 Timers: Hello 10, Dead 40, Poll 40, Retransmit 5, Transmit Delay 1
 FRR backup: Enabled
 Enabled by network configuration
 Simple authentication enabled.
//启用了简单口令验证方式
 Interface: 10.10.10.10 (LoopBack0)
 Cost: 0           State: Loopback       Type: PTP           MTU: 1536
 Timers: Hello 10, Dead 40, Poll 40, Retransmit 5, Transmit Delay 1
 FRR backup: Enabled
 Enabled by network configuration
```

2．基于区域的 MD5 认证

当启动基于区域的 MD5 认证时，与只在两端路由器的 OSPF 区域视图下配置验证方式时不同，如下所示，其余配置相同。

```
[R1-ospf-1-area-0.0.0.0]authentication-mode md5 1 plain hello
[R2-ospf-1-area-0.0.0.0]authentication-mode md5 1 plain hello
```

查看 OSPF 认证信息：

```
[R1]display ospf 1
          OSPF Process 1 with Router ID 10.10.10.10
                  OSPF Protocol Information
 RouterID: 10.10.10.10         Router type:
 Route tag: 0
 Multi-VPN-Instance is not enabled
 Ext-community type: Domain ID 0x5, Route Type 0x306, Router ID 0x107
 Domain ID: 0.0.0.0
 Opaque capable
 ISPF is enabled
 SPF-schedule-interval: 5 50 200
 LSA generation interval: 5 50 200
 LSA arrival interval: 1000
 Transmit pacing: Interval: 20 Count: 3
 Default ASE parameters: Metric: 1 Tag: 1 Type: 2
 Route preference: 10
 ASE route preference: 150
 SPF calculation count: 3
 RFC 1583 compatible
 Graceful restart interval: 120
 SNMP trap rate limit interval: 10   Count: 7
 Area count: 1   NSSA area count: 0
 ExChange/Loading neighbors: 0
 Area: 0.0.0.0              (MPLS TE   not enabled)
 Authtype: MD5      Area flag: Normal
//验证方式：MD5
 SPF scheduled count: 6
 ExChange/Loading neighbors: 0
 Interface: 172.16.1.1 (Serial1/0) --> 172.16.1.2
 Cost: 1562      State: P-2-P      Type: PTP        MTU: 1500
 Timers: Hello 10, Dead 40, Poll 40, Retransmit 5, Transmit Delay 1
```

```
    FRR backup: Enabled
    Enabled by network configuration
    MD5 authentication enabled.
        The last key is 1.
//启用了 MD5 认证，最新的 key id 是 1
Interface: 10.10.10.10 (LoopBack0)
    Cost: 0        State: Loopback      Type: PTP         MTU: 1536
    Timers: Hello 10, Dead 40, Poll 40, Retransmit 5, Transmit Delay 1
    FRR backup: Enabled
    Enabled by network configuration
```

4.4.3 OSPF 接口认证

1. 基于接口的简单口令认证

（1）配置路由器 R1

```
[R1]ospf 1
[R1-ospf-1]area 0
[R1-ospf-1-area-0.0.0.0]network 172.16.1.0 0.0.0.255
[R1-ospf-1-area-0.0.0.0]network 10.10.10.10 0.0.0.255
[R1-ospf-1-area-0.0.0.0]quit
[R1-ospf-1]quit
[R1]interface s1/0
[R1-Serial1/0]ospf authentication-mode simple plain hello
//启动接口认证，认证口令为 hello
```

（2）配置路由器 R2

```
[R2]ospf 1
[R2-ospf-1]area 0
[R2-ospf-1-area-0.0.0.0]network 172.16.1.0 0.0.0.255
[R2-ospf-1-area-0.0.0.0]network 20.20.20.20 0.0.0.255
[R2-ospf-1-area-0.0.0.0]quit
[R2-ospf-1]quit
[R2]interface s1/0
[R2-Serial1/0]ospf authentication-mode simple plain hello
```

（3）查看 OSPF 认证信息

```
<R1>display ospf interface s1/0
```

```
                    OSPF Process 1 with Router ID 10.10.10.10
                              Interfaces
    Interface: 172.16.1.1 (Serial1/0) --> 172.16.1.2
    Cost: 1562      State: P-2-P       Type: PTP          MTU: 1500
    Timers: Hello 10, Dead 40, Poll 40, Retransmit 5, Transmit Delay 1
    FRR backup: Enabled
    Enabled by network configuration
    Simple authentication enabled.
   //简单口令认证方式已启用
```

2．基于接口的 MD5 认证

当启动基于接口的 MD5 认证时，与只在两端路由器的接口视图下配置验证方式时不同，如下所示，其余配置相同。

```
[R1-Serial1/0]ospf authentication-mode md5 1 plain hello
[R2-Serial1/0]ospf authentication-mode md5 1 plain hello
```

查看 OSPF 认证信息：

```
[R1]display ospf interface s1/0
                    OSPF Process 1 with Router ID 10.10.10.10
                              Interfaces
    Interface: 172.16.1.1 (Serial1/0) --> 172.16.1.2
    Cost: 1562      State: P-2-P       Type: PTP          MTU: 1500
    Timers: Hello 10, Dead 40, Poll 40, Retransmit 5, Transmit Delay 1
    FRR backup: Enabled
    Enabled by network configuration
    MD5 authentication enabled.
   The last key is 1.
   //MD5 认证方式已启用，最新的 key id 是 1
```

4.5　实训 3：OSPF 多区域配置

4.5.1　多区域 OSPF 基本配置

【实验目的】

- 掌握 OSPF 多区域的概念；
- 掌握多区域 OSPF 配置命令；

- 理解 OSPF 中 LSA 的类型；
- 验证配置。

【实验拓扑】

实验拓扑如图 4-10 所示。

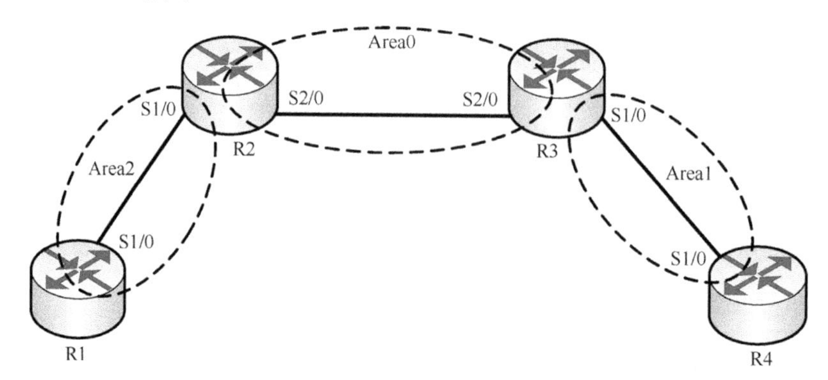

图 4-10 实验拓扑

设备参数如表 4-7 所示。

表 4-7 设备参数表

设 备	接 口	IP 地址	子网掩码	所属区域
R1	S1/0	172.16.1.1	255.255.255.0	2
	Loopback0	10.10.10.10	255.255.255.0	2
R2	S1/0	172.16.1.2	255.255.255.0	2
	S2/0	172.16.2.2	255.255.255.0	0
	Loopback0	20.20.20.20	255.255.255.0	0
R3	S1/0	172.16.3.3	255.255.255.0	1
	S2/0	172.16.2.3	255.255.255.0	0
	Loopback0	30.30.30.30	255.255.255.0	0
R4	S1/0	172.16.3.4	255.255.255.0	1
	Loopback0	40.40.40.40	255.255.255.0	1

【实验内容】

1. 配置 OSPF 动态路由协议

（1）配置路由器 R1

```
[R1]ospf 1
[R1-ospf-1]area 2
```

```
[R1-ospf-1-area-0.0.0.2]network 172.16.1.0 0.0.0.255
[R1-ospf-1-area-0.0.0.2]network 10.10.10.10 0.0.0.255
```

（2）配置路由器 R2

```
[R2]ospf 1
[R2-ospf-1]area 2
[R2-ospf-1-area-0.0.0.2]network 172.16.1.0 0.0.0.255
[R2-ospf-1-area-0.0.0.2]quit
[R2-ospf-1]area 0
[R2-ospf-1-area-0.0.0.0]network 172.16.2.0 0.0.0.255
[R2-ospf-1-area-0.0.0.0]network 20.20.20.20 0.0.0.255
```

（3）配置路由器 R3

```
[R3]ospf 1
[R3-ospf-1]area 0
[R3-ospf-1-area-0.0.0.0]network 172.16.2.0 0.0.0.255
[R3-ospf-1-area-0.0.0.0]network 30.30.30.30 0.0.0.255
[R3-ospf-1-area-0.0.0.0]quit
[R3-ospf-1]area 1
[R3-ospf-1-area-0.0.0.1]network 172.16.3.0 0.0.0.255
```

（4）配置路由器 R4

```
[R4]ospf 1
[R4-ospf-1]area 1
[R4-ospf-1-area-0.0.0.1]network 172.16.3.0 0.0.0.255
[R4-ospf-1-area-0.0.0.1]network 40.40.40.40 0.0.0.255
```

2. 查看 OSPF 路由表

（1）查看 R1 的 OSPF 路由

```
[R1]display ip routing-table protocol ospf
Summary Count : 7
OSPF Routing table Status : <Active>
Summary Count : 5
Destination/Mask    Proto     Pre  Cost     NextHop      Interface
20.20.20.20/32      O_INTER   10   1562     172.16.1.2   S1/0
30.30.30.30/32      O_INTER   10   3124     172.16.1.2   S1/0
40.40.40.40/32      O_INTER   10   4686     172.16.1.2   S1/0
172.16.2.0/24       O_INTER   10   3124     172.16.1.2   S1/0
```

```
172.16.3.0/24      O_INTER     10    4686        172.16.1.2      S1/0
OSPF Routing table Status : <Inactive>
Summary Count : 2
Destination/Mask   Proto       Pre   Cost        NextHop         Interface
10.10.10.10/32     O_INTRA     10    0           0.0.0.0         Loop0
172.16.1.0/24      O_INTRA     10    1562        0.0.0.0         S1/0
```

（2）查看 R2 的 OSPF 路由

```
[R2]display ip routing-table protocol ospf
Summary Count : 7
OSPF Routing table Status : <Active>
Summary Count : 4
Destination/Mask   Proto       Pre   Cost        NextHop         Interface
10.10.10.10/32     O_INTRA     10    1562        172.16.1.1      S1/0
30.30.30.30/32     O_INTRA     10    1562        172.16.2.3      S2/0
40.40.40.40/32     O_INTER     10    3124        172.16.2.3      S2/0
172.16.3.0/24      O_INTER     10    3124        172.16.2.3      S2/0
OSPF Routing table Status : <Inactive>
Summary Count : 3
Destination/Mask   Proto       Pre   Cost        NextHop         Interface
20.20.20.20/32     O_INTRA     10    0           0.0.0.0         Loop0
172.16.1.0/24      O_INTRA     10    1562        0.0.0.0         S1/0
172.16.2.0/24      O_INTRA     10    1562        0.0.0.0         S2/0
```

（3）查看 R3 的 OSPF 路由

```
[R3]display ip routing-table protocol ospf
Summary Count : 7
OSPF Routing table Status : <Active>
Summary Count : 4
Destination/Mask   Proto       Pre   Cost        NextHop         Interface
10.10.10.10/32     O_INTER     10    3124        172.16.2.2      S2/0
20.20.20.20/32     O_INTRA     10    1562        172.16.2.2      S2/0
40.40.40.40/32     O_INTRA     10    1562        172.16.3.4      S1/0
172.16.1.0/24      O_INTER     10    3124        172.16.2.2      S2/0
OSPF Routing table Status : <Inactive>
Summary Count : 3
Destination/Mask   Proto       Pre   Cost        NextHop         Interface
30.30.30.30/32     O_INTRA     10    0           0.0.0.0         Loop0
```

```
172.16.2.0/24      O_INTRA    10   1562          0.0.0.0         S2/0
172.16.3.0/24      O_INTRA    10   1562          0.0.0.0         S1/0
```

（4）查看 R4 的 OSPF 路由

```
[R4]display ip routing-table protocol ospf
Summary Count : 7
OSPF Routing table Status : <Active>
Summary Count : 5
Destination/Mask   Proto      Pre  Cost         NextHop         Interface
10.10.10.10/32     O_INTER    10   4686         172.16.3.3      S1/0
20.20.20.20/32     O_INTER    10   3124         172.16.3.3      S1/0
30.30.30.30/32     O_INTER    10   1562         172.16.3.3      S1/0
172.16.1.0/24      O_INTER    10   4686         172.16.3.3      S1/0
172.16.2.0/24      O_INTER    10   3124         172.16.3.3      S1/0
OSPF Routing table Status : <Inactive>
Summary Count : 2
Destination/Mask   Proto      Pre  Cost         NextHop         Interface
40.40.40.40/32     O_INTRA    10   0            0.0.0.0         Loop0
172.16.3.0/24      O_INTRA    10   1562         0.0.0.0         Ser1/0
```

3．查看 OSPF 数据库

（1）查看 R1 的数据库

```
[R1]display ospf lsdb
            OSPF Process 1 with Router ID 10.10.10.10
                    Link State Database
                            Area: 0.0.0.2
 Type       LinkState ID    AdvRouter       Age   Len   Sequence    Metric
 Router     20.20.20.20     20.20.20.20     690   48    80000003    0
 Router     10.10.10.10     10.10.10.10     717   60    80000004    0
 Sum-Net    20.20.20.20     20.20.20.20     689   28    80000001    0
 Sum-Net    172.16.3.0      20.20.20.20     411   28    80000001    3124
 Sum-Net    172.16.2.0      20.20.20.20     574   28    80000001    1562
 Sum-Net    40.40.40.40     20.20.20.20     381   28    80000001    3124
 Sum-Net    30.30.30.30     20.20.20.20     528   28    80000001    1562
```

（2）查看 R2 的数据库

```
[R2]display ospf lsdb
            OSPF Process 1 with Router ID 20.20.20.20
```

```
                        Link State Database
                                Area: 0.0.0.0
 Type        LinkState ID    AdvRouter       Age   Len    Sequence    Metric
 Router      30.30.30.30     30.30.30.30     578   60     80000005    0
 Router      20.20.20.20     20.20.20.20     598   60     80000004    0
 Sum-Net     172.16.3.0      30.30.30.30     459   28     80000001    1562
 Sum-Net     172.16.1.0      20.20.20.20     752   28     80000001    1562
 Sum-Net     40.40.40.40     30.30.30.30     427   28     80000001    1562
 Sum-Net     10.10.10.10     20.20.20.20     752   28     80000001    1562
                                Area: 0.0.0.2
 Type        LinkState ID    AdvRouter       Age   Len    Sequence    Metric
 Router      20.20.20.20     20.20.20.20     753   48     80000003    0
 Router      10.10.10.10     10.10.10.10     785   60     80000004    0
 Sum-Net     20.20.20.20     20.20.20.20     752   28     80000001    0
 Sum-Net     172.16.3.0      20.20.20.20     458   28     80000001    3124
 Sum-Net     172.16.2.0      20.20.20.20     631   28     80000001    1562
 Sum-Net     40.40.40.40     20.20.20.20     426   28     80000001    3124
 Sum-Net     30.30.30.30     20.20.20.20     583   28     80000001    1562
```

（3）查看 R3 的数据库

```
[R3]display ospf lsdb
              OSPF Process 1 with Router ID 30.30.30.30
                        Link State Database
                                Area: 0.0.0.0
 Type        LinkState ID    AdvRouter       Age   Len    Sequence    Metric
 Router      30.30.30.30     30.30.30.30     607   60     80000005    0
 Router      20.20.20.20     20.20.20.20     630   60     80000004    0
 Sum-Net     172.16.3.0      30.30.30.30     489   28     80000001    1562
 Sum-Net     172.16.1.0      20.20.20.20     784   28     80000001    1562
 Sum-Net     40.40.40.40     30.30.30.30     457   28     80000001    1562
 Sum-Net     10.10.10.10     20.20.20.20     784   28     80000001    1562
                                Area: 0.0.0.1
 Type        LinkState ID    AdvRouter       Age   Len    Sequence    Metric
 Router      40.40.40.40     40.40.40.40     458   60     80000004    0
 Router      30.30.30.30     30.30.30.30     468   48     80000002    0
 Sum-Net     20.20.20.20     30.30.30.30     489   28     80000001    1562
 Sum-Net     172.16.2.0      30.30.30.30     489   28     80000001    1562
 Sum-Net     172.16.1.0      30.30.30.30     489   28     80000001    3124
```

```
Sum-Net      10.10.10.10     30.30.30.30     489   28   80000001   3124
Sum-Net      30.30.30.30     30.30.30.30     489   28   80000001   0
```

（4）查看 R4 的数据库

```
[R4]display ospf lsdb
         OSPF Process 1 with Router ID 40.40.40.40
                 Link State Database
                         Area: 0.0.0.1
Type         LinkState ID    AdvRouter       Age   Len  Sequence   Metric
Router       40.40.40.40     40.40.40.40     482   60   80000004   0
Router       30.30.30.30     30.30.30.30     494   48   80000002   0
Sum-Net      20.20.20.20     30.30.30.30     514   28   80000001   1562
Sum-Net      172.16.2.0      30.30.30.30     514   28   80000001   1562
Sum-Net      172.16.1.0      30.30.30.30     514   28   80000001   3124
Sum-Net      10.10.10.10     30.30.30.30     514   28   80000001   3124
Sum-Net      30.30.30.30     30.30.30.30     514   28   80000001   0
```

4.5.2 OSPF Stub 与 Totally Stub 区域配置

【实验目的】

- 掌握 OSPF 中多种 LSA 类型；
- 掌握末梢区域与完全末梢区域的特点；
- 掌握末梢区域的配置命令；
- 验证配置。

【实验拓扑】

实验拓扑如图 4-11 所示。

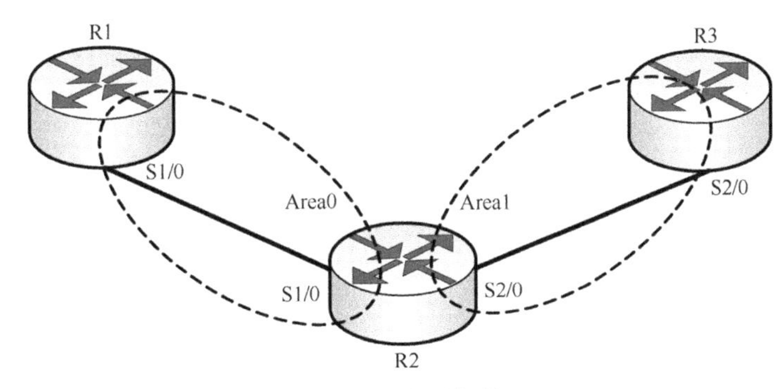

图 4-11 实验拓扑

设备参数如表 4-8 所示。

表 4-8 设备参数表

设 备	接 口	IP 地址	子网掩码	所属区域
R1	S1/0	20.0.0.1	255.255.255.0	0
	Loopback0	1.1.1.1	255.255.255.0	外部
R2	S1/0	20.0.0.2	255.255.255.0	0
	S2/0	30.0.0.2	255.255.255.0	1
	Loopback0	2.2.2.2	255.255.255.0	0
R3	S2/0	30.0.0.3	255.255.255.0	1
	Loopback0	3.3.3.3	255.255.255.0	1

【实验内容】

1. 配置 OSPF 动态路由协议

（1）配置路由器 R1

```
[R1]ospf 1
[R1-ospf-1]area 0
[R1-ospf-1-area-0.0.0.0]network 20.0.0.0 0.0.0.255
[R1-ospf-1]import-route direct
```

（2）配置路由器 R2

```
[R2]ospf 1
[R2-ospf-1]area 0
[R2-ospf-1-area-0.0.0.0]network 20.0.0.0 0.0.0.255
[R2-ospf-1-area-0.0.0.0]network 2.2.2.2 0.0.0.255
[R2-ospf-1-area-0.0.0.0]quit
[R2-ospf-1]area 1
[R2-ospf-1-area-0.0.0.1]network 30.0.0.0 0.0.0.255
```

（3）配置路由器 R3

```
[R3]ospf 1
[R3-ospf-1]area 1
[R3-ospf-1-area-0.0.0.1]network 3.3.3.3 0.0.0.255
[R3-ospf-1-area-0.0.0.1]network 30.0.0.0 0.0.0.255
```

2. 查看 OSPF 路由表

```
[R1]display ip routing-table protocol ospf
```

```
Summary Count : 4
OSPF Routing table Status : <Active>
Summary Count : 3
Destination/Mask     Proto      Pre    Cost      NextHop      Interface
2.2.2.2/32           O_INTRA    10     1562      20.0.0.2     S1/0
3.3.3.3/32           O_INTER    10     3124      20.0.0.2     S1/0
30.0.0.0/24          O_INTER    10     3124      20.0.0.2     S1/0
OSPF Routing table Status : <Inactive>
Summary Count : 1
Destination/Mask     Proto      Pre    Cost      NextHop      Interface
20.0.0.0/24          O_INTRA    10     1562      0.0.0.0      Ser1/0
[R2]display ip routing-table protocol ospf
Summary Count : 6
OSPF Routing table Status : <Active>
Summary Count : 2
Destination/Mask     Proto      Pre    Cost      NextHop      Interface
1.1.1.1/32           O_ASE2     150    1         20.0.0.1     S1/0
3.3.3.3/32           O_INTRA    10     1562      30.0.0.3     S2/0
OSPF Routing table Status : <Inactive>
Summary Count : 4
Destination/Mask     Proto      Pre    Cost      NextHop      Interface
2.2.2.2/32           O_INTRA    10     0         0.0.0.0      Loop0
20.0.0.0/24          O_INTRA    10     1562      0.0.0.0      S1/0
20.0.0.2/32          O_ASE2     150    1         20.0.0.1     S1/0
30.0.0.0/24          O_INTRA    10     1562      0.0.0.0      S2/0
[R3]display ip routing-table protocol ospf
Summary Count : 6
OSPF Routing table Status : <Active>
Summary Count : 4
Destination/Mask     Proto      Pre    Cost      NextHop      Interface
1.1.1.1/32           O_ASE2     150    1         30.0.0.2     S2/0
2.2.2.2/32           O_INTER    10     1562      30.0.0.2     S2/0
20.0.0.0/24          O_INTER    10     3124      30.0.0.2     S2/0
20.0.0.2/32          O_ASE2     150    1         30.0.0.2     S2/0
OSPF Routing table Status : <Inactive>
Summary Count : 2
Destination/Mask     Proto      Pre    Cost      NextHop      Interface
```

```
3.3.3.3/32          O_INTRA   10    0       0.0.0.0       Loop0
30.0.0.0/24         O_INTRA   10    1562    0.0.0.0       S2/0
```

在以上路由表中，O_ASE2 标识的路由代表外部路由。

3．查看 R3 的 OSPF 链路状态数据库

```
[R3]display ospf lsdb
            OSPF Process 1 with Router ID 3.3.3.3
                    Link State Database
                            Area: 0.0.0.1
 Type        LinkState ID   AdvRouter   Age   Len   Sequence   Metric
 Router      3.3.3.3        3.3.3.3     197   60    80000004   0
 Router      2.2.2.2        2.2.2.2     198   48    80000003   0
 Sum-Net     20.0.0.0       2.2.2.2     254   28    80000001   1562
 Sum-Net     2.2.2.2        2.2.2.2     254   28    80000001   0
 Sum-Asbr    1.1.1.1        2.2.2.2     254   28    80000001   1562
                    AS External Database
 Type        LinkState ID   AdvRouter   Age   Len   Sequence   Metric
 External    20.0.0.0       1.1.1.1     432   36    80000001   1
 External    20.0.0.2       1.1.1.1     432   36    80000001   1
 External    1.1.1.1        1.1.1.1     432   36    80000001   1
```

以上输出显示，路由器 R3 有 4 种类型的 LSA，分别是路由器 LSA、网络汇总 LSA、ASBR 汇总 LSA 和外部 LSA。

4．Stub 区域配置

如果使用 Stub 区域，区域内的所有路由器必须同时配置为 Stub 区域。如果有部分路由器没有配置 Stub 属性，就将无法和其他路由器建立邻居关系。下面我们对区域 1 设置末梢区域，需要在路由器 R2 和 R3 上分别配置。

```
[R2]ospf 1
[R2-ospf-1]area 1
[R2-ospf-1-area-0.0.0.1]stub
[R3]ospf 1
[R3-ospf-1]area 1
[R3-ospf-1-area-0.0.0.1]stub
```

配置完毕后，再次查看路由器 R3 上链路状态数据库。可以观察到第四类和第五类的 LSA 已经不存在了，而新增加了一条 ABR 产生的第三类 LSA，Link ID 是 0.0.0.0，用来将数据转发到本 OSPF 自治系统之外的外部网络。

```
[R3]display ospf lsdb
    OSPF Process 1 with Router ID 3.3.3.3
```

```
                    Link State Database
                              Area: 0.0.0.1
Type        LinkState ID    AdvRouter     Age    Len    Sequence    Metric
Router      3.3.3.3         3.3.3.3       55     60     80000003    0
Router      2.2.2.2         2.2.2.2       56     48     80000002    0
Sum-Net     0.0.0.0         2.2.2.2       56     28     80000001    1
Sum-Net     20.0.0.0        2.2.2.2       56     28     80000001    1562
Sum-Net     2.2.2.2         2.2.2.2       56     28     80000001    0
```

5. Totally STUB 区域配置

为了进一步减少 Stub 区域中路由器的路由表规模以及路由信息传递的数量，可以将该区域配置为 Totally Stub（完全末梢）区域。

```
[R2-ospf-1-area-0.0.0.1]stub no-summary
[R3-ospf-1-area-0.0.0.1]stub no-summary
```

这时，再次查看 R3 的链路状态数据库。发现在 Totally Stub 区域中，不仅不允许第四类和第五类 LSA 注入，还不允许第三类 LSA 注入。同样，ABR 会重新产生一条 0.0.0.0 的第三类 LSA，以保证到本自治系统的其他区域或者自治系统外的路由依旧可达。

```
[R3]display ospf lsdb
          OSPF Process 1 with Router ID 3.3.3.3
                    Link State Database
                              Area: 0.0.0.1
Type        LinkState ID    AdvRouter     Age    Len    Sequence    Metric
Router      3.3.3.3         3.3.3.3       26     60     80000003    0
Router      2.2.2.2         2.2.2.2       27     48     80000002    0
Sum-Net     0.0.0.0         2.2.2.2       27     28     80000001    1
```

4.5.3 OSPF NSSA 区域配置

NSSA 区域是 Stub 区域的变形，同样不允许第五类 LSA 注入，但可以允许第七类 LSA 注入。来源于外部路由的第七类 LSA 由 NSSA 区域的 ASBR 产生，在 NSSA 区域内传播。当第七类 LSA 到达 NSSA 的 ABR 时，由 ABR 将第七类 LSA 转换成第五类 LSA，传播到其他区域，同时，ABR 会产生一条 0.0.0.0 的第七类 LSA，在 NSSA 区域内传播。

```
[R2-ospf-1-area-0.0.0.1]nssa default-route-advertise
[R3-ospf-1-area-0.0.0.1]nssa
[R3]display ospf lsdb
          OSPF Process 1 with Router ID 3.3.3.3
                    Link State Database
                              Area: 0.0.0.1
```

```
Type      LinkState ID   AdvRouter   Age   Len   Sequence   Metric
Router    3.3.3.3        3.3.3.3     10    60    80000002   0
Router    2.2.2.2        2.2.2.2     11    48    80000003   0
Sum-Net   20.0.0.0       2.2.2.2     20    28    80000001   1562
Sum-Net   2.2.2.2        2.2.2.2     20    28    80000001   0
NSSA      0.0.0.0        2.2.2.2     20    36    80000001   1
```

4.5.4 OSPF 虚链路

【实验目的】

- 掌握 OSPF 中虚链路的含义；
- 掌握 OSPF 虚链路的配置；
- 验证配置。

【实验拓扑】

实验拓扑如图 4-12 所示。

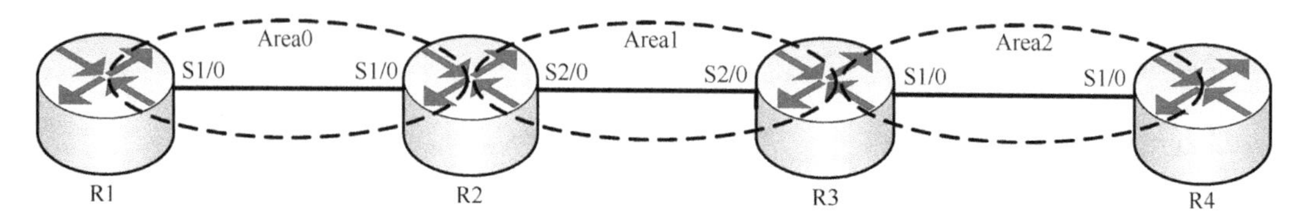

图 4-12 实验拓扑

设备参数如表 4-9 所示。

表 4-9 设备参数表

设 备	接 口	IP 地址	子网掩码	所属区域
R1	S1/0	20.0.0.1	255.255.255.0	0
	Loopback0	1.1.1.1	255.255.255.0	0
R2	S1/0	20.0.0.2	255.255.255.0	0
	S2/0	30.0.0.2	255.255.255.0	1
	Loopback0	2.2.2.2	255.255.255.0	0
R3	S1/0	40.0.0.3	255.255.255.0	2
	S2/0	30.0.0.3	255.255.255.0	1
	Loopback0	3.3.3.3	255.255.255.0	1
R4	S1/0	40.0.0.4	255.255.255.0	2
	Loopback0	4.4.4.4	255.255.255.0	2

【实验内容】

当出现非骨干区域和骨干区域无法保持连通的问题时，可以通过配置 OSPF 虚连接解决。虚连接是指两台 ABR 之间通过一个非骨干区域而建立一条逻辑连接通道。

1．配置 OSPF 动态路由协议

（1）配置路由器 R1

```
[R1]ospf 1
[R1-ospf-1]area 0
[R1-ospf-1-area-0.0.0.0]network 20.0.0.0 0.0.0.255
[R1-ospf-1-area-0.0.0.0]network 1.1.1.1 0.0.0.255
```

（2）配置路由器 R2

```
[R2]ospf 1
[R2-ospf-1]area 0
[R2-ospf-1-area-0.0.0.0]network 20.0.0.0 0.0.0.255
[R2-ospf-1]area 1
[R2-ospf-1-area-0.0.0.1]network 30.0.0.0 0.0.0.255
[R2-ospf-1-area-0.0.0.1]vlink-peer 3.3.3.3
```

（3）配置路由器 R3

```
[R3]ospf 1
[R3-ospf-1]area 2
[R3-ospf-1-area-0.0.0.2]network 40.0.0.0 0.0.0.255
[R3-ospf-1]area 1
[R3-ospf-1-area-0.0.0.1]network 30.0.0.0 0.0.0.255
[R3-ospf-1-area-0.0.0.1]vlink-peer 2.2.2.2
```

（4）配置路由器 R4

```
[R4]ospf 1
[R4-ospf-1]area 2
[R4-ospf-1-area-0.0.0.2]network 40.0.0.0 0.0.0.255
[R4-ospf-1-area-0.0.0.2]network 4.4.4.4 0.0.0.255
```

2．查看邻居关系

```
[R2]display ospf peer
          OSPF Process 1 with Router ID 2.2.2.2
                  Neighbor Brief Information
```

```
Area: 0.0.0.0
Router ID        Address       Pri   Dead-Time   State      Interface
1.1.1.1          20.0.0.1      1     34          Full/ -    S1/0
Area: 0.0.0.1
Router ID        Address       Pri   Dead-Time   State      Interface
3.3.3.3          30.0.0.3      1     39          Full/ -    S2/0
Virtual link:
Router ID        Address       Pri   Dead-Time   State      Interface
3.3.3.3          30.0.0.3      1     32          Full       S2/0
[R3]display ospf peer
         OSPF Process 1 with Router ID 3.3.3.3
              Neighbor Brief Information
Area: 0.0.0.1
Router ID        Address       Pri   Dead-Time   State      Interface
2.2.2.2          30.0.0.2      1     37          Full/ -    S2/0
Area: 0.0.0.2
Router ID        Address       Pri   Dead-Time   State      Interface
4.4.4.4          40.0.0.4      1     38          Full/ -    S1/0
Virtual link:
Router ID        Address       Pri   Dead-Time   State      Interface
2.2.2.2          30.0.0.2      1     35          Full       S2/0
```

以上输出显示，R2 和 R3 建立了虚链路邻居关系。

3. 查看虚链路

```
[R2]display ospf vlink
         OSPF Process 1 with Router ID 2.2.2.2
                Virtual Links
Virtual-link Neighbor-ID  -> 3.3.3.3, Neighbor-State: Full
Interface: 30.0.0.2 (Serial2/0)
Cost: 1562   State: P-2-P   Type: Virtual
Transit Area: 0.0.0.1
Timers: Hello 10, Dead 40, Retransmit 5, Transmit Delay 1
```

以上输出显示，R2 与邻居 3.3.3.3 建立了虚链路。

4. 查看路由器 R4 的 OSPF 路由表

```
<R4>display ip routing-table protocol ospf
Summary Count : 5
```

```
OSPF Routing table Status : <Active>
Summary Count : 3
Destination/Mask    Proto     Pre Cost      NextHop     Interface
1.1.1.1/32          O_INTER   10  4686      40.0.0.3    S1/0
20.0.0.0/24         O_INTER   10  4686      40.0.0.3    S1/0
30.0.0.0/24         O_INTER   10  3124      40.0.0.3    S1/0
OSPF Routing table Status : <Inactive>
Summary Count : 2
Destination/Mask    Proto     Pre  Cost     NextHop     Interface
4.4.4.4/32          O_INTRA   10   0        0.0.0.0     Loop0
40.0.0.0/24         O_INTRA   10   1562     0.0.0.0     S1/0
```

以上输出显示，R4 路由表学习正常。

4.6　实训 4：OSPFv3 单区域配置

【实验目的】

- 掌握单区域 OSPFv3 的配置方法；
- 掌握 OSPFv3 各种信息的查看命令；
- 验证配置。

【实验拓扑】

实验拓扑如图 4-13 所示。

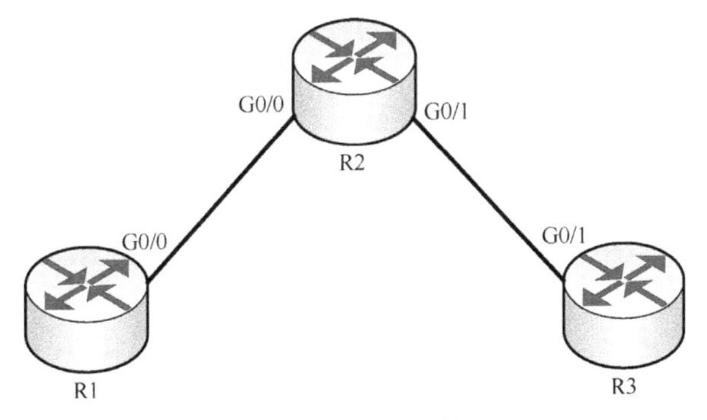

图 4-13　实验拓扑

设备参数如表 4-10 所示。

表 4-10　设备参数表

设 备	接 口	IPv6 地址
R1	G0/0	2001:：1/64
R2	G0/0	2001:：2/64
	G0/1	3001:：2/64
R3	G0/1	3001:：3/64

【实验内容】

1. 配置 OSPFv3 动态路由协议

（1）配置路由器 R1

```
[R1]ospfv3 1
//开启 OSPFv3 路由，进程号是 1
[R1-ospfv3-1]router-id 1.1.1.1
//手工方式配置 RouterID，由于接口没有配置 IPv4 地址，路由器无法自动选择 RouterID
[R1-ospfv3-1]quit
[R1]interface g0/0
[R1-GigabitEthernet0/0]ospfv3 1 area 0
//在接口启用 OSPFv3 进程
```

（2）配置路由器 R2

```
[R2]ospfv3 1
[R2-ospfv3-1]router-id 2.2.2.2
[R2]interface g0/0
[R2-GigabitEthernet0/0]ospfv3 1 area 0
[R2-GigabitEthernet0/0]quit
[R2]interface g0/1
[R2-GigabitEthernet0/1]ospfv3 1 area 0
```

（3）配置路由器 R3

```
[R3]ospfv3 1
[R3-ospfv3-1]router-id 3.3.3.3
[R3]interface g0/1
[R3-GigabitEthernet0/1]ospfv3 1 area 0
```

2. 查看路由信息

（1）查看 R1 的 OSPFv3 路由

```
[R1]display ospfv3 routing
```

```
                    OSPFv3 Process 1 with Router ID 1.1.1.1
--------------------------------------------------------------------------
 I   - Intra area route,   E1 - Type 1 external route,   N1 - Type 1 NSSA route
 IA - Inter area route,    E2 - Type 2 external route,   N2 - Type 2 NSSA route
 *    - Selected route
 *Destination: 2001::/64
  Type          : I                                   Cost       : 1
  Nexthop       : ::                                  Interface: GE0/0
  AdvRouter     : 1.1.1.1                             Area       : 0.0.0.0
  Preference : 10
 *Destination: 3001::/64
  Type          : I                                   Cost       : 2
  Nexthop       : FE80::5402:20FF:FE64:205            Interface: GE0/0
  AdvRouter     : 2.2.2.2                             Area       : 0.0.0.0
  Preference : 10
 Total: 2
 Intra area: 2          Inter area: 0          ASE: 0          NSSA: 0
```

（2）查看 R2 的 OSPFv3 路由

```
[R2]display ospfv3 routing
                    OSPFv3 Process 1 with Router ID 2.2.2.2
--------------------------------------------------------------------------
 I   - Intra area route,   E1 - Type 1 external route,   N1 - Type 1 NSSA route
 IA - Inter area route,    E2 - Type 2 external route,   N2 - Type 2 NSSA route
 *    - Selected route
 *Destination: 2001::/64
  Type          : I                                   Cost       : 1
  Nexthop       : ::                                  Interface: GE0/0
  AdvRouter     : 1.1.1.1                             Area       : 0.0.0.0
  Preference : 10
 *Destination: 3001::/64
  Type          : I                                   Cost       : 1
  Nexthop       : ::                                  Interface: GE0/1
  AdvRouter     : 2.2.2.2                             Area       : 0.0.0.0
  Preference : 10
 Total: 2
 Intra area: 2          Inter area: 0          ASE: 0          NSSA: 0
```

（3）查看 R3 的 OSPFv3 路由

```
[R3]display ospfv3 routing
                    OSPFv3 Process 1 with Router ID 3.3.3.3
------------------------------------------------------------------------
 I  - Intra area route,  E1 - Type 1 external route,  N1 - Type 1 NSSA route
 IA - Inter area route,  E2 - Type 2 external route,  N2 - Type 2 NSSA route
 *  - Selected route
 *Destination: 2001::/64
  Type       : I                                     Cost      : 2
  Nexthop    : FE80::5402:20FF:FE64:206              Interface: GE0/1
  AdvRouter  : 1.1.1.1                               Area      : 0.0.0.0
  Preference : 10
 *Destination: 3001::/64
  Type       : I                                     Cost      : 1
  Nexthop    : ::                                    Interface: GE0/1
  AdvRouter  : 2.2.2.2                               Area      : 0.0.0.0
  Preference : 10
 Total: 2
 Intra area: 2          Inter area: 0         ASE: 0         NSSA: 0
```

以上输出显示，每个路由器通过 OSPFv3 都学习到了路由。

3．默认路由传播

在路由器 R3 上传播默认路由到整个 OSPF 区域。

```
[R3-ospfv3-1]default-route-advertise always
[R1]display ospfv3 routing
                    OSPFv3 Process 1 with Router ID 1.1.1.1
------------------------------------------------------------------------
 I  - Intra area route,  E1 - Type 1 external route,  N1 - Type 1 NSSA route
 IA - Inter area route,  E2 - Type 2 external route,  N2 - Type 2 NSSA route
 *  - Selected route
 *Destination: 2001::/64
  Type       : I                                     Cost      : 1
  Nexthop    : ::                                    Interface: GE0/0
  AdvRouter  : 1.1.1.1                               Area      : 0.0.0.0
  Preference : 10
 *Destination: 3001::/64
  Type       : I                                     Cost      : 2
```

```
   Nexthop       : FE80::5402:20FF:FE64:205                  Interface: GE0/0
   AdvRouter     : 2.2.2.2                                   Area      : 0.0.0.0
   Preference : 10
  *Destination: ::/0
   Type          : E2                                        Cost      : 1
   Nexthop       : FE80::5402:20FF:FE64:205                  Interface: GE0/0
   AdvRouter     : 3.3.3.3                                   Tag       : 1
   Preference : 150
  Total: 3
  Intra area: 2          Inter area: 0          ASE: 1          NSSA: 0
[R2]display ospfv3 routing
                  OSPFv3 Process 1 with Router ID 2.2.2.2
-------------------------------------------------------------------
  I   - Intra area route,    E1 - Type 1 external route,    N1 - Type 1 NSSA route
  IA - Inter area route,     E2 - Type 2 external route,    N2 - Type 2 NSSA route
  *    - Selected route
  *Destination: 2001::/64
   Type          : I                                         Cost      : 1
   Nexthop       : ::                                        Interface: GE0/0
   AdvRouter     : 1.1.1.1                                   Area      : 0.0.0.0
   Preference : 10
  *Destination: 3001::/64
   Type          : I                                         Cost      : 1
   Nexthop       : ::                                        Interface: GE0/1
   AdvRouter     : 2.2.2.2                                   Area      : 0.0.0.0
   Preference : 10
  *Destination: ::/0
   Type          : E2                                        Cost      : 1
   Nexthop       : FE80::5402:24FF:FEC9:306                  Interface: GE0/1
   AdvRouter     : 3.3.3.3                                   Tag       : 1
   Preference : 150
  Total: 3
  Intra area: 2          Inter area: 0          ASE: 1          NSSA: 0
```

以上输出显示，路由器 R1、R2 都学习到了默认路由。

4.7 实训 5：OSPFv3 多区域配置

【实验目的】

- 掌握多区域 OSPFv3 的配置方法；
- 验证配置。

【实验拓扑】

实验拓扑如图 4-14 所示。

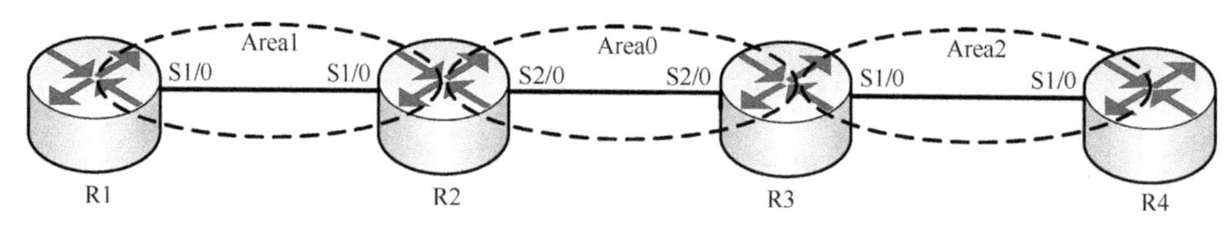

图 4-14 实验拓扑

设备参数如表 4-11 所示。

表 4-11 设备参数表

设 备	接 口	IPv6 地址
R1	S1/0	2001:: 1/64
R2	S1/0	2001:: 2/64
	S2/0	3001:: 2/64
R3	S1/0	4001:: 3/64
	S2/0	3001:: 3/64
R4	S1/0	4001:: 4/64

【实验内容】

1. 配置 OSPFv3 动态路由协议

（1）配置路由器 R1

```
[R1]ospfv3 1
[R1-ospfv3-1]router-id 1.1.1.1
[R1]interface s1/0
[R1-Serial1/0]ospfv3 1 area 1
```

（2）配置路由器 R2

```
[R2]ospfv3 1
[R2-ospfv3-1]router-id 2.2.2.2
[R2]interface s1/0
[R2-Serial1/0]ospfv3 1 area 1
[R2-Serial1/0]quit
[R2]interface s2/0
[R2-Serial2/0]ospfv3 1 area 0
```

（3）配置路由器 R3

```
[R3]ospfv3 1
[R3-ospfv3-1]router-id 3.3.3.3
[R3-ospfv3-1]quit
[R3]interface s1/0
[R3-Serial1/0]ospfv3 1 area 2
[R3-Serial1/0]quit
[R3]interface s2/0
[R3-Serial2/0]ospfv3 1 area 0
```

（4）配置路由器 R4

```
[R4]ospfv3 1
[R4-ospfv3-1]router-id 4.4.4.4
[R4-ospfv3-1]quit
[R4]interface s1/0
[R4-Serial1/0]ospfv3 1 area 2
```

2. 查看路由信息

（1）查看 R1 的 OSPFv3 路由

```
[R1]display ospfv3 routing
                    OSPFv3 Process 1 with Router ID 1.1.1.1
-----------------------------------------------------------------------
 I   - Intra area route,   E1 - Type 1 external route,   N1 - Type 1 NSSA route
 IA - Inter area route,    E2 - Type 2 external route,   N2 - Type 2 NSSA route
 *    - Selected route
 *Destination: 2001::/64
  Type          : I                                          Cost        : 1562
  Nexthop       : ::                                         Interface: Ser1/0
  AdvRouter     : 1.1.1.1                                    Area        : 0.0.0.1
```

```
  Preference : 10
*Destination: 3001::/64
  Type         : IA                                    Cost       : 3124
  Nexthop      : FE80::56CD:3F10:200:4                 Interface: Ser1/0
  AdvRouter    : 2.2.2.2                               Area       : 0.0.0.1
  Preference : 10
*Destination: 4001::/64
  Type         : IA                                    Cost       : 4686
  Nexthop      : FE80::56CD:3F10:200:4                 Interface: Ser1/0
  AdvRouter    : 2.2.2.2                               Area       : 0.0.0.1
  Preference : 10
Total: 3
Intra area: 1          Inter area: 2          ASE: 0          NSSA: 0
```

（2）查看 R2 的 OSPFv3 路由

```
[R2]display ospfv3 routing
              OSPFv3 Process 1 with Router ID 2.2.2.2
-------------------------------------------------------------------
 I   - Intra area route,   E1 - Type 1 external route,   N1 - Type 1 NSSA route
 IA - Inter area route,    E2 - Type 2 external route,   N2 - Type 2 NSSA route
 *   - Selected route
*Destination: 2001::/64
  Type         : I                                     Cost       : 1562
  Nexthop      : ::                                    Interface: Ser1/0
  AdvRouter    : 2.2.2.2                               Area       : 0.0.0.1
  Preference : 10
*Destination: 3001::/64
  Type         : I                                     Cost       : 1562
  Nexthop      : ::                                    Interface: Ser2/0
  AdvRouter    : 2.2.2.2                               Area       : 0.0.0.0
  Preference : 10
*Destination: 4001::/64
  Type         : IA                                    Cost       : 3124
  Nexthop      : FE80::56CD:453C:300:5                 Interface: Ser2/0
  AdvRouter    : 3.3.3.3                               Area       : 0.0.0.0
  Preference : 10
Total: 3
Intra area: 2          Inter area: 1          ASE: 0          NSSA: 0
```

（3）查看 R3 的 OSPFv3 路由

```
[R3]display ospfv3 routing
                    OSPFv3 Process 1 with Router ID 3.3.3.3
------------------------------------------------------------------
 I   - Intra area route,    E1 - Type 1 external route,    N1 - Type 1 NSSA route
 IA - Inter area route,     E2 - Type 2 external route,    N2 - Type 2 NSSA route
 *    - Selected route
 *Destination: 2001::/64
  Type          : IA                                          Cost         : 3124
  Nexthop       : FE80::56CD:3F10:200:5                       Interface: Ser2/0
  AdvRouter     : 2.2.2.2                                     Area         : 0.0.0.0
  Preference : 10
 *Destination: 3001::/64
  Type          : I                                           Cost         : 1562
  Nexthop       : ::                                          Interface: Ser2/0
  AdvRouter     : 3.3.3.3                                     Area         : 0.0.0.0
  Preference : 10
 *Destination: 4001::/64
  Type          : I                                           Cost         : 1562
  Nexthop       : ::                                          Interface: Ser1/0
  AdvRouter     : 3.3.3.3                                     Area         : 0.0.0.2
  Preference : 10
 Total: 3
 Intra area: 2             Inter area: 1             ASE: 0             NSSA: 0
```

（4）查看 R4 的 OSPFv3 路由

```
[R4]display ospfv3 routing
                    OSPFv3 Process 1 with Router ID 4.4.4.4
------------------------------------------------------------------
 I   - Intra area route,    E1 - Type 1 external route,    N1 - Type 1 NSSA route
 IA - Inter area route,     E2 - Type 2 external route,    N2 - Type 2 NSSA route
 *    - Selected route
 *Destination: 2001::/64
  Type          : IA                                          Cost         : 4686
  Nexthop       : FE80::56CD:453C:300:4                       Interface: Ser1/0
  AdvRouter     : 3.3.3.3                                     Area         : 0.0.0.2
```

```
 Preference : 10
*Destination: 3001::/64
 Type        : IA                                          Cost       : 3124
 Nexthop     : FE80::56CD:453C:300:4                       Interface: Ser1/0
 AdvRouter   : 3.3.3.3                                     Area       : 0.0.0.2
 Preference : 10
*Destination: 4001::/64
 Type        : I                                           Cost       : 1562
 Nexthop     : ::                                          Interface: Ser1/0
AdvRouter   : 4.4.4.4                                      Area       : 0.0.0.2
Preference : 10
Total: 3
Intra area: 1         Inter area: 2         ASE: 0         NSSA: 0
```

第5章

路由引入与路由优化

本章要点

- 路由引入概述
- 路由策略（Route-policy）
- 策略路由（PBR）
- 实训1：路由单向引入
- 实训2：路由双向引入
- 实训3：通过路由策略控制路由引入
- 实训4：通过策略路由控制路径

在进行网络设计时，一般都选择运行一种路由协议，以降低网络的复杂性，且易于维护。但在现实中，有时需要对运行不同路由协议的网络进行合并，有时需要更换路由协议，有时可能在网络中同时运行多种路由协议。这时就需要使用路由引入来实现全网互通。

不当的路由规划或者路由引入会引起路由环路、次优路由等问题，这时需要进行路由优化，优化的方法有多种。路由策略能够过滤路由，还能对路由的属性进行改变。策略路由是一种依据用户制定的策略进行路由选择的机制。

5.1 路由引入概述

在多路由协议的网络中，路由器维护了一张路由表，路由表中的路由来源于不同路由协议。由于协议之间算法不同，度量值不同，所以不同的路由协议学习到的路由信息之间不能互通。这时就需要使用路由引入来将一种路由协议的路由信息引入到另一种路由协议中去，以达到全网互通的目的。

在图 5.1 所示的网络中，R1 和 R2 运行 RIP 协议，R2 和 R3 运行 OSPF 协议。R1 连接到 192.168.0.0 网络，R3 连接到 10.0.0.0 网络。因为 R1 和 R3 运行的不是相同的路由协议，所以它们不能相互学习到路由信息，也就无法互通。在 R2 上，它既能学习到 192.168.0.0/24 又能学习到 10.0.0.0/24，因为在 R2 上使用路由引入来使 RIP 和 OSPF 协议互相学习到对方的路由信息。

路由引入通常在边界路由器上进行。边界路由器是指运行两种以上路由协议的路由器，它可以作为不同路由协议之间的桥梁，负责不同路由协议之间的路由引入操作。

在图 5-1 的网络中，R2 作为边界路由器，它与 R1 通过 RIP 交换路由信息，与 R3 通过 OSPF 交换路由信息。在 R2 上实施了路由引入后，它把通过 RIP 学习到的路由信息导入到 OSPF 协议的 LSDB 中去，然后以外部 LSA 的形式发送给 R3，这样 R3 就有了 192.168.0.0/24 这条路由。同理，R2 把 OSPF 路由引入到 RIP 路由表中，所以 R1 就有了 10.0.0.0/24 这条路由。

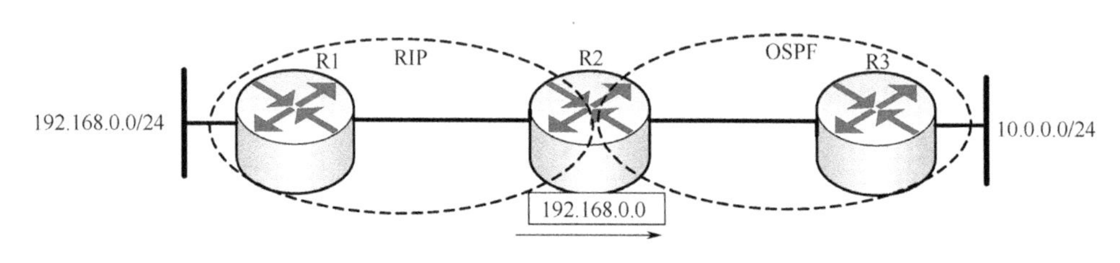

图 5-1　多路由协议网络

在路由引入时，如果把路由信息仅从一个路由协议引入到另一个路由协议，没有反向引入，称为路由的单向引入。在边界路由器上把两个路由域的路由互相引入，称为双向引入。

如图 5-2 所示，运行 OSPF 的核心网通过路由引入知道了运行 RIP 的边缘网络的路由 192.168.1.0/24、192.168.2.0/24 和 192.168.3.0/24。如果只进行单向引入，边缘网络并不知道核心网络的路由 172.1.0.0/16，也不知道其他边缘网络的路由。此时，需要在边缘网络配置静态或者默认路由，下一跳指向核心网，或者由核心网的边界路由器发布默认路由。所以，单向路由引入适用于星形拓扑网络中。

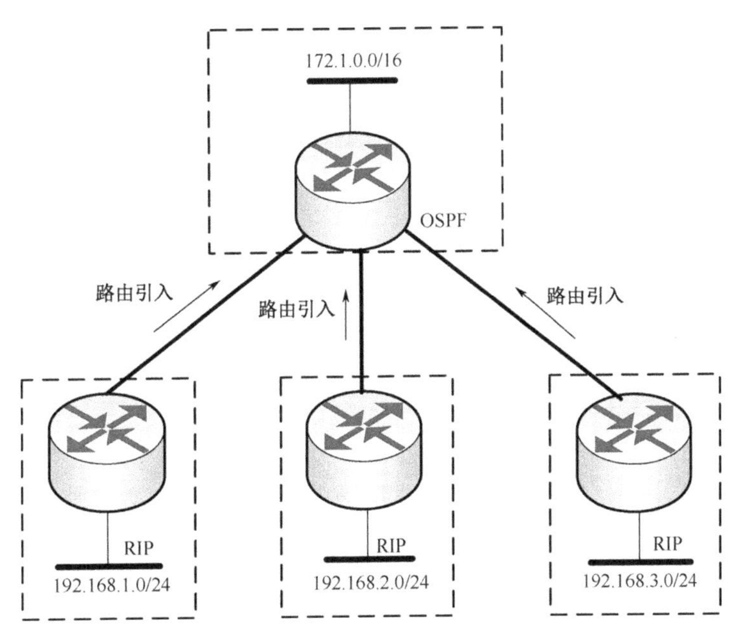

图 5-2　单向路由引入

在如图 5-1 所示的拓扑中，在边界路由器 R2 上把两个路由域的路由互相引入，称为双向引入。R2 把 192.168.0.0/24 引入到 OSPF 中，把 10.0.0.0/24 引入到 RIP 中，这样 R1 和 R3 就知道了彼此的路由。

在 RIP 中引入外部路由的命令如下：

```
[H3C-rip-1]import-route protocol[process-id|all-processes][cost cost][tag tag]
```

其中，

- protocol：指定引入路由协议，如 direct、rip、isis、ospf 等；
- process-id：路由协议进程号；
- all-processes：引入指定路由协议所有进程；
- cost *cost*：所要引入路由的度量值，默认为 0；
- tag *tag*：所要引入路由的标记值，默认为 0。

在 OSPF 中引入外部路由的命令相类似：

```
[H3C-ospf-1] import-route protocol[process-id|all-processes][cost cost|nssa-only][tag tag]
```

5.2 路由策略（Route-policy）

Route-policy 是一种常用的路由策略工具，实际上它是一种比较复杂的过滤器。它不但能够过滤路由，还能对路由的属性进行改变。比如在路由引入时，可能只需要引入一部分满足条件的路由信息，并控制所引入的路由信息的某些属性。

为了实现路由策略，首先要定义将要实施路由策略的路由信息的特征，即定义一组匹配规则。可以以路由信息中的不同属性作为匹配依据进行设置，如目的地址、发布路由信息的路由器地址等。匹配规则可以预先设置好，然后再将它们应用于路由的发布、接收和引入等过程的路由策略中。

一个 Route-policy 可以由多个带有索引号的节点构成，每个节点是匹配检查的一个单元，在匹配过程中，系统按节点索引号升序依次检查各个节点，如图 5-3 所示。

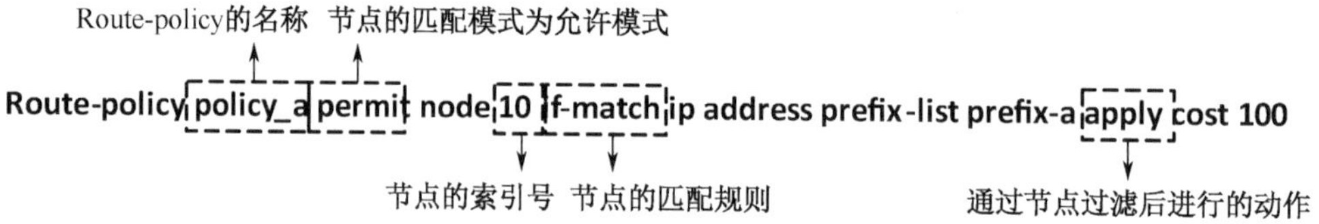

Route-policy的名称　节点的匹配模式为允许模式

Route-policy policy_a permit node 10 if-match ip address prefix-list prefix-a apply cost 100

节点的索引号　节点的匹配规则　通过节点过滤后进行的动作

图 5-3　Route-policy 的组成

每个节点可以由一组 if-match 和 apply 子句组成。if-match 子句定义匹配规则，匹配对象是路由信息的一些属性。apply 子句指定动作，也就是在通过节点的匹配后，对路由信息的一些属性进行设置。

节点的匹配模式有允许模式和拒绝模式两种，允许模式表示当路由信息通过该节点的过滤后，将执行该节点的 apply 子句；而拒绝模式表示 apply 子句不会被执行。

一个 Route-policy 的不同节点间是“或”的关系，如果通过了其中一个节点，就意味着通过该路由策略，不再对其他节点进行匹配测试。

同一节点中的不同 if-match 子句是“与”的关系，只有满足节点内所有 if-match 子句指定的匹配条件，才能通过该节点的匹配测试。匹配流程如图 5-4 所示。

节点的匹配规则如表 5-1 所示。

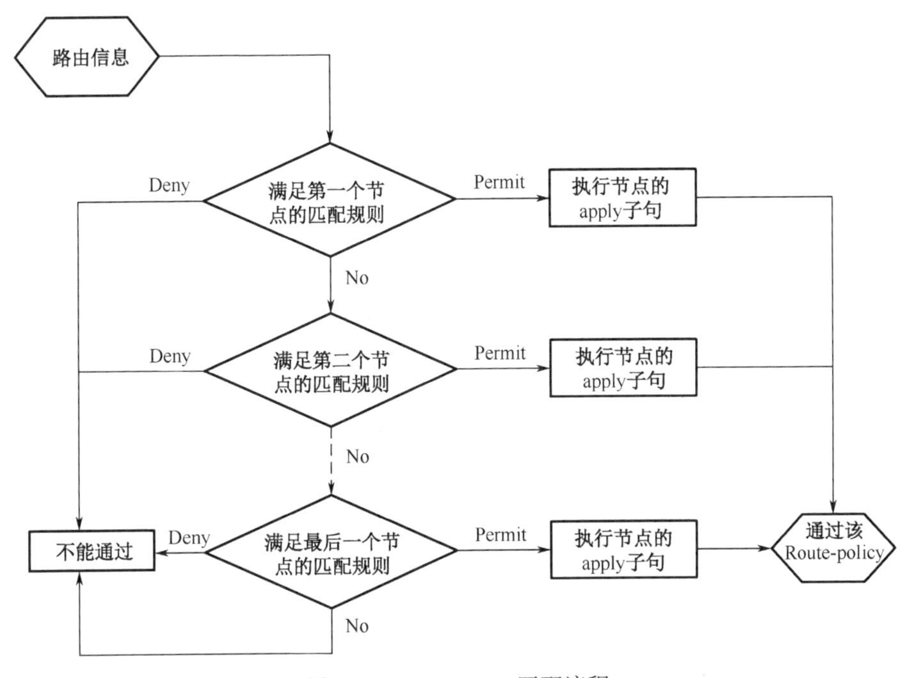

图 5-4　Route-policy 匹配流程

表 5-1　节点的匹配规则

匹配规则	描　述
ACL	路由信息的目的 IP 地址范围的匹配条件
prefix-list	路由信息的目的 IP 地址范围的匹配条件
ip next-hop	路由信息的下一跳地址的匹配条件
Interface	路由信息的出接口的匹配条件
route-type	路由信息类型的匹配条件
tag	RIP、OSPF、IS-IS 路由信息的标记域的匹配条件
cost	路由信息的路由开销的匹配条件

5.3　策略路由（PBR）

路由器仅根据 IP 报文中的目的地址查看路由表进行转发。在实际应用中，有时需要具有相同目的地址的数据流被分布到不同路径上。策略路由（Policy-Based-Route，PBR）是一种依据用户制定的策略进行路由选择的机制。通过合理应用 PBR，路由器可以根据到达报文的源地址、地址长度等信息灵活地进行路由选择。

图 5-5 所示是一个 PBR 典型例子，图中公司有两台服务器，FTP Server 和 Web Server，边

界路由器有两条链路连接到 ISP。管理员为了合理利用带宽，实现不同服务的数据流由不同链路转发。此时，由于从内网到外网的数据流具有相同的目的地址，传统的路由无法对这两种数据流进行区分，PBR 是一种依据用户制定的策略进行路由选择的机制，策略路由基于到达报文的源地址、长度等信息灵活地进行路由选择。

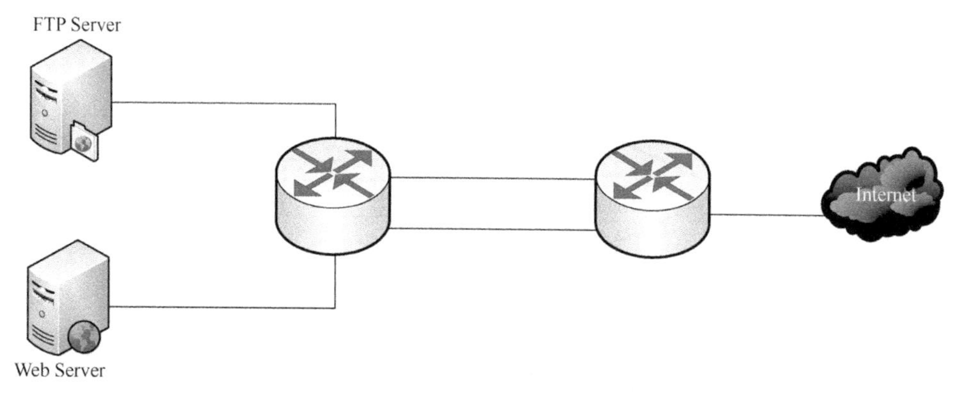

图 5-5　PBR 典型案例

一个 PBR 可以由多个带有编号的节点构成，每个节点是匹配检查的一个单元，在匹配过程中，系统按节点编号升序依次检查各个节点。PBR 的组成如图 5-6 所示。

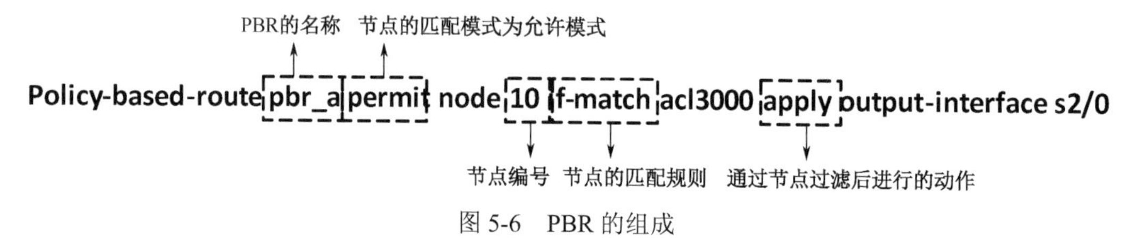

图 5-6　PBR 的组成

5.4　实训 1：路由单向引入

【实验目的】

- 掌握路由单向引入的含义；
- 掌握路由单向引入的配置方法；
- 验证配置。

【实验拓扑】

- 实验拓扑如图 5-7 所示。

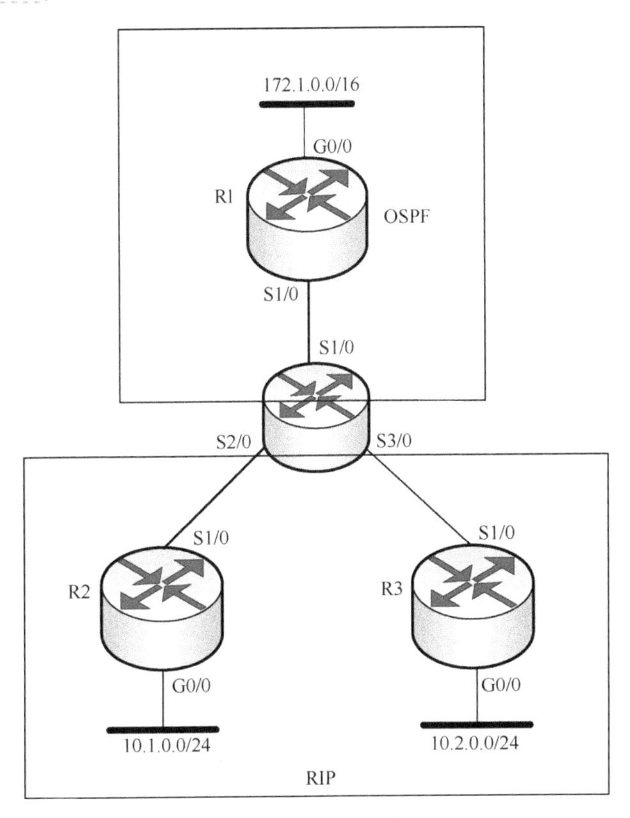

图 5-7　实验拓扑

设备参数如表 5-2 所示。

表 5-2　设备参数表

设　备	接　口	IP 地址	子网掩码	默认网关
R1	G0/0	172.1.0.1	255.255.0.0	N/A
	S1/0	172.2.0.1	255.255.0.0	N/A
R2	S1/0	172.2.0.2	255.255.0.0	N/A
	S2/0	172.3.0.2	255.255.0.0	N/A
	S3/0	172.4.0.2	255.255.0.0	N/A
R3	S1/0	172.3.0.3	255.255.0.0	N/A
	G0/0	10.0.0.1	255.255.255.0	N/A
R4	S1/0	172.4.0.4	255.255.0.0	N/A
	G0/0	10.1.0.1	255.255.255.0	N/A

【实验内容】

1. 给路由器配置动态路由协议

（1）配置路由器 R1

```
[R1]ospf 1
[R1-ospf-1]area 0
[R1-ospf-1-area-0.0.0.0]network 172.2.0.0 0.0.255.255
[R1-ospf-1-area-0.0.0.0]network 172.1.0.0 0.0.255.255
```

（2）配置路由器 R2

```
[R2]ospf 1
[R2-ospf-1]area 0
[R2-ospf-1-area-0.0.0.0]network 172.2.0.0 0.0.255.255
[R2-ospf-1-area-0.0.0.0]quit
[R2-ospf-1]quit
[R2]rip
[R2-rip-1]version 2
[R2-rip-1]undo summary
[R2-rip-1]network 172.3.0.0 255.255.0.0
[R2-rip-1]network 172.4.0.0 255.255.0.0
```

（3）配置路由器 R3

```
[R3]rip
[R3-rip-1]version 2
[R3-rip-1]undo summary
[R3-rip-1]network 172.3.0.0 255.255.0.0
[R3-rip-1]network 10.0.0.0 255.255.255.0
```

（4）配置路由器 R4

```
[R4]rip
[R4-rip-1]version 2
[R4-rip-1]undo summary
[R4-rip-1]network 172.4.0.0 255.255.0.0
[R4-rip-1]network 10.1.0.0 255.255.255.0 0
```

2. 查看路由表

（1）查看 R1 的路由表

```
<R1>display ip routing-table
```

```
Destinations : 17        Routes : 17
//以下省略部分输出
Destination/Mask    Proto   Pre Cost     NextHop       Interface
172.1.0.0/16        Direct  0    0       172.1.0.1     GE0/0
172.2.0.0/16        Direct  0    0       172.2.0.1     Ser1/0
```

（2）查看 R2 的路由表

```
[R2]display ip routing-table
Destinations : 26        Routes : 26
//以下省略部分输出
Destination/Mask    Proto     Pre    Cost     NextHop       Interface
10.0.0.0/24         RIP       100    1        172.3.0.3     Ser2/0
10.1.0.0/24         RIP       100    1        172.4.0.4     Ser3/0
172.1.0.0/16        O_INTRA   10     1563     172.2.0.1     Ser1/0
172.2.0.0/16        Direct    0      0        172.2.0.2     Ser1/0
172.3.0.0/16        Direct    0      0        172.3.0.2     Ser2/0
172.4.0.0/16        Direct    0      0        172.4.0.2     Ser3/0
```

（3）查看 R3 的路由表

```
[R3]display ip routing-table
Destinations : 19        Routes : 19
//以下省略部分输出
Destination/Mask    Proto     Pre    Cost     NextHop       Interface
10.0.0.0/24         Direct    0      0        10.0.0.1      GE0/0
10.1.0.0/24         RIP       100    2        172.3.0.2     Ser1/0
172.3.0.0/16        Direct    0      0        172.3.0.3     Ser1/0
172.4.0.0/16        RIP       100    1        172.3.0.2     Ser1/0
```

（4）查看 R4 的路由表

```
[R4]display ip routing-table
Destinations : 19        Routes : 19
//以下省略部分输出
Destination/Mask    Proto     Pre    Cost     NextHop       Interface
10.0.0.0/24         RIP       100    2        172.4.0.2     Ser1/0
10.1.0.0/24         Direct    0      0        10.1.0.1      GE0/0
172.3.0.0/16        RIP       100    1        172.4.0.2     Ser1/0
172.4.0.0/16        Direct    0      0        172.4.0.4     Ser1/0
```

3. 路由单向引入

（1）在路由器 R2 上进行路由单向引入

整个网络中既运行了 OSPF 又运行了 RIP，两种协议间不交换数据包，所以不能互通，运行 OSPF 的核心网络对运行 RIP 的边缘网络进行单向引入。

```
[R2]ospf 1
[R2-ospf-1]import-route rip 1
```

（2）查看 R1 的路由表

```
<R1>display ip routing-table
Destinations : 19        Routes : 19
//以下省略部分输出
Destination/Mask    Proto     Pre    Cost    NextHop      Interface
10.0.0.0/24         O_ASE2    150    1       172.2.0.2    Ser1/0
10.1.0.0/24         O_ASE2    150    1       172.2.0.2    Ser1/0
172.1.0.0/16        Direct    0      0       172.1.0.1    GE0/0
172.2.0.0/16        Direct    0      0       172.2.0.1    Ser1/0
```

以上输出表示，R1 成功引入了边缘网络的路由 10.0.0.0/24 和 10.1.0.0/24。但是边缘网络并不知道核心网络的路由，此时，需要在边缘网络路由器上配置静态默认路由，下一跳指向核心网络的边界路由器，或者也可以由核心网络的边界路由器发布默认路由。

（3）在边缘网络路由器上配置静态默认路由

```
[R3]ip route-static 0.0.0.0 0 172.3.0.2
[R4]ip route-static 0.0.0.0 0 172.4.0.2
```

（4）在 R1 上测试边缘网络的连通性

```
<R1>ping 10.0.0.1
Ping 10.0.0.1 (10.0.0.1): 56 data bytes, press CTRL_C to break
56 bytes from 10.0.0.1: icmp_seq=0 ttl=254 time=2.000 ms
56 bytes from 10.0.0.1: icmp_seq=1 ttl=254 time=1.000 ms
56 bytes from 10.0.0.1: icmp_seq=2 ttl=254 time=3.000 ms
56 bytes from 10.0.0.1: icmp_seq=3 ttl=254 time=3.000 ms
56 bytes from 10.0.0.1: icmp_seq=4 ttl=254 time=1.000 ms
--- Ping statistics for 10.0.0.1 ---
5 packet(s) transmitted, 5 packet(s) received, 0.0% packet loss
```

5.5　实训 2：路由双向引入

【实验目的】

- 掌握路由双向引入的含义；
- 掌握路由双向引入的配置方法；
- 验证配置。

【实验拓扑】

实验拓扑如图 5-8 所示。

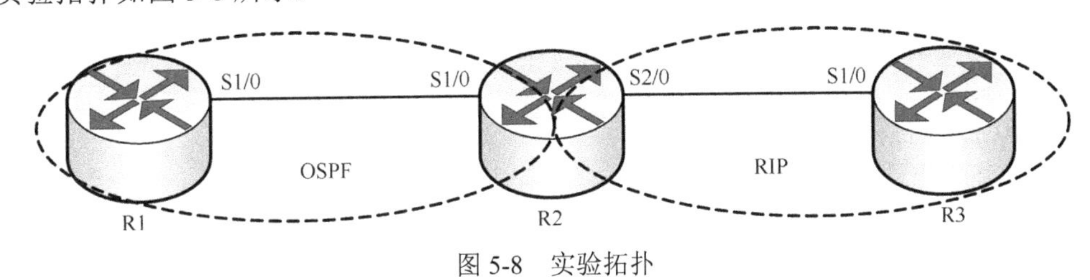

图 5-8　实验拓扑

设备参数如表 5-3 所示。

表 5-3　设备参数表

设 备	接 口	IP 地址	子网掩码	默认网关
R1	Loopback0	10.10.10.10	255.255.255.0	N/A
	S1/0	172.1.0.1	255.255.0.0	N/A
R2	S1/0	172.1.0.2	255.255.0.0	N/A
	S2/0	172.2.0.2	255.255.0.0	N/A
R3	S1/0	172.2.0.3	255.255.0.0	N/A
	Loopback0	30.30.30.30	255.255.255.0	N/A

【实验内容】

1．给路由器配置动态路由协议

（1）配置路由器 R1

```
[R1]ospf 1
[R1-ospf-1]area 0
[R1-ospf-1-area-0.0.0.0]network 10.10.10.10 0.0.0.255
[R1-ospf-1-area-0.0.0.0]network 172.1.0.1 0.0.255.255
```

（2）配置路由器 R2

```
[R2]ospf 1
[R2-ospf-1]area 0
[R2-ospf-1-area-0.0.0.0]network 172.1.0.0 0.0.255.255
[R2-ospf-1-area-0.0.0.0]quit
[R2-ospf-1]quit
[R2]rip
[R2-rip-1]version 2
[R2-rip-1]undo summary
[R2-rip-1]network 172.2.0.0 255.255.0.0
[R2]ospf 1
[R2-ospf-1]import-route rip 1
//在 OSPF 中引入 rip 1 路由
[R2-ospf-1]import-route direct
//在 OSPF 中引入 R2 的直连路由
[R2-ospf-1]quit
[R2]rip 1
[R2-rip-1]import-route ospf 1
//在 RIP 中引入 OSPF 进程 1 的路由
[R2-rip-1]import-route direct
//在 RIP 中引入 R2 的直连路由
```

（3）配置路由器 R3

```
[R3]rip
[R3-rip-1]version 2
[R3-rip-1]undo summary
[R3-rip-1]network 30.30.30.30 255.255.255.0
[R3-rip-1]network 172.2.0.0 255.255.0.0
```

2．查看路由表

（1）查看 R1 的路由表

```
[R1]display ip routing-table
Destinations : 20          Routes : 20
//以下省略部分输出
Destination/Mask    Proto    Pre Cost       NextHop       Interface
10.10.10.0/24       Direct    0    0        10.10.10.10    Loop0
30.30.30.0/24       O_ASE2   150   1        172.1.0.2      Ser1/0
172.1.0.0/16        Direct    0    0        172.1.0.1      Ser1/0
```

```
172.2.0.0/16        O_ASE2   150   1       172.1.0.2      Ser1/0
172.2.0.3/32        O_ASE2   150   1       172.1.0.2      Ser1/0
```

（2）查看 R2 的路由表

```
[R2]display ip routing-table
Destinations : 20          Routes : 20
//以下省略部分输出
Destination/Mask    Proto     Pre    Cost     NextHop       Interface
10.10.10.10/32      O_INTRA   10     1562     172.1.0.1     Ser1/0
30.30.30.0/24       RIP       100    1        172.2.0.3     Ser2/0
172.1.0.0/16        Direct    0      0        172.1.0.2     Ser1/0
172.2.0.0/16        Direct    0      0        172.2.0.2     Ser2/0
```

（3）查看 R3 的路由表

```
[R3]display ip routing-table
Destinations : 20          Routes : 20
//以下省略部分输出
Destination/Mask    Proto     Pre    Cost     NextHop       Interface
10.10.10.10/32      RIP       100    1        172.2.0.2     Ser1/0
30.30.30.0/24       Direct    0      0        30.30.30.30   Loop0
172.1.0.0/16        RIP       100    1        172.2.0.2     Ser1/0
172.1.0.1/32        RIP       100    1        172.2.0.2     Ser1/0
172.2.0.0/16        Direct    0      0        172.2.0.3     Ser1/0
```

以上输出显示，在完成双向路由引入后，全网可以实现互通。

5.6　实训 3：通过路由策略控制路由引入

【实验目的】

- 掌握路由策略控制路由引入的方法；
- 掌握 Route-policy 的配置方法；
- 验证配置。

【实验拓扑】

实验拓扑如图 5-9 所示。

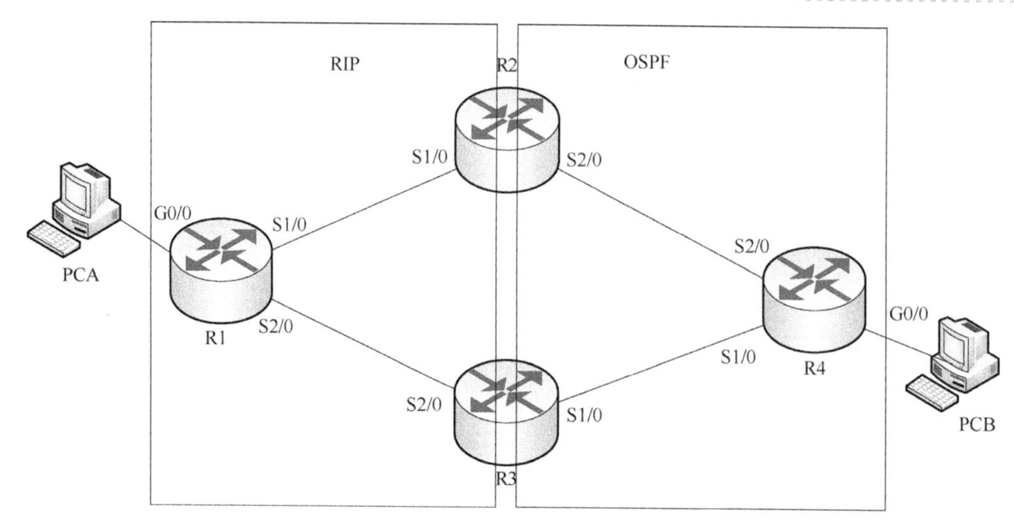

图 5-9　实验拓扑

设备参数如表 5-4 所示。

表 5-4　设备参数表

设 备	接 口	IP 地址	子网掩码	默认网关
PCA		10.0.1.2	255.255.255.0	10.0.1.1
R1	G0/0	10.0.1.1	255.255.255.0	N/A
	S1/0	172.1.0.1	255.255.0.0	N/A
	S2/0	172.2.0.1	255.255.0.0	N/A
R2	S1/0	172.1.0.2	255.255.0.0	N/A
	S2/0	172.3.0.2	255.255.0.0	N/A
R3	S1/0	172.4.0.3	255.255.0.0	N/A
	S2/0	172.2.0.3	255.255.0.0	N/A
R4	G0/0	10.0.2.1	255.255.255.0	N/A
	S1/0	172.4.0.4	255.255.0.0	N/A
	S2/0	172.3.0.4	255.255.0.0	N/A
PCB		10.0.2.2	255.255.255.0	10.0.2.1

【实验内容】

1. 给路由器配置动态路由协议

（1）配置路由器 R1

```
[R1]ip route-static 10.1.0.0 24 10.0.1.2
[R1]ip route-static 10.1.1.0 24 10.0.1.2
```

```
//配置静态路由 10.1.0.0/24 和 10.1.1.0/24 用于测试，并引入到 RIP 协议中
[R1]rip
[R1-rip-1]version 2
[R1-rip-1]undo summary
[R1-rip-1]network 172.1.0.0 255.255.0.0
[R1-rip-1]network 172.2.0.0 255.255.0.0
[R1-rip-1]network 10.0.1.0 255.255.255.0
[R1-rip-1]import-route static
[R1-rip-1]default cost 2
```

（2）配置路由器 R2

```
[R2]rip
[R2-rip-1]version 2
[R2-rip-1]undo summary
[R2-rip-1]network 172.1.0.0 255.255.0.0
[R2-rip-1]quit
[R2]ospf 1
[R2-ospf-1]area 0
[R2-ospf-1-area-0.0.0.0]network 172.3.0.0 0.0.255.255
```

（3）配置路由器 R3

```
[R3]rip
[R3-rip-1]version 2
[R3-rip-1]undo summary
[R3-rip-1]network 172.2.0.0 255.255.0.0
[R3-rip-1]quit
[R3]ospf 1
[R3-ospf-1]area 0
[R3-ospf-1-area-0.0.0.0]network 172.4.0.0 0.0.255.255
```

（4）配置路由器 R4

```
[R4]ospf 1
[R4-ospf-1]area 0
[R4-ospf-1-area-0.0.0.0]network 10.0.2.0 0.0.0.255
[R4-ospf-1-area-0.0.0.0]network 172.3.0.0 0.0.255.255
[R4-ospf-1-area-0.0.0.0]network 172.4.0.0 0.0.255.255
```

2. 查看路由表

（1）查看 R2 的路由表

```
[R2]display ip routing-table
Destinations : 24        Routes : 24
//以下省略部分输出
Destination/Mask    Proto     Pre    Cost      NextHop       Interface
10.0.1.0/24         RIP       100    1         172.1.0.1     Ser1/0
10.0.2.0/24         O_INTRA   10     1563      172.3.0.4     Ser2/0
10.1.0.0/24         RIP       100    3         172.1.0.1     Ser1/0
10.1.1.0/24         RIP       100    3         172.1.0.1     Ser1/0
//R1 将引入的路由 10.1.0.0/24 和 10.1.1.0/24 发布给了 R2，度量值为 3（默认度量值 2 再加上 1）
172.1.0.0/16        Direct    0      0         172.1.0.2     Ser1/0
172.2.0.0/16        RIP       100    1         172.1.0.1     Ser1/0
172.3.0.0/16        Direct    0      0         172.3.0.2     Ser2/0
172.4.0.0/16        O_INTRA   10     3124      172.3.0.4     Ser2/0
```

（2）查看 R3 的路由表

```
[R3]display ip routing-table
Destinations : 24        Routes : 24
//以下省略部分输出
Destination/Mask    Proto     Pre    Cost      NextHop       Interface
10.0.1.0/24         RIP       100    1         172.2.0.1     Ser2/0
10.0.2.0/24         O_INTRA   10     1563      172.4.0.4     Ser1/0
10.1.0.0/24         RIP       100    3         172.2.0.1     Ser2/0
10.1.1.0/24         RIP       100    3         172.2.0.1     Ser2/0
//R1 将引入的路由 10.1.0.0/24 和 10.1.1.0/24 发布给了 R2
172.1.0.0/16        RIP       100    1         172.2.0.1     Ser2/0
172.2.0.0/16        Direct    0      0         172.2.0.3     Ser2/0
172.3.0.0/16        O_INTRA   10     3124      172.4.0.4     Ser1/0
172.4.0.0/16        Direct    0      0         172.4.0.3     Ser1/0
172.4.0.4/32        Direct    0      0         172.4.0.4     Ser1/0
```

3. 使用 Route-policy 对引入的路由进行过滤

```
[R1]ip prefix-list pre_a index 10 permit 10.1.0.0 24
[R1]route-policy pre_a permit node 10
[R1-route-policy-pre_a-10]if-match ip address prefix-list pre_a
[R1-route-policy-pre_a-10]quit
```

```
[R1]rip 1
[R1-rip-1]import-route static route-policy pre_a
//仅引入路由 10.1.0.0/24
```

查看 R2 的路由表：

```
[R2]display ip routing-table
Destinations : 23          Routes : 23
//以下省略部分输出
Destination/Mask    Proto      Pre   Cost        NextHop         Interface
10.0.1.0/24         RIP        100   1           172.1.0.1       Ser1/0
10.0.2.0/24         O_INTRA    10    1563        172.3.0.4       Ser2/0
10.1.0.0/24         RIP        100   3           172.1.0.1       Ser1/0
172.1.0.0/16        Direct     0     0           172.1.0.2       Ser1/0
172.2.0.0/16        RIP        100   1           172.1.0.1       Ser1/0
172.3.0.0/16        Direct     0     0           172.3.0.2       Ser2/0
172.4.0.0/16        O_INTRA    10    3124        172.3.0.4       Ser2/0
```

由以上输出可以看到，R2 上没有了 10.1.1.0/24 的路由，因为 R1 在引入时把它过滤掉了。

4．设置 Tag 值进行过滤

（1）在 R2 和 R3 上对 OSPF 和 RIP 的路由进行双向引入

在 R2 上配置将 OSPF 引入到 RIP 中，在 R3 上配置将 RIP 引入到 OSPF 中。

```
[R2]rip 1
[R2-rip-1]import-route ospf
[R3]ospf
[R3-ospf-1]import-route rip
```

（2）查看 R1 和 R4 的路由表

```
[R1]display ip routing-table
Destinations : 26          Routes : 26
//以下省略部分输出
Destination/Mask    Proto      Pre   Cost        NextHop         Interface
10.0.1.0/24         Direct     0     0           10.0.1.1        GE0/0
10.0.2.0/24         RIP        100   1           172.1.0.2       Ser1/0
10.1.0.0/24         Static     60    0           10.0.1.2        GE0/0
10.1.1.0/24         Static     60    0           10.0.1.2        GE0/0
172.1.0.0/16        Direct     0     0           172.1.0.1       Ser1/0
172.2.0.0/16        Direct     0     0           172.2.0.1       Ser2/0
172.4.0.0/16        RIP        100   1           172.1.0.2       Ser1/0
```

```
[R4]display ip routing-table
Destinations : 25        Routes : 25
//以下省略部分输出
Destination/Mask    Proto    Pre    Cost    NextHop     Interface
10.0.1.0/24         O_ASE2   150    1       172.4.0.3   Ser1/0
10.0.2.0/24         Direct   0      0       10.0.2.1    GE0/0
10.1.0.0/24         O_ASE2   150    1       172.4.0.3   Ser1/0
172.1.0.0/16        O_ASE2   150    1       172.4.0.3   Ser1/0
172.3.0.0/16        Direct   0      0       172.3.0.4   Ser2/0
172.4.0.0/16        Direct   0      0       172.4.0.4   Ser1/0
```

以上输出显示，双向引入路由成功，R1 上学习到了路由 10.0.2.0/24，R4 上学习到了路由 10.0.1.0/24 和 10.1.0.0/24。

（3）在 R3 上配置将 RIP 路由引入 OSPF 时附加标记值 10

```
[R3]ospf 1
[R3-ospf-1]import-route rip tag 10
[R2]route-policy abc deny node 10
[R2-route-policy-abc-10]if-match tag 10
[R2-route-policy-abc-10]quit
[R2]route-policy abc permit node 20
[R2-route-policy-abc-20]quit
[R2]rip 1
[R2-rip-1]import-route ospf route-policy abc
```

（4）查看 R1 的路由表

在 R1 上查看路由表，发现 R1→R3 的链路被过滤了，这样可以有效避免环路。

```
[R1]display ip routing-table
Destinations : 26        Routes : 26
//以下省略部分输出
Destination/Mask    Proto    Pre    Cost    NextHop     Interface
10.0.1.0/24         Direct   0      0       10.0.1.1    GE0/0
10.0.2.0/24         RIP      100    1       172.1.0.2   Ser1/0
10.1.0.0/24         Static   60     0       10.0.1.2    GE0/0
10.1.1.0/24         Static   60     0       10.0.1.2    GE0/0
172.1.0.0/16        Direct   0      0       172.1.0.1   Ser1/0
172.2.0.0/16        Direct   0      0       172.2.0.1   Ser2/0
172.4.0.0/16        RIP      100    1       172.1.0.2   Ser1/0
```

5.7　实训 4：通过策略路由控制路径

【实验目的】

- 掌握配置 PBR 实现基于源地址的策略路由；
- 掌握配置 PBR 实现基于业务类型的策略路由；
- 验证配置。

【实验拓扑】

实验拓扑如图 5-10 所示。

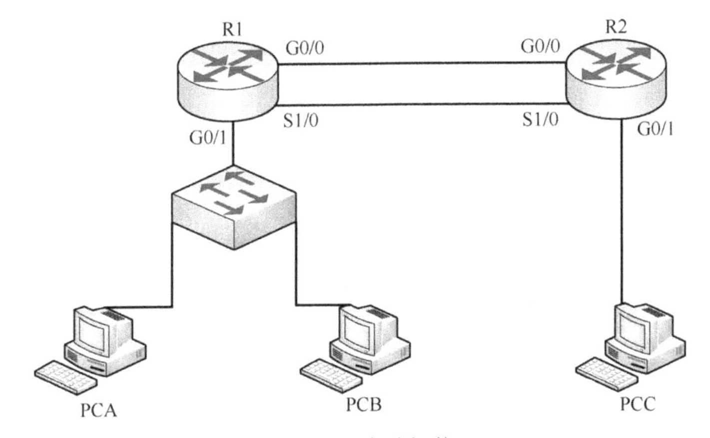

图 5-10　实验拓扑

设备参数如表 5-5 所示。

表 5-5　设备参数表

设 备	接 口	IP 地址	子网掩码	默认网关
PCA		192.168.0.2	255.255.255.0	192.168.0.1
PCB		192.168.0.3	255.255.255.0	192.168.0.1
PCB		192.168.3.2	255.255.255.0	192.168.3.1
R1	G0/0	192.168.1.1	255.255.255.0	N/A
	G0/1	192.168.0.1	255.255.255.0	N/A
	S1/0	192.168.2.1	255.255.255.0	N/A
R2	G0/0	192.168.1.2	255.255.255.0	N/A
	G0/1	192.168.3.1	255.255.255.0	N/A
	S1/0	192.168.2.2	255.255.255.0	N/A

【实验内容】

1．给路由器配置动态路由协议

（1）配置路由器 R1

```
[R1]ospf 1
[R1-ospf-1]area 0
[R1-ospf-1-area-0.0.0.0]network 192.168.0.0 0.0.0.255
[R1-ospf-1-area-0.0.0.0]network 192.168.1.0 0.0.0.255
[R1-ospf-1-area-0.0.0.0]network 192.168.2.0 0.0.0.255
```

（2）配置路由器 R2

```
[R2]ospf 1
[R2-ospf-1]area 0
[R2-ospf-1-area-0.0.0.0]network 192.168.1.0 0.0.0.255
[R2-ospf-1-area-0.0.0.0]network 192.168.2.0 0.0.0.255
[R2-ospf-1-area-0.0.0.0]network 192.168.3.0 0.0.0.255
```

2．查看路由表

（1）查看 R1 的路由表

```
[R1]display ip routing-table
Destinations : 22          Routes : 22
//以下省略部分输出
Destination/Mask    Proto      Pre Cost        NextHop        Interface
192.168.0.0/24      Direct      0    0         192.168.0.1     GE0/1
192.168.1.0/24      Direct      0    0         192.168.1.1     GE0/0
192.168.2.0/24      Direct      0    0         192.168.2.1     Ser1/0
192.168.3.0/24      O_INTRA 10    2         192.168.1.2     GE0/0
```

（2）查看 R2 的路由表

```
[R2]display ip routing-table
Destinations : 22          Routes : 22
//以下省略部分输出
Destination/Mask    Proto        Pre    Cost        NextHop          Interface
192.168.0.0/24      O_INTRA      10     2           192.168.1.1      GE0/0
192.168.1.0/24      Direct       0      0           192.168.1.2      GE0/0
192.168.2.0/24      Direct       0      0           192.168.2.2      Ser1/0
192.168.3.0/24      Direct       0      0           192.168.3.1      GE0/1
```

由于 G0/0 接口带宽大于 S1/0 接口带宽，所以在路由表中，到路由 192.168.3.0/24 的出接口是 G0/0。

3．配置基于源地址的 PBR

```
[R1]acl advanced 3000
[R1-acl-ipv4-adv-3000]rule permit ip source 192.168.0.2 0
[R1-acl-ipv4-adv-3000]quit
[R1]policy-based-route abc permit node 5
[R1-pbr-abc-5]if-match acl 3000
[R1-pbr-abc-5]apply output-interface s1/0
[R1-pbr-abc-5]quit
[R1]interface g0/1
[R1-GigabitEthernet0/1]ip policy-based-route abc
```

配置了 OSPF 后，去往网络 192.168.3.0/24 的所有报文都是从接口 G0/0 发送的。配置了以上的 PBR 后，可以对特定来源的报文（PCA）指定从接口 S1/0 发送，其他报文普通转发。

在 PCA 上执行命令 ping 192.168.3.1 后，查看路由策略统计信息。

```
[R1]display ip policy-based-route interface g0/1
Policy based routing information for interface GigabitEthernet0/1:
Policy name: abc
  node 5 permit:
  if-match acl 3000
  apply output-interface Serial1/0
  Matched: 1
Total matched: 1
```

以上输出显示，PBR 起了作用，如果反复多次执行 ping 命令，可以看到被转发的报文数量在不断增长。

4．配置基于报文大小的 PBR

```
[R1]policy-based-route abc permit node 3
[R1-pbr-abc-3]if-match packet-length 100 1500
[R1-pbr-abc-3]apply next-hop 192.168.1.2
```

配置了基于源地址的 PBR 后，PCA 的所有数据报文都从 S1/0 发送，以上 PBR 的配置实现了较大报文经由接口 G0/0 发送的功能。

在 PCA 上执行命令 ping 192.168.3.1-I 300 后，查看路由策略统计信息。

```
[R1]display ip policy-based-route interface g0/1
Policy based routing information for interface GigabitEthernet0/1:
Policy name: abc
```

```
    node 3 permit:
      if-match packet-length 100 1500
      apply next-hop 192.168.1.2
    Matched: 5
    node 5 permit:
      if-match acl 3000
      apply output-interface Serial1/0
    Matched: 2
  Total matched: 7
```

以上输出显示，PBR 起了作用，如果反复多次执行 ping 命令，可以看到被转发的报文数量在不断增长。

第6章

交换机基本概念和配置

本章要点

- H3C 交换机概述
- 实训 1：H3C 交换机基本配置
- 实训 2：H3C 交换机 IOS 管理
- 实训 3：H3C 交换机端口安全配置

交换机（Switch），在以前也被称为多接口网桥，它从网桥基于软件进行数据转发的工作方式，转变为基于 ASIC 芯片的硬件转发的工作方式，可以说是网络的一次质变。与网桥一样，它工作在 TCP/IP 协议栈的数据链路层，接收网络中的数据帧并根据自身的 MAC 地址表进行数据帧的转发、过滤和泛洪等操作。交换机在目前的企业网络中占绝对的主导地位，目前各个厂商针对企业网络开发的交换机产品形式各样，内容繁杂，本章主要介绍 H3C 产品序列中的交换机，并根据 H3C 交换机的特点逐步介绍交换机的概念、工作原理与配置以及交换机安全方面的一些配置方法。

6.1 H3C 交换机概述

在国内的交换机市场领域，H3C 通过多年的耕耘与发展，积累了大量的业界领先的网络方向的知识产权和专利，其交换机产品线从低端家用型到高端运营商核心设备，有 10 多个系列，上百款产品，非常丰富。交换机产品全部运行 H3C 自主研发设计的 COMWARE 软件，对外提供统一的命令行操作界面，极大地降低了产品的上手难度。

H3C 交换机产品分为数据中心交换机和园区网交换机，设备型号从 H3C S1000 系列以太网交换机到满足云计算数据中心的 H3C S12500 系列交换机共 47 款在售产品。本书中所有交换实验将采用 H3C S5560X-30C-EI 系列交换机。

6.1.1 交换机工作原理

在企业局域网中，交换机是非常重要的网络设备，交换机发展至今从二层交换机到七层交换机，设备型号和功能极其丰富。本书中出现的交换机除非另指均采用二层交换机。交换机部署的目的是通过减少重复流量和增加带宽来降低局域网中的拥塞。交换机工作在 OSI 参考模型的第二层，能够根据 MAC 地址转发数据帧实现交换功能。交换机与路由器的硬件配置基本相似，包含 CPU、RAM、Flash 等模块，接口与路由器相比类型更多，从接入交换机使用的 100 Mbps、1 000 Mbps 接口到核心交换机上使用的 10 000 Mbps 和 40 000 Mbps 接口等。交换机工作的原理可以从数据帧转发模式和交换机 MAC 地址表的学习、转发和过滤功能等以下两个方面进行阐述。

1. 交换机数据帧转发模式

在选择交换机数据帧转发模式时，经常要根据网络传输的等待时间和可靠性来进行选择。等待时间也称为传播延迟，它是指数据帧从一台交换机离开到数据帧一部分到达目的地之间的时间延迟。它受到介质、电路、软件等多个因素的影响，等待时间和可靠性成反比，等待时间越短、可靠性越低。

（1）存储转发模式

在存储转发过程中交换机读取整个数据帧，并对数据帧进行 CRC 校验，决定数据帧是丢弃、转发还是泛洪操作。但是这种模式必须完整地接收数据帧后再去进行 CRC 校验，判断数据帧是否有错误，如果接收到的是残帧、坏帧或破损帧，将不会被转发而直接丢弃。这种模式的等待时间最长，可靠性最高。

（2）直通转发模式

交换机在接收数据帧时，一旦读到完整的目的 MAC 地址后，就不会再读取数据帧的其他部分，并将数据帧从相应的转发接口发送出去。因为这种模式不会对数据帧进行 CRC 校验和错误检测，所以等待时间最短，可靠性最低。

（3）无碎片转发模式

无碎片转发模式有时也称为混合转发模式，它是在直通转发模式的基础上进行了修订和优化。在交换机转发数据帧之前，无碎片转发将先检测数据帧，过滤其中的残帧、坏帧或破损帧等错误的冲突碎片，之后再进行数据帧读取，一旦读取到完整的目的 MAC 地址后就将数据帧从相应的接口转发出去，而不再读取数据帧的其他部分。

2. 交换机学习、转发和过滤过程

交换机接收到数据帧后会根据数据帧内部的目的 MAC 地址进行数据转发，为了转发数据，交换机需要构建和维护 MAC 地址表。MAC 地址表中包含了 MAC 地址信息、接口信息和 MAC 相关的其他信息等。交换机在转发数据帧时主要有以下几个过程，下面将以一台空配置的交换机接入局域网为例，简要介绍这些过程。

（1）学习过程

当交换机启动后，它的 MAC 地址表中没有任何条目，如图 6-1 所示。此时如果 PC-1 发送数据给 PC-4，H3C 交换机的 GE0/1 接口接收到 PC_1 的数据帧后查询自身的 MAC 地址表，由于 MAC 地址表内的条目为空，所以 H3C 交换机会将这个数据帧从除 GE0/1 接口外的其他所有活动接口转发出去，同时交换机还会对 GE0/1 接口收到的数据帧的源 MAC 地址进行地址学习，添加到交换机的 MAC 地址表中。

交换机的 MAC 地址表的每个条目都有一个老化时间，如果在老化时间结束时没有对该条目的查询操作，MAC 地址表将会删除这一条目，如果在老化时间内对该条目进行了查询操作，那么 MAC 地址表会重置老化时间，并将该条目放置在 MAC 地址表的最前列，这样做的主要目的是加快查找效率。

（2）转发过程

交换机通过一定时间的学习再泛洪的过程后，MAC 地址表中的条目逐渐增多，MAC 地址

表同时也会达到一个相对稳定的状态，如图 6-2 所示是 H3C 交换机运行一段时间后达到相对稳定状态的 MAC 地址表。

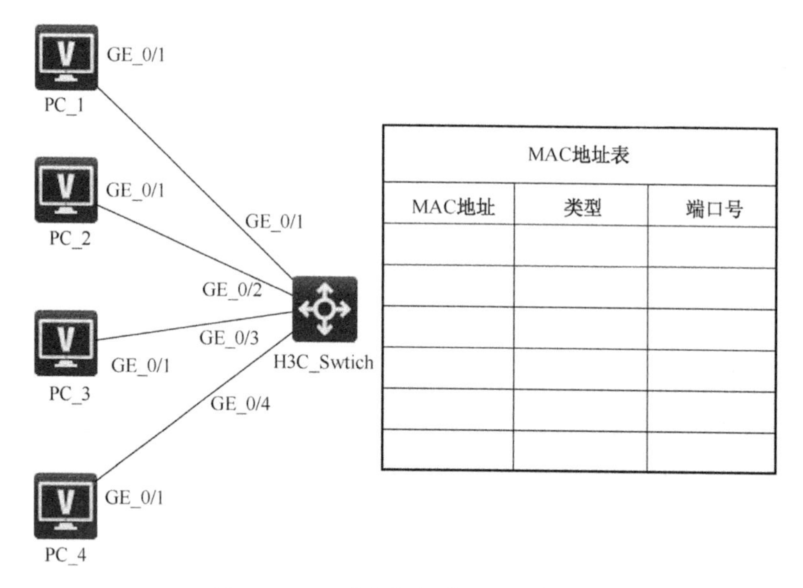

图 6-1　H3C 交换机初始 MAC 地址表

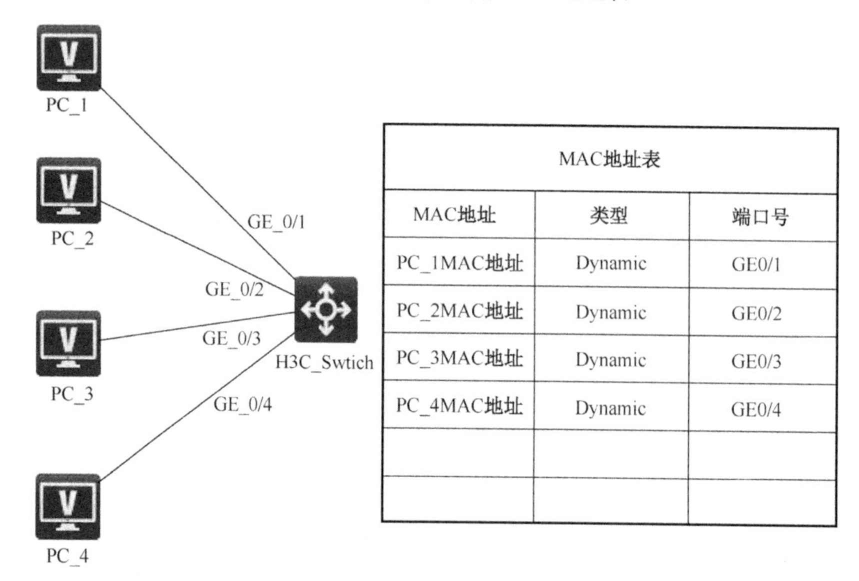

MAC地址表		
MAC地址	类型	端口号
PC_1MAC地址	Dynamic	GE0/1
PC_2MAC地址	Dynamic	GE0/2
PC_3MAC地址	Dynamic	GE0/3
PC_4MAC地址	Dynamic	GE0/4

图 6-2　H3C 交换机相对稳定的 MAC 地址表

交换机的转发过程分为单播帧转发和广播、组播、未知单播帧转发。

如果 H3C 交换机需要转发的是在 MAC 地址表中存在的单播帧，交换机会按照单播帧中的目的 MAC 地址查找自身地址表中目的 MAC 地址对应的端口号，例如在图 6-2 中，单播帧的目

的 MAC 地址是 PC_3，那么查找交换机 MAC 地址表可以获得转发端口为 GE0/3，再将该单播帧从 GE0/3 端口转发出去，同时交换机的 MAC 地址表也会重置 PC_3MAC 地址条目的老化时间。

广播、组播和未知单播帧转发也叫泛洪操作，交换机收到这类数据帧的转发请求后查找自身的 MAC 地址表，由于 MAC 地址表中没有目的 MAC 地址对应的条目，所以交换机执行泛洪操作，从除了接收端口的其他所有活动端口将数据帧转发出去，图 6-2 所示就是一种典型的泛洪操作，这类数据帧是降低带宽，影响转发效率的主要原因，网络管理员应该采用合理的网络规划和配置方式减少这类泛洪。

（3）过滤过程

当交换机接收到残帧、坏帧、破损帧、巨大帧或源 MAC 地址和目的 MAC 地址相同等异常数据帧时，交换机将直接将此类数据帧过滤而不进行学习、转发或泛洪操作。

6.1.2　交换机安全

2017 年 5 月出现的蠕虫式勒索病毒 WannaCry 给互联网带来了巨大的灾难，它利用黑客从 NSA 窃取的“永恒之蓝”漏洞进行复制和传播，“疫情”波及范围超过 100 个国家，严重影响了企业和人们的生产生活。这次事件过后人们逐渐意识到，当前网络建立起来的安全防护体系在面对不断更新换代的新型复合攻击时只是“镜中花，水中月”。只有不断更新换代网络的安全措施才能抵御不断变化的攻击手段。

在企业交换网络中如何保障交换机在局域网中的安全一直是企业网络安全的热点话题，下面将从两方面简要介绍交换机面临的安全威胁和防范措施。

1. 基于技术的攻击手段

从技术的角度来说，交换机主要面临密码、ARP 和 DHCP 等多种威胁。而密码的准入控制是交换机的第一道防护措施，但在实际应用中往往被网络管理人员忽视。一些复杂度不高的简单密码，例如，123456、666666、888888 等被设置用来简化管理难度，甚至在传输密码时会使用明文方式，这样的密码设计会为企业网带来极大的危险。ARP 攻击是一种针对二层网络设备和 MAC 地址的网络欺骗攻击，从最初的有目的的发布错误 ARP 广播包的行为、以恶意破坏为目的的 ARP 恶意攻击，再到目前融入病毒、木马等综合的 ARP 攻击方式，可以说攻击种类越来越多，攻击范围越来越广，攻击的破坏力越来越强，严重影响着企业的网络安全。DHCP 的作用主要是为网络中的接入设备动态提供 IP 地址、子网掩码、网关和 DNS 等信息。而黑客发动 DHCP 攻击的方法主要有在网络中伪造 DHCP 服务器，分发虚假的 IP 地址、网关信息等给用户，诱导用户流量通过黑客的流量分析设备，对用户数据进行窃取和篡改等。

针对这些技术类型的攻击手段，H3C 交换机提供了一系列的防范措施，以 S5560X-30C-EI 系列交换机来说，在密码设置上可以通过 authentication-mode password/scheme 命令设置仅使用密码或者使用用户名+密码的方式进行准入认证，而在密码的验证方式上，可以使用 password cipher/simple XXX 命令设置密码采用明文还是密文的方式显示和传输。ARP 攻击防范的方法是以设备角色为线索，通过分析第二、三层网络设备可能会面临哪些攻击手段，从而提供有效的防范措施。具体的配置命令有 arp source-suppression enable、arp source-suppression limit 100 和 arp resolving-route enable，配置 ARP 源抑制和 ARP 黑洞路由等功能。防范黑客伪造的 DHCP 服务器可以使用 H3C 交换机中的 IP Source Guard 和 DHCP Snooping 功能进行防御。

2. H3C 交换机端口安全技术

CISCO 的端口安全技术是通过配置静态或动态获得的 MAC 地址实现端口仅允许固定设备连接，如果有错误的设备连接交换机端口到将发出警告甚至关闭端口。H3C 交换机的端口安全和 CISCO 的端口安全技术并不完全一样，它使用了一直在无线局域网中使用的 IEEE 802.1x 技术作为接入控制机制，是一种对已有的 IEEE 802.1x 认证和 MAC 地址认证的扩充。H3C 交换机的端口安全主要功能是通过用户定义的各种安全模式，定义端口的 MAC 地址和认证过程。如果非法用户登录接口不能提供用户名和密码或者 MAC 地址错误将视为非法登录，H3C 交换机将自动触发相应事件，进行预制处理，减少网络管理员的工作量，极大地提高了系统的安全性。

6.1.3 H3C 交换机的管理方式

H3C 交换机从管理形式上可以分为图形化操作界面管理和命令行操作界面管理两种方式。图形化操作界面管理利用 Web 界面、JAVA 技术和交互式配置向导等技术使网络管理人员在无须了解具体配置命令的情况下，轻松实现对 H3C 交换机的配置、审计和监控等功能。命令行操作界面是交换机管理的传统管理方式，具有更低的交换机资源消耗，保障交换机更稳定运行和实现交换机全部功能等特点，是配置和管理交换机的首选方式。本书对 H3C 交换机的配置如无特殊说明均采用命令行界面进行管理配置。

网络管理员可以通过 Console、AUX、Telnet 和 SSH 等多种方式接入网络设备，下面将简要的介绍这 4 种连接方式。

1. 使用 Console 口进行连接

Console 口连接是目前最常见的交换机连接方式，H3C 交换机提供一个 Console 接口，接口类型为 EIA/TIA-323-DCE，图 6-3 是一台 H3C 5560X 系列交换机的 Console 接口图。

用户需要使用带 DB9 接口或外接 USB 转 RS-232 接口的计算机设备，通过 H3C 交换机提供的专用 Console 线缆连接设备 Console 和计算机的 COM 接口，再通过计算机的超级终端等软件进入交换机的命令行界面进行管理。

图 6-3　H3C S5560X 系列交换机接口图

2．使用 AUX 进行连接

AUX（Auxiliary Port，辅助接口）连接方式是一种远程带外管理方式，网络管理员通过 PSTN 网络建立拨号连接，接入到交换机的 AUX 上，在需要远程带外管理时通过 Modem 建立拨号连接，接入网络设备，但这种连接方式已被其他带内和带外管理方式所替代。

3．使用 Telnet 进行连接

Telnet 是 Internet 远程登录服务的标准协议，主要用于对网络设备进行远程控制。Telnet 是一种带内管理方式，在管理交换机的同时消耗少量的网络资源，这种接入方式简单易用，但在工程实际中很少使用，最大的弊端是在传输过程中使用明文的方式进行传输，不对传输数据进行任何加密措施。

4．使用 SSH 进行连接

SSH 不仅继承了 Telnet 的大部分优点，还克服了 Telnet 的明文传输弊端。它通过更加严格

的身份验证和加密方式保障用户远程登录网络设备的安全性，用户在通过公网对远程网络设备进行访问时，通常都会采用 SSH 方式进行连接。

6.2 实训 1：H3C 交换机基本配置

【实验目的】

- 根据图和设备参数要求搭建网络拓扑；
- 完成设备环境的查看(版本信息查看、CPU 使用率信息查看、温度和风扇等信息查看)；
- 完成 Console 口登录交换机设置；
- 完成 Telnet 远程登录交换机设置；
- 完成 SSH 远程登录交换机配置。

【实验拓扑】

实验拓扑如图 6-4 所示。

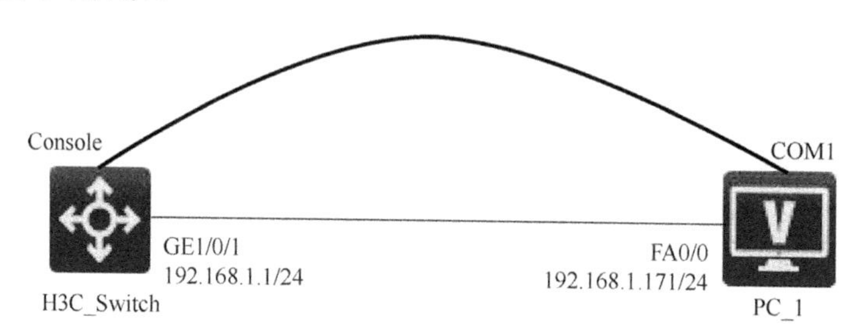

图 6-4 实验拓扑

设备参数如表 6-1 所示。

表 6-1 设备参数表

设 备	接 口	IP 地址	子网掩码	默认网关
H3C_Switch	GE1/0/1	192.168.1.1	255.255.255.0	N/A
PC_1	FA%	192.168.1.171	255.255.255.0	192.168.1.1

【实验任务】

H3C 交换机和路由器使用相同的 COMWAREv7 版本，所以一些基础的配置模式和配置命令也是相同的，如果希望查看基础的配置命令可以查看第 1 章的相关内容。

H3C S5560X 交换机的开机过程如下。

```
System is starting...                          //系统开始运行
Cryptographic algorithms tests passed.         //跳过计算测试
```

```
Startup configuration file does not exist.                //没有保存的配置命令文件
Performing automatic configuration... Press CTRL_C or CTRL_D to break.
                                                          //按 CTRL_C 或 CTRL_D 中断系统的自动配置
Automatic configuration is aborted.                       //自动配置被终止
Line aux0 is available.                                   //设备 Console 口可用
Press ENTER to get started.
<H3C>                                                     //进入设备用户视图
```

1. 查看设备环境参数

在配置交换机前和维护交换机时我们需要查看设备环境参数，确保设备一直在理想的状态下工作，以下是一些查看 H3C 交换机环境参数的命令。

```
<H3C>display version
//查看交换机版本及相关信息
H3C Comware Software, Version 7.1.070, ESS 1106
//查看交换机 COMWARE 版本，目前是最新版本 V7。
Copyright (c) 2004-2016 Hangzhou H3C Tech. Co., Ltd. All rights reserved.
H3C S5560X-30C-EI uptime is 0 weeks, 0 days, 0 hours, 8 minutes
Last reboot reason : User reboot
Boot image: flash:/s5560x_ei-cmw710-boot-e1106.bin
//查看交换机操作系统版本信息
<----省略部分输出---->
Slot 1:
Uptime is 0 weeks,0 days,0 hours,8 minutes
S5560X-30C-EI with 2 Processors
BOARD TYPE:          S5560X-30C-EI           //设备型号
DRAM:                2048M bytes             //交换机动态内存容量
FLASH:               512M bytes              //交换机 FLASH 容量
PCB 1 Version:       VER.B
Bootrom Version:     105
CPLD 1 Version:      002
Release Version:     H3C S5560X-30C-EI-1106
Patch Version   :    None
Reboot Cause    :    UserReboot
[SubSlot 0] 16GE+8COMBO+4SFP Plus            //交换机的接口信息

<H3C>display cpu-usage
//查看 CPU 在过去 5 s、1 min 和 5 min 的使用率
```

```
Slot 1 CPU 0 CPU usage:
         3% in last 5 seconds
         4% in last 1 minute
        14% in last 5 minutes
<H3C>display cpu-usage history
//以图表的形式查看交换机在过去 1 h 内的使用率
40%|
 35%|          #
 30%|          #
 25%|          #
 20%|          #
 15%|          #
 10%|          #
  5%|#########
     ---------------------------------------------------------
              10        20        30        40        50        60    (minutes)
              cpu-usage (Slot 1 CPU 0) last 60 minutes (SYSTEM)

<H3C>display environment
//查看交换机自身传感器监测的环境温度（以度为单位）
 System temperature information (degree centigrade):
 ---------------------------------------------------------------------
 Slot  Sensor     Temperature  Lower  Warning  Alarm  Shutdown
 1     hotspot 1    32           0      66       71     NA

<H3C>display fan
//查看交换机风扇信息
 Slot 1:
 Fan 1:
 State      : FanDirectionFault
 Airflow Direction: Power-to-port
 Prefer Airflow Direction: Port-to-power
 Fan 2:
 State      : FanDirectionFault
 Airflow Direction: Power-to-port
 Prefer Airflow Direction: Port-to-power
//风扇方向故障，风扇期望方向与实际方向不符
```

```
Jan  1 00:57:53:256 2013 H3C DEV/1/FAN_DIRECTION_NOT_PREFERRED: Fan 1 airflow direction is not preferred on slot 1, please check it.
Jan  1 00:57:53:259 2013 H3C DEV/1/FAN_DIRECTION_NOT_PREFERRED: Fan 2 airflow direction is not preferred on slot 1, please check it.
//由于目前 H3C 交换机实际环境的风扇方向是电源侧进风端口侧出风，而默认 S5560 交换机的推荐方向是端口侧进风电源侧出风，所以会定期跳出以上的日志信息，并且风扇指示灯为橙色闪烁，此时只需要修改推荐方向即可排除故障。
<H3C>system-view
//进入交换机系统视图
System View: return to User View with Ctrl+Z.
[H3C]fan prefer-direction slot 1 power-to-port
//修改交换机推荐风扇方向为电源侧进风端口侧出风
Jan  1 00:59:16:457 2013 H3C DEV/5/FAN_RECOVERED: Fan 1 recovered.
Jan  1 00:59:16:469 2013 H3C DEV/5/FAN_RECOVERED: Fan 2 recovered.
//弹出日志信息，S5560 的两个风扇恢复正常工作状态
 [H3C]display fan
 Slot 1:
 Fan 1:
 State      : Normal
 Airflow Direction: Power-to-port
 Prefer Airflow Direction: Power-to-port
 Fan 2:
 State      : Normal
 Airflow Direction: Power-to-port
 Prefer Airflow Direction: Power-to-port
//目前两个风扇的运行状态正常，实际风扇方向和推荐方向一致
<H3C>display memory
//查看交换机的内存使用情况
Memory statistics are measured in KB:
Slot 1:
              Total      Used      Free    Shared   Buffers    Cached   FreeRatio
Mem:        2037392    466188   1571204       0      1384     147384    77.1%
-/+ Buffers/Cache:     317420   1719972
Swap:             0         0         0
<H3C>display power
//查看交换机目前的电源使用情况
 Slot 1:
```

```
PowerID State      Mode     Current(A)   Voltage(V)   Power(W)
 1        Normal    AC        --            --           --
//插槽 1 电源工作正常，电源类型是交流电
 2        Absent    --        --            --           --
//插槽 2 目前电源为空
<H3C>restore factory-default
//恢复交换机的出厂设备
This command will restore the system to the factory default configuration and clear the operation data.
Continue [Y/N]:
//该配置命令将删除设备配置文件产生的.cfg 文件、.log 文件、Trap 信息和 Debug 信息，交换机 ROM 等其他菜单中的值也将全部恢复到默认值，交换机外接 U 盘等介质内的文件也将一并删除，所以请谨慎使用该配置命令
```

2．登录交换机设置——Console 登录

通过 Console 口登录交换机主要有 3 种验证方式：无验证、仅密码验证和用户名与密码验证，下面我们依次来配置这 3 种登录方式。

（1）通过 Console 口登录交换机无须密码

```
<H3C>system-view
//进入系统视图
[H3C]line aux 0
//进入设备 Console 线缆视图
[H3C-line-aux0]authentication-mode ?
//查看 Console 口的验证方式：none（无验证）、password（仅密码验证）和 scheme（用户名和密码验证）
  none        Login without authentication
  password    Password authentication
  scheme      Authentication use AAA
[H3C001-line-aux0]authentication-mode none
//设置交换机的验证方式为无密码
 [H3C001-line-aux0]user-role ?
//查看 Console 口可配置的用户登录角色，不同角色代表进入系统后拥有不同的权限
  STRING<1-63>        User role name
  network-admin
  network-operator
  level-0
<----省略部分输出---->
  level-15
```

```
  security-audit
  guest-manager

[H3C001-line-aux0]user-role network-admin
//设置用户角色为 network-admin
//此时登录交换机不需要使用任何密码直接进入交换机的用户视图
```

（2）配置通过 Console 口登录设备时采用密码认证（password）

```
[H3C001]line aux 0
[H3C001-line-aux0]set authentication password ?
  hash      Specify a hashtext password
  simple    Specify a plaintext password
//设置验证密码的类型使用 hash 密文还是 simple 明文
[H3C001-line-aux0]set authentication password simple h3c001
//配置使用明文密码对进入 Console 口用户进行验证，密码为 h3c001
[H3C001-line-aux0]
//设置完成后重新使用 Console 口接入交换机

******************************************************************************
* Copyright (c) 2004-2016 Hangzhou H3C Tech. Co., Ltd. All rights reserved.  *
* Without the owner's prior written consent,                                 *
* no decompiling or reverse-engineering shall be allowed.                    *
******************************************************************************
//H3C 的授权信息
Line aux0 is available.
Press ENTER to get started.
Password:
//输入密码 h3c001，输入过程中没有任何提示符
Jan  1 01:44:05:066 2013 H3C001 SHELL/5/SHELL_LOGIN: TTY logged in from aux0.
//输入正确后会出现日志信息，显示已经连接上 Console 口，随后进入用户视图
<H3C001>
```

（3）配置通过 Console 口登录设备时采用 AAA 认证（scheme）

```
<H3C>system-view
[H3C]line aux 0
[H3C-line-aux0]authentication-mode scheme
//使用本地用户名和密码的 AAA 认证方式验证用户
[H3C]local-user h3c
```

```
//建立本地账户，账户名为 h3c，这里账户是区分大小写的
New local user added.
[H3C-luser-manage-h3c]password simple admin
//配置账户的密码为明文密码 admin
[H3C-luser-manage-h3c]service-type terminal
//配置该账户服务类型为终端服务型，用于 Console 口登录
[H3C-luser-manage-h3c]authorization-attribute user-role ?
  STRING<1-63>          User role name
  network-admin
  network-operator
  level-0
<----省略部分输出---->
  level-15
  security-audit
  guest-manager
//该账户可以被授权的角色查询。H3C 设置了非常详细的账号角色，不同角色账户拥有不同的权限，这里我们统一使用 network-admin 账户角色，其他角色详情可以在 H3C 官网的文档中心中查询
[H3C-luser-manage-h3c]authorization-attribute user-role network-admin
//设置角色类型为 network-admin
//重新连接交换机的 Console 口
******************************************************************************
* Copyright (c) 2004-2016 Hangzhou H3C Tech. Co., Ltd. All rights reserved.  *
* Without the owner's prior written consent,                                 *
* no decompiling or reverse-engineering shall be allowed.                    *
******************************************************************************
Line aux0 is available.
Press ENTER to get started.
login: h3c
//设置登录的账号为本地账户 h3c
Password:
//配置登录该账号的密码为 admin
<H3C>
//验证通过，登录到交换机的用户视图
```

3．登录交换机设置——Telnet 登录

远程 Telnet 登录和 Console 登录的基本配置命令相同，这里就只列出不解释。

（1）仅使用密码远程 Telnet 登录交换机

```
<H3C>system-view
[H3C]telnet server enable
//打开 H3C 交换机的 Telnet 服务，默认服务是关闭的
[H3C]line vty 0 4
[H3C-line-vty0-4]set authentication password simple h3c001
[H3C-line-vty0-4]user-role network-admin
[H3C]interface Vlan-interface 1
//进入 VLAN1 的 SVI 子接口
[H3C-Vlan-interface1]ip address 192.168.1.1 255.255.255.0
//配置 VLAN1 的管理 IP 地址
```

本章节使用的交换机登入软件是 SecureCRT，打开软件选择快速连接，如图 6-5 所示配置好协议、主机名和端口号等参数。

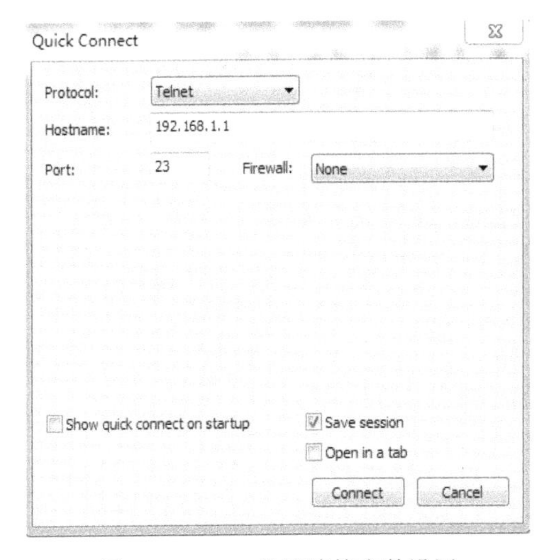

图 6-5　Telnet 快速连接参数设置

点击 Connect，通过 Telnet 远程方式连接 H3C 交换机。

```
******************************************************************************
* Copyright (c) 2004-2016 Hangzhou H3C Tech. Co., Ltd. All rights reserved.  *
* Without the owner's prior written consent,                                 *
* no decompiling or reverse-engineering shall be allowed.                    *
******************************************************************************

Password:
<H3C>display line
```

```
//查看目前登录交换机的线程状态
  Idx  Type     Tx/Rx      Modem  Auth   Int       Location
F 0    AUX 0    9600       -      N      -         1/0
+ 10   VTY 0               -      P      -         1/0
<----省略部分输出---->
  +     : Line is active.
  F     : Line is active and in async mode.
  Idx   : Absolute index of line.
  Type  : Type and relative index of line.
  Auth  : Login authentication mode.
  Int   : Physical port of the line.
  A     : Authentication use AAA.
  N     : No authentication is required.
  P     : Password authentication.
//从线程状态的输出可以看出已经采用 AUX0 和 VTY0 前面的 F 和+代表 Console 登录和 Telnet 远程登录两种方式同时登录交换机，并同时处于活跃状态
<H3C>
//实验完成
```

（2）使用账号和密码远程 Telnet 登录交换机

```
<H3C>system-view
 [H3C]telnet server enable
[H3C]line vty 0 4
[H3C-line-vty0-4]authentication-mode scheme
[H3C-line-vty0-4]exit
[H3C]local-user admin
New local user added.
[H3C-luser-manage-admin]password simple admin
[H3C-luser-manage-admin]authorization-attribute user-role network-admin
[H3C-luser-manage-admin]service-type telnet
//配置 admin 账户的服务类型为 telnet 服务，用于远程 Telnet 登录
[H3C]interface Vlan-interface 1
[H3C-Vlan-interface1]ip address 192.168.1.1 255.255.255.0
//SecureCRT 软件配置和仅使用密码方式相同，参数配置详见图 6-6
******************************************************************************
* Copyright (c) 2004-2016 Hangzhou H3C Tech. Co., Ltd. All rights reserved.  *
* Without the owner's prior written consent,                                 *
* no decompiling or reverse-engineering shall be allowed.                    *
```

```
******************************************************************************
login: admin
Password:
<H3C>display line
  Idx  Type     Tx/Rx       Modem   Auth   Int         Location
F 0    AUX 0    9600        -       N      -           1/0
+ 10   VTY 0                -       A      -           1/0
<----省略部分输出---->
<H3C>
//实验完成
```

4．登录交换机设置-SSH 登录

目前远程登录交换机最安全的方式是使用 SSH 登录方式，下面将介绍交换机配置过程和通过 PC 登录流程。

```
<H3C>system-view
[H3C]public-key local create rsa
//创建本地 RSA 的密钥对
The local key pair already exists.
Confirm to replace it? [Y/N]:y
The range of public key modulus is (512 ～ 2048).
If the key modulus is greater than 512, it will take a few minutes.
Press CTRL+C to abort.
Input the modulus length [default = 1024]:
Generating Keys...
.
Create the key pair successfully.
//默认密钥对长度是 1024，可以在 512～2048 之间进行选择，实验采用默认长度
[H3C]local-user h3c
New local user added.
//创建名称为 h3c 的用户
[H3C-luser-manage-h3c]password simple admin
//设置账户采用明文密码 admin
[H3C-luser-manage-h3c]authorization-attribute user-role network-admin
//配置账户的授权角色为 network-admin
[H3C-luser-manage-h3c]service-type ssh
//配置账户的服务类型为 SSH
[H3C]ssh server enable
//开启 SSH 服务
```

```
[H3C]ssh user h3c service-type ?
  all        All service types
  netconf    NETCONF
  scp        SCP
  sftp       SFTP
  stelnet    Stelnet
//配置 SSH 用户 h3c 的服务类型，这里的服务类型是 SSH 的子项目，实验选择 all
[H3C]ssh user h3c service-type all authentication-type ?
  any                    Any authentication method
  password               Password authentication
  password-publickey     Password-publickey authentication
  publickey              Publickey authentication
//配置 SSH 用户 h3c 的认证类型，认证类型有使用密码、公钥、密码加公钥和任意，这里我们选择密码方式认证
[H3C]ssh user h3c service-type all authentication-type password
[H3C]line vty 0 4
[H3C-line-vty0-4]authentication-mode scheme
//配置 VTY 0～ViV4 线程使用本地用户名和密码认证（AAA 认证）方式
[H3C]interface Vlan-interface 1
[H3C-Vlan-interface1]ip address 192.168.1.1 255.255.255.0
//配置 VLAN1 的管理 Ip 地址
[H3C-Vlan-interface1]
```

进入 SecureCRT，在快速连接中选择 SSH 协议，主机名选择 192.168.1.1，端口号选择 22，用户名为 h3c，其他参数默认，图 6-6 是 SSH 登录参数设置。

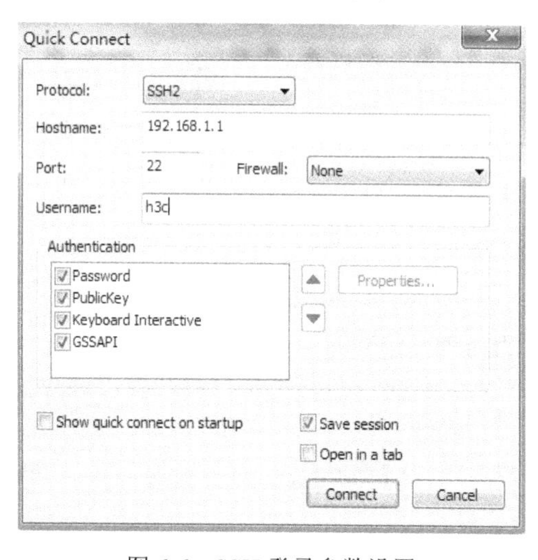

图 6-6　SSH 登录参数设置

输入完正确的密码后，由于软件是第一次登录该交换机，交换机将发送此次登录的 SSH 的密钥信息给 SecureCRT，如果以后也需要使用软件登录交换机，请选择保存并接受；如果以后不需要再登录，请选择只接受一次，如图 6-7 所示。

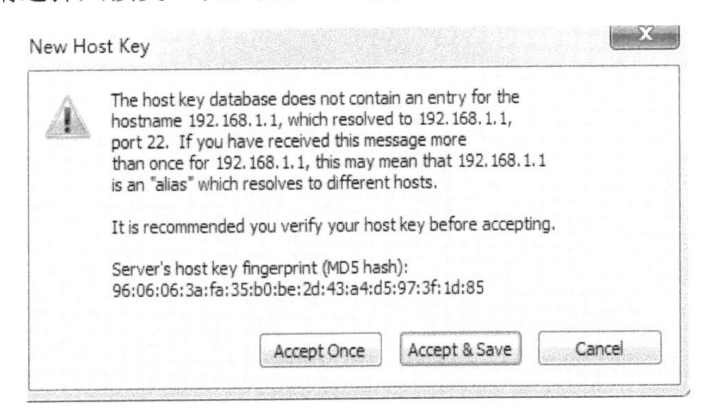

图 6-7　SecureCRT 新的密钥保存界面

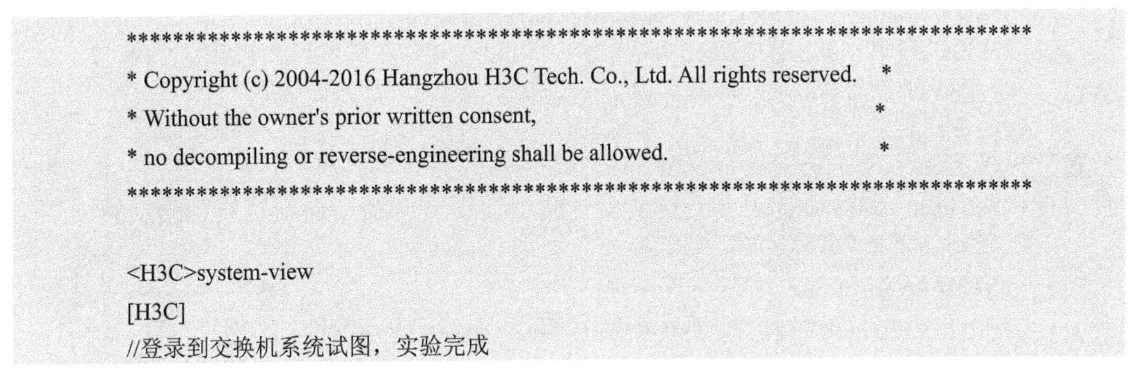

```
******************************************************************************
* Copyright (c) 2004-2016 Hangzhou H3C Tech. Co., Ltd. All rights reserved.   *
* Without the owner's prior written consent,                                  *
* no decompiling or reverse-engineering shall be allowed.                     *
******************************************************************************

<H3C>system-view
[H3C]
//登录到交换机系统试图，实验完成
```

5. 交换机保存、清除和重启配置

```
<H3C>display saved-configuration
//在没有保存过任何配置的交换机上查看保存的配置命令文件为空
<H3C>system-view
[H3C]save
//H3C 交换机保存正在运行的配置命令文件的命令是 SAVE
The current configuration will be written to the device. Are you sure? [Y/N]:y
//确认是否保存当前的配置文件
Please input the file name(*.cfg)[flash:/startup.cfg]
//确认保存的文件名，如果没有指定将使用系统默认的 startup.cfg 名称
(To leave the existing filename unchanged, press the enter key):
Validating file. Please wait...
Saved the current configuration to mainboard device successfully.
```

```
//保存当前配置命令文件成功
[H3C]display saved-configuration
//查看交换机保存的配置命令文件
#
 version 7.1.070, ESS 1106
#
 sysname H3C
<----省略部分输出---->
return
[H3C]
//完成保存配置命令文件

<H3C>reset saved-configuration
//删除保存的配置命令文件
The saved configuration file will be erased. Are you sure? [Y/N]:y
//确认是否删除交换机保存的配置命令文件
Configuration file in flash: is being cleared.
Please wait ...
MainBoard:
Configuration file is cleared.
//交换机保存的配置命令文件删除成功
<H3C>reboot
Start to check configuration with next startup configuration file, please wait.........DONE!
Current configuration may be lost after the reboot, save current configuration? [Y/N]:n
//当重新启动交换机时，系统会弹出正在运行的配置命令没有保存，是否保存的选择语句，这里由于需要删除交换机的配置命令，必须选择 NO，否则配置文件又会保存进交换机中
This command will reboot the device. Continue? [Y/N]:y
//确认是否重启交换机
Now rebooting, please wait...
```

6.3 实训 2：H3C 交换机 IOS 管理

【实验目的】

- 掌握 3CDaemon TFTP 服务器的使用方法；
- 备份交换机配置文件；
- 备份及恢复交换机 IOS。

【实验拓扑】

实验拓扑如图 6-9 所示。

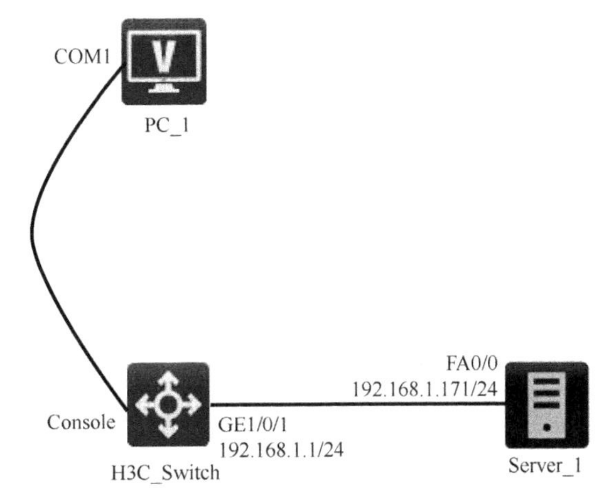

图 6-8　H3C 交换机 IOS 管理实验拓扑

设备参数如表 6-2 所示。

表 6-2　设备参数表

设　备	接　口	IP 地址	子网掩码	默认网关
H3C_Switch	GE1/0/1	192.168.1.1	255.255.255.0	N/A
Server_1	FA0/1	192.168.1.171	255.255.255.0	192.168.1.1
PC	COM1			

【实验任务】

1. H3C 交换机 IOS 备份操作

```
<H3C>dir
//查看 H3C 交换机 Flash 中的文件
Directory of flash:
   0 drw-           - Jan 01 2013 00:00:30   diagfile
   1 -rw-         735 Jan 02 2013 04:58:07   hostkey
   2 -rw-         834 Jan 01 2013 00:55:11   ifindex.dat
   3 -rw-           0 Jan 02 2013 05:10:59   lauth.dat
   4 drw-           - Jan 01 2013 00:00:32   license
   5 drw-           - Jan 01 2013 04:52:56   logfile
   6 -rw-     5177344 Jan 01 2013 00:00:00   s5560x_ei-cmw710-boot-e1106.bin
```

```
                                //H3C S5560X-EI 交换机 COMWARE 软件引导包
7 -rw-     61386752 Jan 01 2013 00:00:00    s5560x_ei-cmw710-system-e1106.bin
//H3C S5560X-EI 交换机 COMWARE 软件系统包
   8 drw-              - Jan 01 2013 00:00:30    seclog
   9 -rw-            591 Jan 02 2013 04:58:07    serverkey
  10 -rw-           3777 Jan 01 2013 00:55:12    startup.cfg
                                //H3C S5560X-EI 交换机保存的配置命令文件
  11 -rw-          74078 Jan 01 2013 00:55:13    startup.mdb
  12 drw-              - Jan 01 2013 00:01:06    versionInfo

514048 KB total (439764 KB free)

<H3C>display boot-loader
//查看 H3C 交换机引导需要加载的程序
Software images on slot 1:
Current software images:
  flash:/s5560x_ei-cmw710-boot-e1106.bin
  flash:/s5560x_ei-cmw710-system-e1106.bin
//目前系统的镜像文件
Main startup software images:
  flash:/s5560x_ei-cmw710-boot-e1106.bin
  flash:/s5560x_ei-cmw710-system-e1106.bin
//主启动的镜像文件
Backup startup software images:
  None
//备份的启动镜像文件
<H3C>system-view
[H3C]interface Vlan-interface 1
[H3C-Vlan-interface1]ip address 192.168.1.1 255.255.255.0
[H3C]exit
```

完成 H3C 交换机的配置后，可以配置 TFTP 服务器，我们使用一台 PC+TFTP 软件来模拟 TFTP 服务器。TFTP 软件使用市面上较为简单的思科 TFTP 软件，图 6-9 是 TFTP 软件的配置选项。

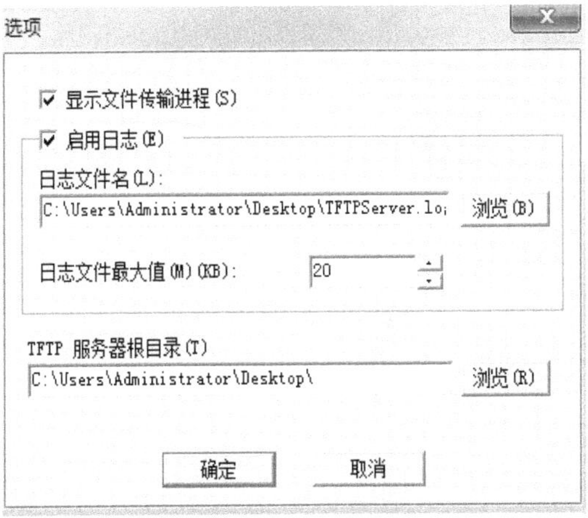

选项

☑ 显示文件传输进程(S)

☑ 启用日志(E)

日志文件名(L):

C:\Users\Administrator\Desktop\TFTPServer.lo; 浏览(B)

日志文件最大值(M)(KB): 20

TFTP 服务器根目录(T)

C:\Users\Administrator\Desktop\ 浏览(R)

确定　取消

图 6-9　TFTP 服务器的选项配置

完成 H3C 交换机和 TFTP 软件的准备工作后，我们可以进行交换机 IOS 软件的备份操作。

```
<H3C>tftp 192.168.1.171 ?
  get    Download a file from the TFTP server
  put    Upload a local file to the TFTP server
  sget   Download a file from the TFTP server securely
//在交换机上设置要进行的 TFTP 操作，这里有 3 个选项：
●  获得（get）：从 TFTP 服务器下载文件到交换机的 Flash 中；
●  推送（put）：从交换机的 Flash 中上传文件到 TFTP 服务器中；
●  安全获得（sget）：从 TFTP 服务器安全下载文件到交换机的 Flash 中
<H3C>tftp 192.168.1.171 put flash:/s5560x_ei-cmw710-boot-e1106.bin
//从本地交换机 Flash 中上传文件名为 s5560x_ei-cmw710-boot-e1106.bin 的文件到 TFTP 服务器
Press CTRL+C to abort.
  % Total    % Received % Xferd  Average Speed   Time    Time     Time  Current
                                 Dload  Upload   Total   Spent    Left  Speed
100 5056k    0     0  100 5056k     0   200k  0:00:25  0:00:25 --:--:--  212k
```

以上是交换机上传文件的详细信息。当交换机进行上传操作时，如果想终止可以使用快捷键 CTRL+C，图 6-10 是 TFTP 服务器的上传过程。

```
<H3C>tftp 192.168.1.171 put flash:/s5560x_ei-cmw710-system-e1106.bin
//从本地交换机 Flash 中上传文件名为 s5560x_ei-cmw710-system-e1106.bin 的文件到 TFTP 服务器
Press CTRL+C to abort.
  % Total    % Received % Xferd  Average Speed   Time    Time     Time  Current
                                 Dload  Upload   Total   Spent    Left  Speed
100 58.5M    0     0  100 58.5M     0   150k  0:06:37  0:06:37 --:--:--  146k
//交换机备份 IOS 实验完成
```

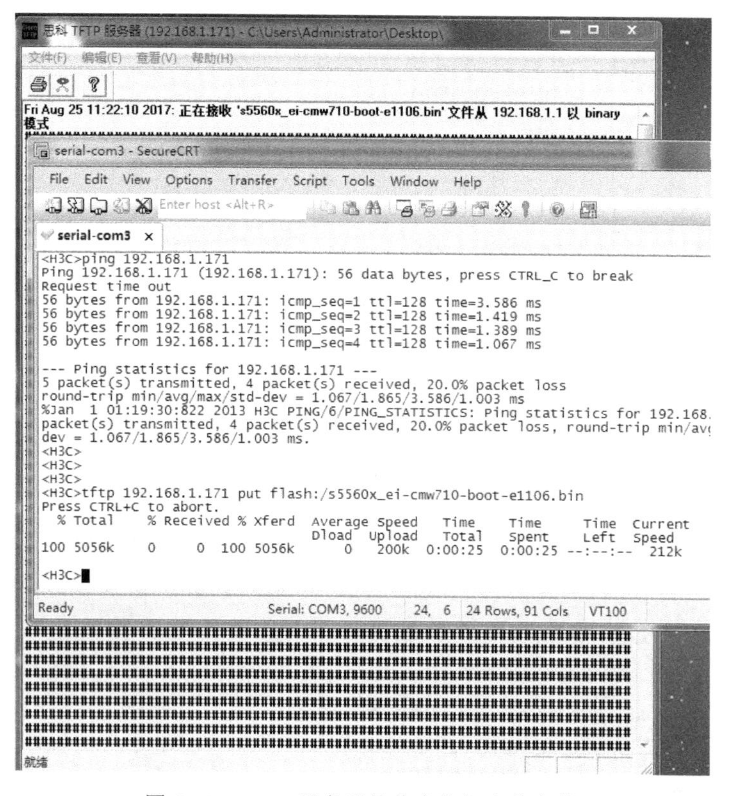

图 6-10 TFTP 服务器接收交换机上传文件

2. H3C 交换机 IOS 升级操作

（1）H3C 交换机在线升级 IOS

在线升级 IOS 的准备步骤和升级过程与备份交换机 IOS 的流程基本一致，在此就不详细列出，有兴趣的同学可以自行模仿完成实验，这里解释一下备份和升级 IOS 操作的不同之处。在进行升级 IOS 操作时，H3C 交换机上的命令输入有如下两种：

- <H3C>**tftp 192.168.1.171 get flash:/s5560x_ei-cmw710-system-e1106.bin**

  //从远端 TFTP 服务器中下载名为 **s5560x_ei-cmw710-boot-e1106.bin** 的文件到本地交换机 Flash 中

- <H3C>**tftp 192.168.1.171 sget flash:/s5560x_ei-cmw710-system-e1106.bin**

  //从远端 TFTP 服务器中安全地下载名为 **s5560x_ei-cmw710-boot-e1106.bin** 的文件到本地交换机 Flash 中

除此之外，当新的 IOS 上传至交换机的 Flash 后，还需要运行 **boot-loader** 命令指定下次启动时使用的软件包，最后保存配置重新启动，交换机将切换到新的 IOS 系统中。

（2）H3C 交换机无法启动，通过 BOOTROM 恢复交换机系统

除了升级交换机 IOS，网络管理员时常会遇到由于交换机系统错误导致无法开机或者更换

Flash 的问题，这时我们就需要通过 BOOTROM 程序引导安装系统，恢复交换机系统。

交换机启动后按照提示输入 Ctrl+B 进入扩展 BOOT 目录的选择界面 EXTENDED BOOT MENU。

```
1. Download image to flash
2. Select image to boot
3. Display all files in flash
4. Delete file from flash
5. Restore to factory default configuration
6. Enter BootRom upgrade menu
7. Skip current system configuration
8. Set switch startup mode
9. Set The Operating Device
0. Reboot
Ctrl+Z: Access EXTENDED ASSISTANT MENU
Ctrl+F: Format file system
Ctrl+P: Change authentication for console login
Ctrl+R: Download image to SDRAM and run
Ctrl+C: Display Copyright

Enter your choice(0-9): 1
//选择 1 是下载 IOS 系统到 Flash 中
1. Set TFTP protocol parameters
2. Set FTP protocol parameters
3. Set XMODEM protocol parameters
0. Return to boot menu

Enter your choice(0-3): 1
//选择 1 设置 TFTP 协议的属性，目的是将 H3C 交换机当作 TFTP 客户端，从 TFTP 服务器端下载一个可用的 IOS 文件
Load File Name          : s5560x_ei-cmw710-boot-e1107.bin
                        :
//加载的文件名默认是 s5560x_ei-cmw710-boot-e1107.bin，如需更改可以输入要加载的文件名，如果不需要更改直接按回车键进入下一步
Server IP Address   :192.168.1.171
//配置 TFTP 服务器的 IP 地址
Local IP Address    :192.168.1.1
//配置交换机本地的 IP 地址，这个 IP 地址是交换机 MGMT 接口的地址
```

```
Subnet Mask            :255.255.255.0
//配置交换机本地的子网掩码
Gateway IP Address :0.0.0.0
//配置交换机的默认网关
Are you sure to download file to flash? Yes or No (Y/N):Y
//确认是否要下载文件到交换机 Flash 中
Loading..................................................................................................Done.

    EXTENDED BOOT MENU

1. Download image to flash
2. Select image to boot
3. Display all files in flash
4. Delete file from flash
5. Restore to factory default configuration
6. Enter BootRom upgrade menu
7. Skip current system configuration
8. Set switch startup mode
9. Set The Operating Device
0. Reboot
Ctrl+Z: Access EXTENDED ASSISTANT MENU
Ctrl+F: Format file system
Ctrl+P: Change authentication for console login
Ctrl+R: Download image to SDRAM and run
Ctrl+C: Display Copyright

Enter your choice(0-9): 0
Starting......
//将所需的文件全部传入交换机的 Flash 后，选择 0 重启交换机，完成从 BOOTROM 恢复交换机系统的实验
```

6.4 实训 3：H3C 交换机端口安全配置

【实验目的】

- 根据图和要求搭建网络拓扑；
- 完成基于 AUTOLEARN 模式的端口安全设置；

- 完成基于 SECURE 模式的端口安全设置；
- 完成基于 MACADDRESSELSEUSERLOGINSECURE 模式的端口安全设置。

【实验拓扑】

实验拓扑如图 6-11 所示。

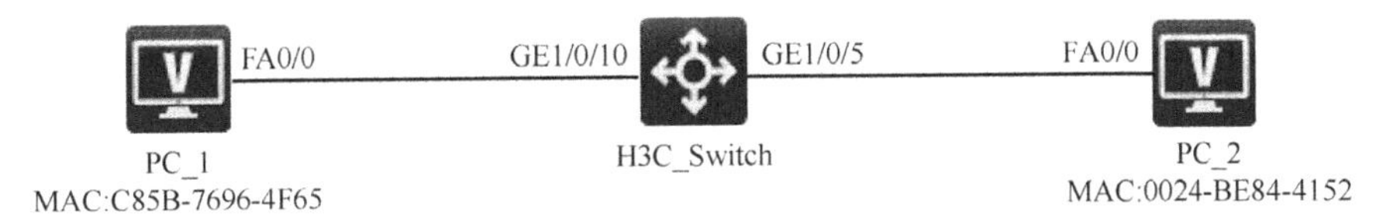

图 6-11　端口安全实验拓扑

设备参数如表 6-3 所示。

表 6-3　设备参数表

设　备	交换机接口	MAC 地址
PC1	GE1/0/10	C85B-7696-4F65
PC2	GE1/0/5	0024-BE84-4152

【实验任务】

1. 基于 AUTOLEARN 模式的端口安全设置

在自动学习模式下，可通过动态方式进行 MAC 地址学习，此时得到的 MAC 地址称为安全 MAC 地址，当端口的安全 MAC 地址数目超过运行自动学习的最大数量时，该端口将禁止 MAC 地址学习，并做出相应的惩罚措施。

实验过程和达到的目的如下所述。

- 在交换机 GE1/0/10 端口上仅允许 10 个用户接入交换机，并将学习到的 MAC 地址添加为安全 MAC 地址。
- 当接入新用户数超过 10 个后，触发惩罚措施，临时关闭端口 30 s。

```
<H3C>system-view
System View: return to User View with Ctrl+Z.
[H3C]port-security enable
//开启端口安全
[H3C]interface GigabitEthernet 1/0/10
[H3C-GigabitEthernet1/0/10]port-security max-mac-count 10
//配置端口安全的最大运行 MAC 地址数目
[H3C-GigabitEthernet1/0/10]port-security port-mode ?
  autolearn                    AutoLearn mode
  mac-authentication           MacAuthentication mode
```

```
mac-else-userlogin-secure          MacAddressElseUserLoginSecure mode
mac-else-userlogin-secure-ext      MacAddressElseUserLoginSecureExt mode
secure                             Secure mode
userlogin                          UserLogin mode
userlogin-secure                   UserLoginSecure mode
userlogin-secure-ext               UserLoginSecureExt mode
userlogin-secure-or-mac            MacAddressOrUserLoginSecure mode
userlogin-secure-or-mac-ext        MacAddressOrUserLoginSecureExt mode
userlogin-withoui                  UserLoginWithOUI mode
```

交换机端口安全的主要几种模式描述如表 6-4 所示：

表 6-4　端口安全模式描述表

端口安全模式	支持特性
AUTOLEARN	端口可通过手工配置或自动学习安全 MAC 地址，然后被添加到安全 MAC 地址表中。只有源 MAC 地址为安全 MAC 地址，手工配置的 MAC 地址的报文才能通过该端口。当端口下的安全 MAC 地址数超过端口允许学习的最大安全 MAC 地址数时，端口模式会自动转变为 SECURE 模式，停止添加新的安全 MAC 地址
MAC-ELSE-USERLOGIN-SECURE	接入用户可以进行 MAC 地址认证或 IEEE 802.1x 认证，当其中一种方式认证成功则表明认证通过
SECURE	禁止端口动态学习新的 MAC 地址，只有源 MAC 地址为端口上原有的安全 MAC 地址或手工配置的 MAC 地址的报文才能通过该端口
USERLOGIN	对接入用户采用基于端口的 IEEE 802.1x 认证
USERLOGIN-SECURE	对接入用户采用基于 MAC 地址的 IEEE 802.1x 认证
USERLOGIN-WITHOUI	该模式与 USERLOGIN-SECURE 模式类似，但端口上除了允许一个 IEEE 802.1x 认证用户接入，还额外允许一个特殊用户接入，该用户报文的源 MAC 地址的 OUI（Organizationally Unique Identifier，全球唯一标示符，是 MAC 地址的前 24 位）与设备上配置的 OUI 值相符。在用户接入方式为有线的情况下，对 IEEE 802.1x 报文进行 IEEE 802.1x 认证，对非 IEEE 802.1x 报文直接进行 OUI 匹配，只有 IEEE 802.1x 认证成功和 OUI 匹配成功的报文才被允许通过端口

```
[H3C-GigabitEthernet1/0/10]port-security port-mode autolearn
//配置端口安全的端口模式为自动学习模式
[H3C-GigabitEthernet1/0/10]port-security intrusion-mode ?
```

```
  blockmac                    Block MAC addresses
  disableport                 Shut down the port until it is manually brought up
  disableport-temporarily     Shut down the port for a period
```

//配置端口安全的惩罚措施。主要有 3 种惩罚措施：阻塞 MAC 地址、关闭端口直到再手工开启和临时关闭端口一段时间

[H3C-GigabitEthernet1/0/10]**port-security intrusion-mode disableport-temporarily**

//配置惩罚措施为临时关闭端口一段时间

[H3C-GigabitEthernet1/0/10]exit

[H3C]**port-security timer ?**

```
  autolearn      AutoLearn mode
  disableport    Set the duration that a port can be shut down by port security
                 for intrusion protection
```

//为端口安全的临时关闭端口设置计时器

[H3C]port-security timer disableport ?

```
  INTEGER<20-300>    Timer value in seconds
```

[H3C]**port-security timer disableport 30**

//配置端口安全临时关闭端口的时间为 30 s

[H3C]**display port-security interface GigabitEthernet 1/0/10**

//查看交换机 GE1/0/10 的端口安全设置

```
Global port security parameters:
   Port security               : Enabled            //端口安全状态
   AutoLearn aging time        : 0 min
   Disableport timeout         : 30 s               //临时关闭端口时间
   MAC move                    : Denied
   Authorization fail          : Online
   NAS-ID profile              : Not configured
   Dot1x-failure trap          : Disabled
   Dot1x-logon trap            : Disabled
   Dot1x-logoff trap           : Disabled
   Intrusion trap              : Disabled
   Address-learned trap        : Disabled
   Mac-auth-failure trap       : Disabled
   Mac-auth-logon trap         : Disabled
   Mac-auth-logoff trap        : Disabled
   Open authentication         : Disabled
   OUI value list              :
```

```
GigabitEthernet1/0/10 is link-up
  Port mode                        : autoLearn                 //端口安全的模式
  NeedToKnow mode                  : Disabled
  Intrusion protection mode        : DisablePortTemporarily    //端口安全的惩罚措施
  Security MAC address attribute
      Learning mode                : Sticky
      Aging type                   : Periodical
  Max secure MAC addresses         : 10                        //最大允许 MAC 地址数
  Current secure MAC addresses     : 0
  Authorization                    : Permitted
  NAS-ID profile                   : Not configured
  Free-Vlan                        : Not configured
  Open authentication              : Disabled
Jan  1 03:01:46:512 2013 H3C PORTSEC/6/PORTSEC_LEARNED_MACADDR:
-IfName=GigabitEthernet1/0/10-MACAddr=c85b-7696-4f65-VLANID=1; A new MAC address was learned.
//提示信息显示，从 GE1/0/10 端口学习到了一个 MAC 地址为 c85b-7696-4f65，VLANID 为 1 的新设备
[H3C]display port-security mac-address security
//查看端口安全的安全 MAC 地址信息
 MAC ADDR          VLAN ID   STATE      PORT INDEX        AGING TIME
 c85b-7696-4f65      1       Security    GE1/0/10           Not aged

 --- Number of secure MAC addresses : 1 ---
//自动学习 MAC 地址的端口安全实验完成
```

2. 基于 SECURE 模式的端口安全设置

```
<H3C>system-view
[H3C]port-security enable
[H3C]interface GigabitEthernet 1/0/10
[H3C-GigabitEthernet1/0/10]port-security max-mac-count 3
[H3C-GigabitEthernet1/0/10]port-security port-mode secure
//端口安全的模式选择只允许安全 MAC 地址通过
[H3C-GigabitEthernet1/0/10]mac-address static 001b-1111-1111 vlan 1
[H3C-GigabitEthernet1/0/10]mac-address static 001b-1111-1112 vlan 1
[H3C-GigabitEthernet1/0/10]mac-address static 001b-1111-1113 vlan 1
//手工配置 3 个安全的 MAC 地址
[H3C-GigabitEthernet1/0/10]port-security intrusion-mode disableport
//配置端口安全的惩罚措施是关闭端口
```

```
Jan  1 03:14:20:704 2013 H3C PORTSEC/4/PORTSEC_VIOLATION:
-IfName=GigabitEthernet1/0/10-MACAddr=c85b-7696-4f65-VLANID=1-IfStatus=Down; Intrusion protection
was triggered.
Jan  1 03:14:20:706 2013 H3C IFNET/3/PHY_UPDOWN: Physical state on the interface
GigabitEthernet1/0/10 changed to down.
Jan  1 03:14:20:707 2013 H3C IFNET/5/LINK_UPDOWN: Line protocol state on the interface
GigabitEthernet1/0/10 changed to down.
//新设备接入交换机端口 GE1/0/10 后，由于 MAC 地址与手工配置的 MAC 地址不相同，交换机触
发了端口安全的惩罚措施，关闭了端口 GE1/0/10

[H3C-GigabitEthernet1/0/10]display interface GigabitEthernet 1/0/10
//查看端口 GE1/0/10 的详细信息
GigabitEthernet1/0/10
Current state:  Port Security Disabled
//目前端口状态为端口安全关闭
Line protocol state: DOWN
<----省略部分输出---->
[H3C-GigabitEthernet1/0/10]
//手工配置安全 MAC 地址的端口安全实验完成
```

3. 基于 MACADDRESSELSEUSERLOGINSECURE 模式的端口安全设置

```
<H3C>system-view
System View: return to User View with Ctrl+Z.
 [H3C]port-security enable
 [H3C]mac-authentication ?
  domain              Specify an authentication domain
  timer               Specify the MAC authentication timers
  user-name-format    Set user account format
  <cr>
//配置 MAC 地址认证信息，可以设置认证域、计时器或认证账户格式
[H3C]mac-authentication user-name-format fixed account admin password simple h3c001
//配置账户共享给所有认证用户，并设置账户名为 admin，密码使用简单密码 h3c001
[H3C]interface GigabitEthernet 1/0/10
[H3C-GigabitEthernet1/0/10]port-security max-mac-count 10
[H3C-GigabitEthernet1/0/10]port-security port-mode mac-else-userlogin-secure
//端口安全的模式选择 MAC 地址或认证账户
[H3C-GigabitEthernet1/0/10]port-security ntk-mode ?
```

```
    ntk-withbroadcasts    Similar to ntkonly, plus all broadcast frames allowed
    ntk-withmulticasts    Similar to ntkonly, plus all broadcast and multicast
                          frames allowed
    ntkonly               Frames addressed to the authorized devices only
//配置端口安全的 Need-to-Know 特性，三个模式分别为
ntk-withbroadcasts：允许目的 MAC 地址为已通过认证的 MAC 地址的单播报文或广播地址的报文通过；
ntk-withmulticasts：允许目的 MAC 地址为已通过认证的 MAC 地址的单播报文、广播地址或组播地址的报文通过；
ntkonly：仅允许目的 MAC 地址为已通过认证的 MAC 地址的单播报文通过
[H3C-GigabitEthernet1/0/10]port-security ntk-mode ntkonly
//配置 Need-to-Know 特性为 ntkonly
[H3C-GigabitEthernet1/0/10]display port-security interface GigabitEthernet 1/0/10
<----省略部分输出---->
 GigabitEthernet1/0/10 is link-down
   Port mode                      : macAddressElseUserLoginSecure    //端口安全的模式
   NeedToKnow mode                : NeedToKnowOnly                   //ntk 特性的模式
   Intrusion protection mode      : NoAction                         //端口安全惩罚措施
   Security MAC address attribute
       Learning mode              : Sticky
       Aging type                 : Periodical
   Max secure MAC addresses       : 10                   //最大允许 MAC 地址数
   Current secure MAC addresses   : 0
   Authorization                  : Permitted
   NAS-ID profile                 : Not configured
   Free-Vlan                      : Not configured
   Open authentication            : Disabled
[H3C-GigabitEthernet1/0/10]display mac-authentication interface GigabitEthernet 1/0/10
//查看交换机 GE1/0/10 接口的 MAC 认证信息
Global MAC authentication parameters:
   MAC authentication             : Enabled              //MAC 认证状态
   Username format                : Fixed account        //账户格式
           Username               : admin                //账户名称
           Password               : ******               //账户密码
   Offline detect period          : 300 s
   Quiet period                   : 60 s
   Server timeout                 : 100 s
```

```
    Reauth period                      : 3600 s
    Authentication domain              : Not configured, use default domain
  Online MAC-auth wired users          : 0
<----省略部分输出---->
[H3C-GigabitEthernet1/0/10]
```

//MACADDRESSELSEUSERLOGINSECURE 模式的配置命令已经全部完成，交换机 GE1/0/10 接口允许前 10 个安全 MAC 地址的用户登录或通过输入用户名和密码的 IEEE 802.1x 认证方式登录，如果两种方式都失败，将启动端口安全的惩罚措施

第7章

VLAN与Trunk

本章要点

- VLAN
- 交换机接口类型
- 链路聚合
- 实训1：VLAN基本配置
- 实训2：VLAN扩展配置
- 实训3：VLAN Trunk配置
- 实训4：链路聚合配置

在交换网络产生之前，企业网络一般采用 HUB（集线器）+Router（路由器）的结构。在这种集线器组成的网络中，所有网络用户公用宽带，所以被称为共享式网络。所有用户同时处于同一个冲突域和广播域中，会引起网络性能下降，浪费网络带宽资源。交换机的出现凭借优异的网络性能，灵活的组网方式和分割冲突域等多个优点替代了集线器。

但是交换机中所有的连接用户还是处于同一广播域中，广播对网络性能的影响随着交换机接口的增多迅速增大，此时唯一的方法是分割广播域，将所有接口在同一个广播域中的交换机通过技术手段划分成若干逻辑独立的小网络，这时 VLAN 技术横空出世，改变了以前只有路由器才能分割广播域的局面，企业网也从共享式网络转变为交换式网络。

7.1　VLAN

交换式网络出现后，同一台交换机上的所有接口都处于不同的冲突域中，极大地提高了网络效率，但整个交换机仍然处于同一个广播域中，网络中的设备发送一个广播帧后，网络内的其他所有用户都会收到这个数据帧，这样大量的宽带资源被广播所占用。

1．VLAN 的概念

VLAN（Virtual Local Area Network，虚拟局域网）技术的出现主要是为了解决交换机无法分割广播域的问题。这种技术可以将一个物理局域网划分为若干个逻辑上分离的虚拟局域网，每一个 VLAN 是一个独立的小广播域，相同 VLAN 内的用户通信不受任何影响，而不同 VLAN 用户之间默认不能进行通信，这样广播区域得到了很好的划分和控制。

图 7-1 中，假设 PC 发送的广播数据帧大小约等于 80 kb，如果网络由于不稳定造成了大量的广播数据帧，每台 PC 都进行转发，那么同一时间内 6 台设备一同发送的数据量大约是 6×80=480 kbps，在现在内网普遍是百兆甚至千兆网络的时代，480 kbps 的数据流量基本可以忽略不计，但是如果由于不合理的规划企业网络中所有的网络设备都连接在一个广播域中，设备数量达到 1 000 台，如果每台设备同一时刻都发送广播帧，那么数据量将达到 80 Mbps，这个数据量是极其巨大的，太多的广播流量占用了大量的带宽资源，给交换机带来了巨大的负担。

2．VLAN 技术的优点

VLAN 的划分不受物理网络位置的限制，不同物理位置的两台主机在逻辑上也可能属于同一个 VLAN，所以一个 VLAN 中的网络设备，可以是物理上相连的，也可以是物理上不相连的，图 7-2 是 VLAN 技术在局域网中的典型应用。

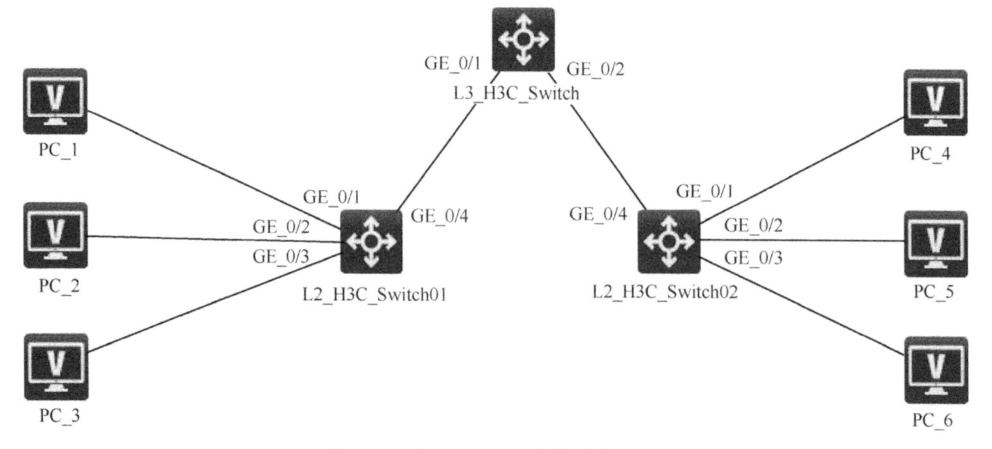

图 7-1　无 VLAN 划分的网络拓扑

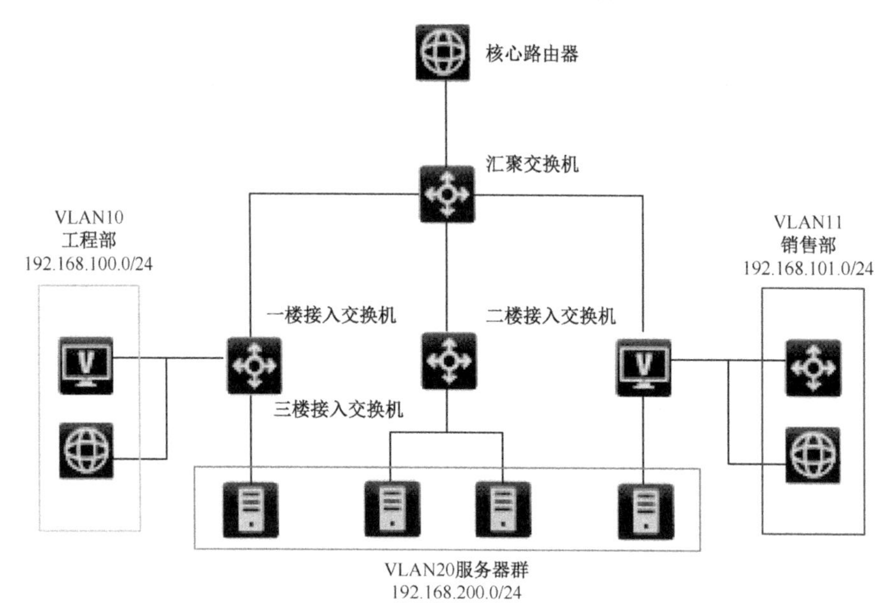

图 7-2　VLAN 技术的应用

VLAN 技术主要有以下三个优点：

（1）控制广播域范围

广播区域被限定在 VLAN 内，不同 VLAN 的广播流量不会相互影响，这样既节约了局域网的带宽资源，又提高了网络处理能力。

（2）增强交换网络安全性

不同 VLAN 之间是相互隔离的，即一个 VLAN 中的用户默认不能和另一个 VLAN 内的用

户进行数据通信，这加强了局域网的安全性。如果不同 VLAN 之间希望实现相互通信，则必须通过路由器等三层设备完成。

（3）构建灵活的虚拟小组

VLAN 可以划分不同用户到不同的虚拟小组中，虚拟小组中的用户可以来自局域网中不同物理位置，这样可以灵活方便地构建虚拟小组，后期维护起来也非常简单。

3. VLAN 的分类

局域网中 VLAN 有许多不同的分类方式，可以按照功能进行分类，也可以按照流量进行分类，还可以按照类型进行分类等，本书将按照类型对 VLAN 的种类进行分类：

（1）基于端口的 VLAN

基于端口的 VLAN 是最基本的 VLAN 划分方式，在交换机上创建 VLAN 后，将交换机接口加入指定的 VLAN，该接口就可以转发指定 VLAN 的数据。

（2）基于 MAC 地址的 VLAN

这种划分方式的核心是交换机内部维护的 VLAN 映射表。这张表中记录的是 MAC 地址与 VLAN 之间的对应关系。一台 PC 首次接入交换机后，交换机会获取 PC 的 MAC 地址，查询 VLAN 映射表确定接口属于哪一个 VLAN，再将连接的接口划入相应的 VLAN 中。

该方式的优点是接口与 VLAN 信息分离，用户在局域网中的任何位置，接入局域网中的任何交换机都能划入相同的 VLAN 中。但这种方式的缺点也非常明显，交换机事先需要配置所有接入设备的 MAC 地址和对应的 VLAN 信息，设备数量越多，配置复杂程度越高。并且这种方式还会导致交换机效率下降，影响网络的整体性能。

（3）基于网络协议的 VLAN

基于网络协议的 VLAN 是指交换机接收到数据后根据报文中的网络协议类型来分配不同的 VLANID 给接收数据接口。例如，接口上数据类型如果是 IP 协议，将分配 VLAN10 提供接入接口；如果接入的是 IPX 协议，将分配 VLAN20 提供接入接口。不过这种方式已经基本不用，因为目前网络中 IP 协议占绝对的主导地位，其他网络协议只在特殊情况下使用。

（4）基于子网的 VLAN

采用这种方式交换机会根据接收到的数据报文中的 IP 地址、子网掩码等信息查找 VLAN 映射表进行接口 VLANIP 的分配。和基于 MAC 地址的 VLAN 分类相似，这种方式的主要特征是在交换机中建立 IP 地址-VLANID 映射表，将指定的 IP 地址划分到相应的 VLAN 中。

4. VLAN 技术原理

交换机是根据数据帧帧头的 MAC 地址信息转发数据帧的，交换机的 MAC 地址表中保存的是交换机接口与 MAC 地址的映射关系。如果接收到的是广播帧，交换机将把数据帧从除了接收接口的其他所有接口转发出去。

在 VLAN 中，交换机通过给数据帧附加一个标签（TAG）的方式标记数据帧属于哪个 VLAN 等信息。交换机在转发数据帧时不仅需要查询 MAC 地址表确定从哪个接口将数据转发出去，还需要检查转发接口的 VLAN 信息与数据帧中标签内的 VLAN 信息是否匹配。目前我们使用的标签技术是在 IEEE 在 802.1q 标准中定义的，下面将简要的介绍 IEEE 802.1q 中的标签格式定义。

传统的以太网数据帧如图 7-3 所示，而 IEEE 802.1q 格式的数据帧在传统数据帧中添加了 4 字节的标签，如图 7-4 所示。

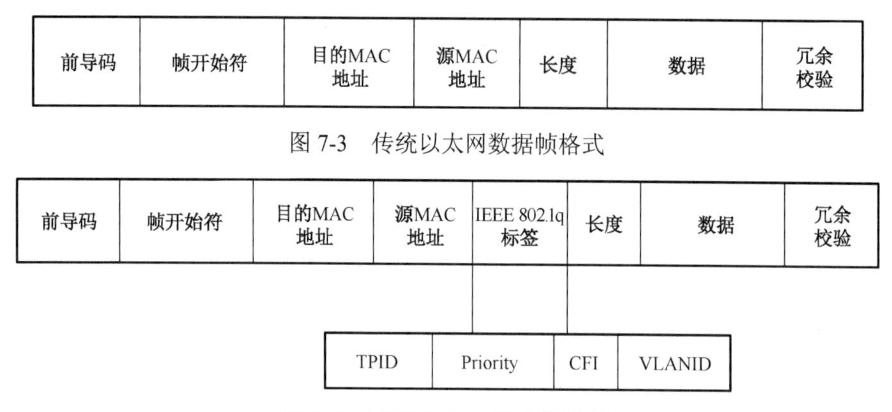

图 7-3　传统以太网数据帧格式

图 7-4　IEEE 802.1q 格式数据帧

这 4 字节中 2 字节是 TPID（标签协议表示），另外 2 字节是 TCI（标签控制信息）。

TPID 封装的是 IEEE 定义的格式类型，其中 IEEE 802.1q 类型是一个固定值即 0x8100，TCI 字节则包含以下 3 个元素。

- Priority：帧的优先级字段，一共 8 个等级，0～7；
- CFI：设定封装数据帧中所带地址的比特次序信息，当它的值是 0 时表示是规范格式，如果值是 1 表示是非规范格式；
- VLANID：制定数据帧具体属于哪个 VLAN，其值的范围为 0～4096，交换机在转发数据帧时会查询这个值，确定数据帧所属的 VLAN 信息。

7.1.1　Super VLAN

1. Super VLAN 的背景

VLSM 技术给我们的网络带来了极大的扩展，网络管理员可以按照自己的想法划分 IP 网段而不必遵循 A、B、C 类等主类的子网掩码，在交换网络中假设一个公司有 100 人分属 10 个小组，要分配 10 个网段给这 10 个小组，我们可以通过一个 C 类的地址段利用 VLSM 技术划分出 10 个更小的网段来满足公司所有人的上网需求。

这种技术的优点很明显，以前没有 VLSM 技术时，要满足上述公司 10 个不同小组的人上网需要分配 10 个 C 类网段，而现在 1 个 C 类网段划分成 10 个更小的网段就可以满足。但是这种分配方式还是会造成 IP 地址的浪费问题。每个网段的第一个地址作为该网段的网段号，网段的最后一个地址作为网段的广播地址都是不能分配给最终用户的，在二层网络中由于需要给 10 个网段相应地配置 10 个 VLAN，作为默认网关的 VLAN SVI 地址也不能分配给用户，最终这 10 个子网有 30 个地址不能使用，而 10 个网段总地址只有 160 个（子网的子网掩码 255.255.255.240），那么将近 20%的地址因为这些原因不能分配给用户。

由此我们可以看出，采用这种方式划分子网的网段号、广播地址和网关地址造成的地址数量的浪费还是相当可观的。同时这种子网分配方式还降低了网络整体的灵活性，使一部分分配的地址闲置浪费。为了解决这一系列的问题，Super VLAN 应运而生。

2. Super VLAN 的实现

Super VLAN 技术（即 VLAN 聚合）针对 VLSM 分配子网的缺陷进行了一些改进，它引入了 Super VLAN 和 Sub VLAN 的概念。一个 Super VLAN 可以包含一个或多个广播域不同的 Sub VLAN。Sub VLAN 不再独立地占用一个网段。在同一个 Super VLAN 内部，无论 PC 属于哪一个 Sub VLAN，它的 IP 地址网段都属于 Super VLAN。

这样通过 Sub VLAN 共用一个 Super VLAN，既减少了子网网段号、广播地址和默认网段的地址消耗，又实现了子网在不同广播域共用同一网段，增加了网络的灵活性，减少闲置的 IP 地址，从而将普通划分方式浪费的 IP 地址节省下来，下面通过图 7-5 对 Super VLAN 的原理进行详细说明。

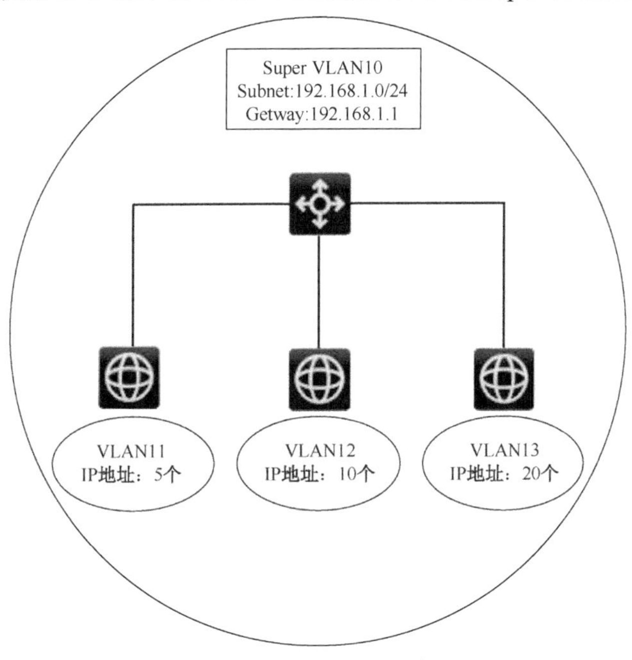

图 7-5　Super VLAN 原理

假设网络中有三个网段，VLAN11、VLAN12 和 VLAN13。这三个网段分别需要的 IP 地址数是 5 个、10 个和 20 个。在没有 Super VLAN 功能时，分配给三个网段的 IP 地址段是 192.168.1.0/27、192.168.1.32/28 和 192.168.1.48/29，详细参数如表 7-1 所示。

表 7-1　传统 VLAN 地址划分

VLAN	地址网段	网关地址	可用地址数	可分配地址数	需求地址数
11	192.168.1.0/27	192.168.1.31	30	29	20
12	192.168.1.32/28	192.168.1.47	14	13	10
13	192.168.1.48/29	192.168.1.55	6	5	5

VLAN11 预计需要的 IP 地址数是 20 个，给其分配的网段是一个总共拥有 32 个地址的网段，其中网段的网段号、广播地址和网关地址不能分配给客户端，所以可分配地址为 29 个，这样划分出的网段就有 12 个地址暂不可用。同理，VLAN12 有 6 个地址暂不可用，VLAN13 有 3 个地址暂不可用。三个网段通过 VLSM 进行子网划分就总共有 21 个 IP 地址暂不可用，这对有限的地址资源是一种浪费，并且这种划分对后续网络的升级也带来了不便。假设 VLAN12 的需求在未来变为 20 个，但是划分的地址网段最大只能分配 13 个可用 IP 地址，如果要满足这个需求势必要更换 IP 地址网段，频繁更换正常运行的设备的 IP 地址对网络的稳定性也会造成不确定的影响。

同样是图 7-5 所示拓扑，VLAN11、VLAN12 和 VLAN13 的需求不变。按照 Super VLAN 的实现方式，创建 VLAN10 为 Super-VLAN，分配子网 192.168.1.0/24，子网默认网关地址是 192.168.1.1，子网的广播地址是 192.168.1.255，IP 地址分配表如表 7-2 所示。

表 7-2　IP 地址分配表

VLAN	地址网段	网关地址	需求地址数	分配地址
11	192.168.1.0/24	192.168.1.1	20	.2-.21
12	192.168.1.0/24	192.168.1.1	10	.22-.31
13	192.168.1.0/24	192.168.1.1	5	.32-.36

从表中我们可以发现，VLAN11、VLAN12 和 VLAN13 这三个子网公用了 Super VLAN10 的网段 192.168.1.0，三个 VLAN 的默认网关都是 192.168.1.1，广播地址也都是 192.168.1.255，这样采用传统方式每划分一个 VLAN 就会有 3 个地址暂不可用的缺点就不存在了，同时 IP 地址公用也可以在最大程度上减小原先分散划分造成地址闲置从而引起浪费的问题。

这样 3 个 VLAN 总共需要 35 个地址，而网段的可用 IP 地址数是 253 个，它们可以方便地扩展 3 个 VLAN 或者增加新的 VLAN，不会再引起任何的地址浪费问题。

7.1.2　Isolate-user-VLAN

1．Isolate-user-VLAN 的背景

在大型交换网络或运营商网络中，从安全性的角度出发，一般网络管理员要求为每一个接入的网段分配一个 VLAN 进行网段之间的相互隔离。但是对于这些巨型网络来说，VLAN 最大只支持 4 094 个 VLAN 的特性显然不能满足它们众多的网段数，为了解决这个问题，Isolate-user-VLAN 技术应运而生。

2．Isolate-user-VLAN 的实现方式

Isolate-user-VLAN 采用两层 VLAN 的结构，第一层叫 Primary VLAN，第二层叫 Secondary VLAN。

如图 7-6 所示，Isolate-user-VLAN 将多个 Secondary VLAN（VLAN10、VLAN20、VLAN30）映射到同一个 Primary VLAN（VLAN100）中，第一层的 Primary VLAN 只用于和上层设备进行通信，H3C_Switch02 和 H3C_Switch01 通信时只需要知道 H3C_Switch01 的 VLAN100，不需要关心 VLAN10、VLAN20 和 VLAN30 这些 Secondary VLAN。这样大大地简化了网络配置，节约了 VLAN 资源，并且 Secondary VLAN 之间默认是二层隔离的，这样可以很好地保护不同网段之间的数据安全。H3C 交换机利用 HYBIRD 类型接口的灵活性和 VLAN 间 MAC 地址的同步技术，实现 Isolate-user-VLAN 功能。

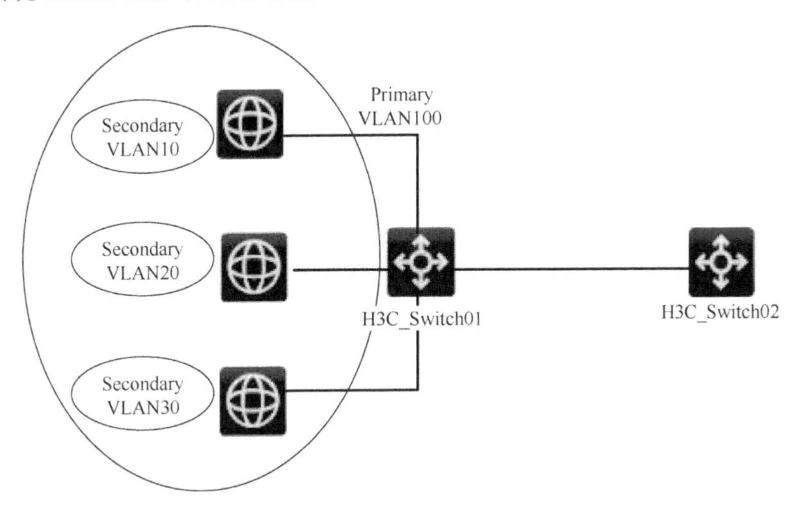

图 7-6　Isolate-user-VLAN 原理

目前，H3C 交换机最新版本 COMWARE version 7 已经将 Isolate-user-VLAN 功能的名称替换为 Private VLAN，本章后面的实验部分将直接使用新名字替代 Isolate-user-VLAN。

7.2 交换机接口类型

交换机根据数据帧的标签来判断数据帧属于哪一个 VLAN，VLAN 对于 PC 是透明的，用户不用关心 VLAN 是如何划分的，也不需要识别带 IEEE 802.1q 标签的以太网帧。所有的相关事情都由交换机负责。交换机在接入数据帧后根据接收的接口类型不同会做出相应的操作，接口类型主要有以下 3 种。

7.2.1 Access 类型接口

如果交换机的接口类型配置为 Access，该接口只允许一个指定的 VLAN 数据帧通过。Access 类型接口在接收到数据帧后会附加一个标签，标签内有指定的 VLAN 等信息，当数据帧离开 Access 接口时将剥离标签。

如图 7-7 所示，当网络中的 PC_1 发出的传统数据帧被 H3C 交换机接收时，交换机根据接收端口属于哪一个 VLAN，就给该数据帧附加相应的 IEEE 802.1q 标签。如果交换机的端口没有配置过 VLAN 信息，那么交换机将附加默认 VLAN。

为了保证交换机在网络传输中的透明性，在数据帧离开交换设备到达终端设备前，交换机在相应的出端口将剥离附加的 IEEE 802.1q 标签，在图 7-7 中，PC_3 接收到的数据帧也是传统的不打标签的数据帧。

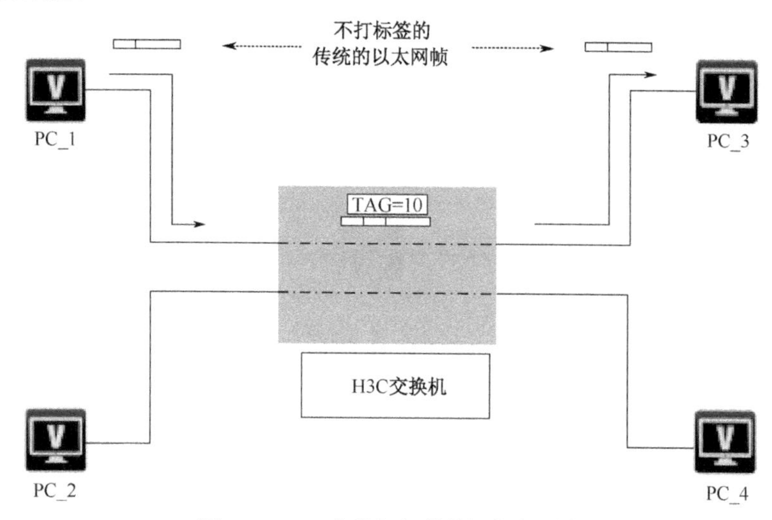

图 7-7　H3C 交换机标签的添加与剥离

默认情况下，交换机的所有端口的链路类型都是 Access 口，每个 Access 口都只能属于某一个 VLAN，不同 VLAN 之间的 Access 端口属于不同的广播域，也不能进行跨 VLAN 通信。

Access 类型接口主要配置在交换机与终端设备相连的接口上。

7.2.2　Trunk 类型接口

如果没有 Trunk 类型的接口要在二层实现两台交换机相应 VLAN 间通信必须划分出多个端口用于交换机互连，这是非常浪费端口资源的，图 7-8 是一个交换机 VLAN 间通信无 Trunk 的例子。

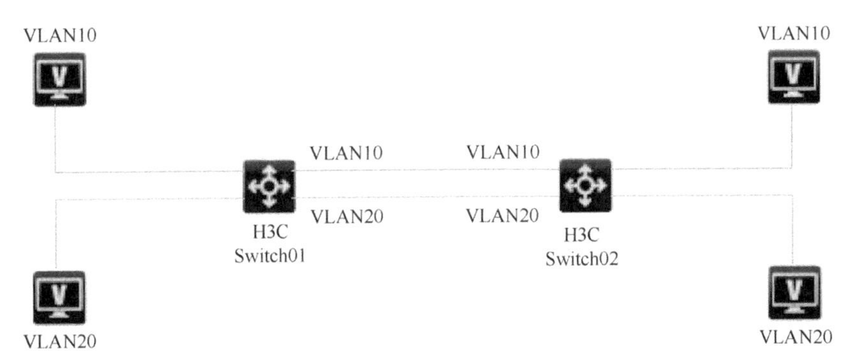

图 7-8　交换机 VLAN 之间通信无 Trunk

如图 7-8 所示，H3C_Swtich01 和 H3C_Switch02 交换机有 VLAN10 和 VLAN20 两个网段，如果两个 VLAN 的 PC 需要进行跨交换机通信，那么交换机之间就需要配置两个 VLAN 的端口并进行互连以保证通信。同理，如果需要跨交换通信的 VLAN 有 10 个，那么每台交换机需要 10 个端口进行互连，这样会浪费很多端口资源，Trunk 类型端口是为解决这类问题而产生的。

Trunk 类型端口一般仅用于交换机与交换机互连，端口可以接收和发送多个 VLAN 的数据帧，在发送和接收的过程中不对数据帧的标签做任何操作，如图 7-9 所示是一个 Trunk 技术的应用实例。

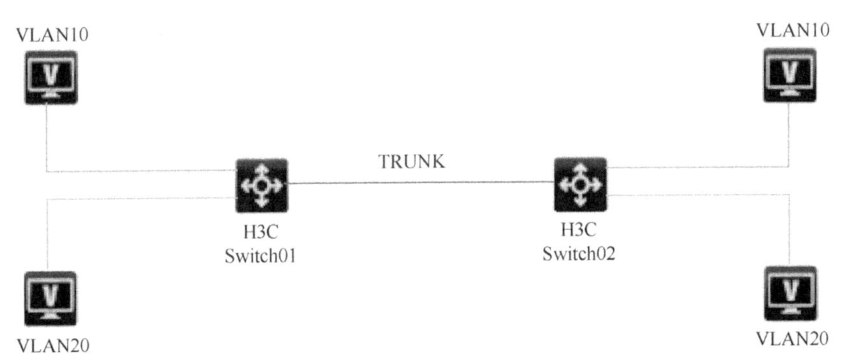

图 7-9　Trunk 技术的应用

图 7-8 中原本每台交换机需要两个端口实现跨交换机通信被一个 Trunk 端口取代，以后如果网络中有 10 个、100 个甚至 1 000 个 VLAN 需要跨交换机通信，都可以使用这一条 Trunk

链路实现，这极大地提高了交换机端口资源的利用率，节省的端口可以分发给更多的终端设备使用。

交换机中有一种比较特殊的 VLAN 叫作默认 VLAN，如果 Trunk 类型接口发送的是默认 VLAN 的数据帧，它将剥离标签字段，以不打标签的方式进行发送。当 Trunk 类型接口接收到没有打标签的数据帧时则会直接附加一个标签，标签内的 VLANID 是默认 VLAN 号。这样做的原因是，默认 VLAN 一般仅用于交换机之间传递一些管理用的信息，不参与实际的数据传输，所以采用不打标签的方式可以加快数据的收发效率。

7.2.3 Hybrid 类型接口

除了 Access 类型接口和 Trunk 类型接口，H3C 交换机还创造性地支持 Hybrid 类型接口。这种接口可以接收和发送多个 VLAN 的数据帧，同时还能对指定的 VLAN 进行数据帧标签的剥离操作，该类型主要应用于交换机与终端用户互连。

当网络中的大部分主机使用 VLAN 技术进行隔离后，有一些主机需要跟这些隔离的主机进行通信，而又不希望使用复杂的三层技术时，可以使用 Hybrid 技术，如图 7-10 所示。

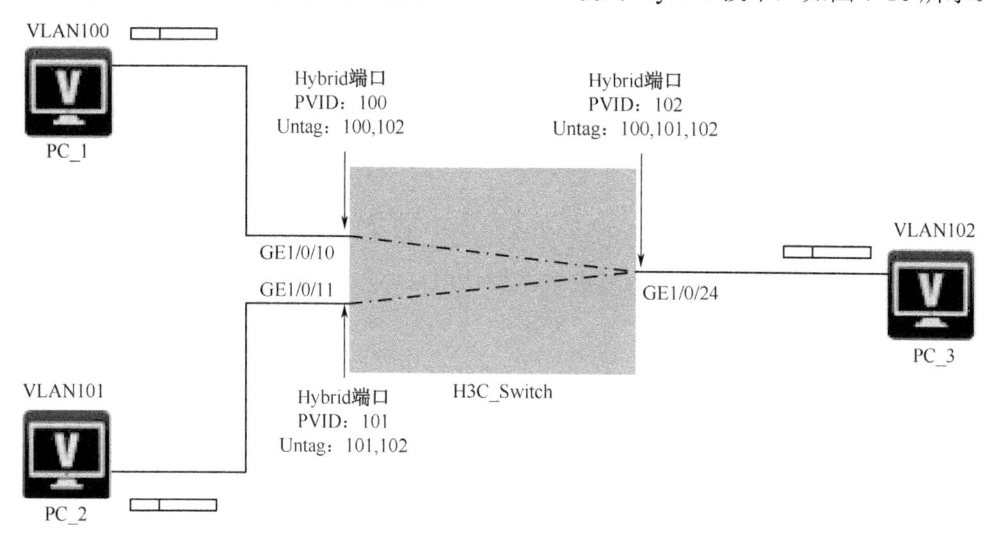

图 7-10　Hybrid 技术的应用

如图 7-10 所示，H3C_Switch 的三个端口都配置成了 Hybrid 类型，并且各个端口的 PVID 为终端设备属于的 VLAN，Untag 配置的是希望进行跨 VLAN 通信的 VLAN，此时 PC_1 如果想和 PC_3 通信，将数据帧发送到交换 GE1/0/10 端口后，交换机查询到 Hybrid 端口的 Untag 中有 PC_3 所在的 VLAN102，将数据帧打上标签后转发到 GE1/0/24 端口，该数据帧在离开交换机时会剥离标签，最终发送给 PC_3。此时 PC_1 与 PC3、PC_2 与 PC_3 都可以进行正常通信，那么 PC_1 与 PC_2 可以正常通信么？答案是否定的，因为交换机 GE1/0/10 与 GE1/0/11

端口上的 Untag 没有配置相应需要通信的对方 VLAN ID，所以它们之间还是处于隔离状态，不能直接进行通信。

7.3 链路聚合

现代局域网一般采用千兆接入，万兆互连的组网模式，接入层将终端用户的数据源源不断地发送给网络的汇聚层和核心层。但有时网络的某些节点上交换机之间的千兆网络也显得捉襟见肘，我们诚然可以将这段互连网络改造成万兆网，但是这样需要增加额外的支出，并且对于网络的扩展性和兼容性也提出了挑战，有没有一种方法可以在不增加现有网络设备的前提下，提高交换机之间的带宽呢？链路聚合技术正是在这个背景下应运而生。

H3C 链路聚合技术将多条交换机之间互连的普通链路捆绑在一起，形成一个更大带宽的虚拟通道，同时这些捆绑在一起的链路相互备份，又可以有效地提高链路的可用性。

图 7-11 是典型的链路聚合应用，每条链路的带宽是 1 000 Mbps，将两台交换机互连的 4 条链路进行绑定，在逻辑上 H3C_Switch01 与 H3C_Switch02 之间的链路带宽变为了 4 000 Mbps，这极大地扩展了两台交换机之间数据的传输能力，消除了原本的网络瓶颈。

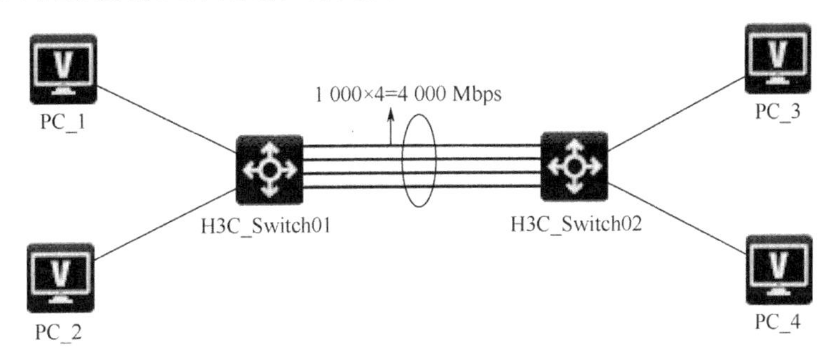

图 7-11 链路聚合应用

（1）链路聚合类型

交换机上的链路通过捆绑聚合在一起，形成一个逻辑上统一的聚合组，而每个聚合组中的物理端口称为聚合端口，聚合组的类型可以分为以下两类。

- 二层聚合：聚合组中的成员全部为二层端口，对应的聚合口叫二层聚合口；
- 三层聚合：聚合组中的成员全部为三层端口，对应的聚合口叫三层聚合口。

（2）成员端口的状态

聚合组中的成员端口具有以下三种状态。

- 未选中（Unselected）状态：如果物理端口没有网络连接，不转发数据，当处于 DOWN 状态时，此端口成员称为“未选中端口”；

- 选中（Selected）状态：此状态下物理连接处于 UP 状态，成员端口处于数据转发状态，该端口成员也称为“选中端口”；
- 独立（Individual）状态：此状态下成员可以作为普通端口参与数据转发，当聚合端口为边缘端口成员又收到动态聚合的数据包时处于此状态。

（3）链路聚合的模式

链路聚合分为静态链路聚合模式与动态链路聚合模式，其的特点如下所述。

- 静态链路聚合：手工配置好后，聚合链路不会随着网络环境的变化而变化，相对比较稳定；
- 动态链路聚合：能够根据网络环境的实时变化，动态地调整聚合链路中的成员端口处于选中、非选中或独立状态，相对比较灵活。

7.4 实训 1：VLAN 基本配置

【实验目的】

- 掌握 H3C 交换机 VLAN 的基本信息查看方式；
- 掌握创建交换机 VLAN 的方法；
- 掌握将端口加入 VLAN 的多种方法；
- 了解交换机 VLAN 管理地址及连通性测试方法；
- 了解更改或删除交换机 VLAN 信息的方法。

【实验拓扑】

实验拓扑如图 7-12 所示。

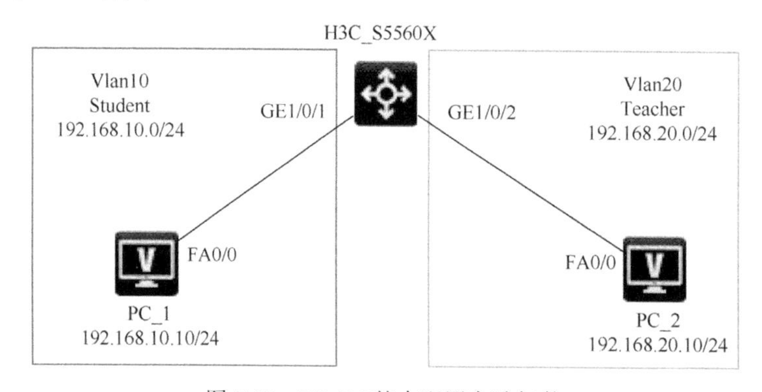

图 7-12 VLAN 基本配置实验拓扑

设备参数如表 7-3 所示。

表 7-3　设备参数表

设　备	接　口	接口模式	所属 VLAN	VLAN 名称
H3C S5560X	GE1/0/1	Access	VLAN10	Student
	GE1/0/2	Access	VLAN20	Teacher
设　备	**接　口**	**IP 地址**	**子网掩码**	**默认网关**
PC_1	FA0/0	192.168.10.10	255.255.255.0	192.168.10.1
PC_2	FA0/0	192.168.20.10	255.255.255.0	192.168.20.1

【实验任务】

VLAN 是交换内容的核心，也是最重要的基础内容，其他许多交换技术都是以 VLAN 技术作为前提的，所以如何快速高效地配置 VLAN 是每个网络管理员的必修科目。

1. 查看交换机 VLAN 信息

```
<H3C>display vlan
//查看 H3C 交换机的 VLAN 概括信息
 Total VLANs: 1
//交换机 VLAN 总数
The VLANs include:
 1(default)
//交换机具体包含的 VLAN 号
<H3C>display vlan brief
//查看 VLAN 的简明信息
Brief information about all VLANs:
Supported Minimum VLAN ID: 1                    //支持最小的 VLAN 号
Supported Maximum VLAN ID: 4094                 //支持最大的 VLAN 号
Default VLAN ID: 1                              //默认 VLAN 号
VLAN ID    Name                    Port
1          VLAN 0001               GE1/0/1     GE1/0/2     GE1/0/3     GE1/0/4
                                   GE1/0/5     GE1/0/6     GE1/0/7     GE1/0/8
                                   GE1/0/9     GE1/0/10    GE1/0/11
                                   GE1/0/12    GE1/0/13    GE1/0/14
                                   GE1/0/15    GE1/0/16    GE1/0/17
                                   GE1/0/18    GE1/0/19    GE1/0/20
                                   GE1/0/21    GE1/0/22    GE1/0/23
                                   GE1/0/24    XGE1/0/25   XGE1/0/26
                                   XGE1/0/27   XGE1/0/28
//H3C 交换机简明信息主要包含 3 列内容，第一列是 VLAN 号，第二列是 VLAN 的名称，第三列是
```

VLAN 包含的交换机端口号。S5560X 系列交换机默认所有 28 个端口都属于 VLAN1，VLAN1 的名称是 VLAN0001

2．创建交换机 VLAN

```
<H3C>system-view
[H3C]vlan 10
//新建 VLAN10
[H3C-vlan10]name Student
//将 VLAN10 命名为 Student
[H3C-vlan10]exit
[H3C]vlan 20
//新建 VLAN20
[H3C-vlan20]name Teacher
//将 VLAN20 命名为 Teacher
[H3C-vlan20]exit
[H3C]display vlan brief
Brief information about all VLANs:
Supported Minimum VLAN ID: 1
Supported Maximum VLAN ID: 4094
Default VLAN ID: 1
VLAN ID    Name                          Port
1          VLAN 0001                     GE1/0/1     GE1/0/2     GE1/0/3     GE1/0/4
                                         GE1/0/5     GE1/0/6     GE1/0/7     GE1/0/8
                                         GE1/0/9     GE1/0/10    GE1/0/11
                                         GE1/0/12    GE1/0/13    GE1/0/14
                                         GE1/0/15    GE1/0/16    GE1/0/17
                                         GE1/0/18    GE1/0/19    GE1/0/20
                                         GE1/0/21    GE1/0/22    GE1/0/23
                                         GE1/0/24    XGE1/0/25   XGE1/0/26
                                         XGE1/0/27   XGE1/0/28
10         Student
20         Teacher
```

//由于只新建 VLAN10 和 VLAN20 并没有将任何端口加入到 VLAN 当中，所以默认所有端口还是属于 VLAN1

//除了创建单个 VLAN，我们还可以使用 to 创建多个连续的 VLAN

```
[H3C]vlan 50 to 60
//创建 50～60 连续的 11 个 VLAN
[H3C]display vlan brief
```

```
Brief information about all VLANs:
Supported Minimum VLAN ID: 1
Supported Maximum VLAN ID: 4094
Default VLAN ID: 1
VLAN ID    Name                    Port
1          VLAN 0001               GE1/0/1     GE1/0/2     GE1/0/3     GE1/0/4
                                   GE1/0/5     GE1/0/6     GE1/0/7     GE1/0/8
                                   GE1/0/9     GE1/0/10    GE1/0/11
                                   GE1/0/12    GE1/0/13    GE1/0/14
                                   GE1/0/15    GE1/0/16    GE1/0/17
                                   GE1/0/18    GE1/0/19    GE1/0/20
                                   GE1/0/21    GE1/0/22    GE1/0/23
                                   GE1/0/24    XGE1/0/25   XGE1/0/26
                                   XGE1/0/27   XGE1/0/28
10         Student
20         Teacher
50         VLAN 0050
51         VLAN 0051
52         VLAN 0052
53         VLAN 0053
54         VLAN 0054
55         VLAN 0055
56         VLAN 0056
57         VLAN 0057
58         VLAN 0058
59         VLAN 0059
60         VLAN 0060
[H3C]
```

3. 将交换机端口加入 VLAN

```
[H3C]interface GigabitEthernet 1/0/1
[H3C-GigabitEthernet1/0/1]port link-type ?
  access   Set the link type to access
  hybrid   Set the link type to hybrid
  trunk    Set the link type to trunk
```

//进入交换机 GE1/0/1 端口，配置交换机线路类型。H3C 交换机线路类型主要有 Access、Trunk 和 Hybrid，这里需要将交换机端口加入到 VLAN 中，所以设置线路类型为 Access

```
[H3C-GigabitEthernet1/0/1]port link-type access
//配置 GE1/0/1 端口线路类型为 Access
[H3C-GigabitEthernet1/0/1]port access vlan 10
//配置 GE1/0/1 端口加入 VLAN10 中
[H3C-GigabitEthernet1/0/1]exit
[H3C]display vlan brief
Brief information about all VLANs:
Supported Minimum VLAN ID: 1
Supported Maximum VLAN ID: 4094
Default VLAN ID: 1
VLAN ID    Name                    Port
1          VLAN 0001               GE1/0/2    GE1/0/3    GE1/0/4    GE1/0/5
                                   GE1/0/6    GE1/0/7    GE1/0/8    GE1/0/9
                                   GE1/0/10   GE1/0/11   GE1/0/12
                                   GE1/0/13   GE1/0/14   GE1/0/15
                                   GE1/0/16   GE1/0/17   GE1/0/18
                                   GE1/0/19   GE1/0/20   GE1/0/21
                                   GE1/0/22   GE1/0/23   GE1/0/24
                                   XGE1/0/25  XGE1/0/26  XGE1/0/27
                                   XGE1/0/28
10         Student                 GE1/0/1
20         Teacher
50         VLAN 0050
51         VLAN 0051
52         VLAN 0052
53         VLAN 0053
54         VLAN 0054
55         VLAN 0055
56         VLAN 0056
57         VLAN 0057
58         VLAN 0058
59         VLAN 0059
60         VLAN 0060
//现在可以看到 GE1/0/1 端口已经加入 VLAN10 中
[H3C]vlan 20
[H3C-vlan20]port GigabitEthernet 1/0/2 to GigabitEthernet 1/0/5
```

```
//将连续的 GE1/0/2～GE1/0/5 端口加入到 VLAN20 中
[H3C-vlan20]display vlan brief
Brief information about all VLANs:
Supported Minimum VLAN ID: 1
Supported Maximum VLAN ID: 4094
Default VLAN ID: 1
VLAN ID    Name            Port
1          VLAN 0001       GE1/0/6    GE1/0/7    GE1/0/8    GE1/0/9
                           GE1/0/10   GE1/0/11   GE1/0/12
                           GE1/0/13   GE1/0/14   GE1/0/15
                           GE1/0/16   GE1/0/17   GE1/0/18
                           GE1/0/19   GE1/0/20   GE1/0/21
                           GE1/0/22   GE1/0/23   GE1/0/24
                           XGE1/0/25  XGE1/0/26  XGE1/0/27
                           XGE1/0/28
10         Student         GE1/0/1
20         Teacher         GE1/0/2    GE1/0/3    GE1/0/4    GE1/0/5
50         VLAN 0050
51         VLAN 0051
52         VLAN 0052
53         VLAN 0053
54         VLAN 0054
55         VLAN 0055
56         VLAN 0056
57         VLAN 0057
58         VLAN 0058
59         VLAN 0059
60         VLAN 0060
//除了进入端口将端口加入到某个 VLAN 中的常规方法，我们还可以采用进入某个 VLAN，将连续的交换机端口一同加入到该 VLAN 中，GE1/0/2～GE1/0/5 就是采用这种方式一起加入到 VLAN20 中的
[H3C]interface range GigabitEthernet 1/0/10 to GigabitEthernet 1/0/15
//进入 GE1/0/10～GE1/0/15 端口
[H3C-if-range]port link-type access
//将这 6 个端口的线缆类型设置为 Access 模式
[H3C-if-range]port access vlan 50
//将 6 个端口加入到 VLAN50 中
```

```
[H3C-if-range]display vlan brief
Brief information about all VLANs:
Supported Minimum VLAN ID: 1
Supported Maximum VLAN ID: 4094
Default VLAN ID: 1
VLAN ID    Name                Port
1          VLAN 0001           GE1/0/6     GE1/0/7     GE1/0/8     GE1/0/9
                               GE1/0/16    GE1/0/17    GE1/0/18
                               GE1/0/19    GE1/0/20    GE1/0/21
                               GE1/0/22    GE1/0/23    GE1/0/24
                               XGE1/0/25   XGE1/0/26   XGE1/0/27
                               XGE1/0/28
10         Student             GE1/0/1
20         Teacher             GE1/0/2     GE1/0/3     GE1/0/4     GE1/0/5
50         VLAN 0050           GE1/0/10    GE1/0/11    GE1/0/12
                               GE1/0/13    GE1/0/14    GE1/0/15
51         VLAN 0051
52         VLAN 0052
53         VLAN 0053
54         VLAN 0054
55         VLAN 0055
56         VLAN 0056
57         VLAN 0057
58         VLAN 0058
59         VLAN 0059
60         VLAN 0060
```

//这是第二种将连续的端口加入某个 VLAN 的方法，同时进入这些端口，设置端口的线缆类型和端口属于哪个 VLAN 等参数。这种方法相比于第一种方法可以设置的参数较多，推荐使用

4．配置 VLAN 管理地址及连通性测试

[H3C-if-range]**interface Vlan-interface 20**

//进入交换机 VLAN20 的管理端口

[H3C-Vlan-interface20]**ip address 192.168.20.1 255.255.255.0**

//配置 VLAN20 的管理 IP 地址

[H3C-Vlan-interface20]**ping 192.168.20.20**

Ping 192.168.20.20 (192.168.20.20): 56 data bytes, press CTRL_C to break

```
56 bytes from 192.168.20.20: icmp_seq=0 ttl=128 time=2.740 ms
56 bytes from 192.168.20.20: icmp_seq=1 ttl=128 time=0.966 ms
56 bytes from 192.168.20.20: icmp_seq=2 ttl=128 time=1.372 ms
56 bytes from 192.168.20.20: icmp_seq=3 ttl=128 time=1.280 ms
56 bytes from 192.168.20.20: icmp_seq=4 ttl=128 time=0.946 ms

--- Ping statistics for 192.168.20.20 ---
5 packet(s) transmitted, 5 packet(s) received, 0.0% packet loss
round-trip min/avg/max/std-dev = 0.946/1.461/2.740/0.661 ms
//从交换机上测试与一台属于 VLAN20 的 PC 之间的连通性，如果有返回数据包，证明交换机与 PC 之间连通正常
```

5. 更改或删除交换机 VLAN 配置命令

```
[H3C]display current-configuration interface Vlan-interface 20
//查看 VLAN20 管理接口的信息
#
interface Vlan-interface20
 ip address 192.168.20.1 255.255.255.0
#
return
[H3C]interface Vlan-interface 20
//进入 VLAN20 的管理接口
[H3C-Vlan-interface20]ip address 192.168.20.100 255.255.255.0
//如无特殊说明，H3C 交换机大部分命令采用覆盖更新的方式，即多次执行同一条命令后以最后执行的命令为准，这里再次配置 VLAN20 的管理地址为 192.168.20.100，它将覆盖更新前一次配置的 192.168.20.1 地址
[H3C-Vlan-interface20]display current-configuration interface Vlan-interface 20
#
interface Vlan-interface20
 ip address 192.168.20.100 255.255.255.0
#
return
//当再次查看 VLAN20 的 IP 地址时，已经更新为最新的配置

[H3C-Vlan-interface20]undo ip address
//删除 VLAN20 管理接口的 IP 地址
```

```
[H3C-Vlan-interface20]exit
[H3C]undo interface Vlan-interface 20
//删除交换机 VLAN20 的管理接口

[H3C]undo vlan 55 to 60
You will delete all specified static VLANs except protocol reserved VLANs and the default VLAN.
Continue? [Y/N]:y
//删除 VLAN55～VLAN60 这 6 个连续的 VLAN，需要进行确认操作
[H3C]display vlan brief
Brief information about all VLANs:
Supported Minimum VLAN ID: 1
Supported Maximum VLAN ID: 4094
Default VLAN ID: 1
VLAN ID   Name                 Port
1         VLAN 0001            GE1/0/6    GE1/0/7    GE1/0/8    GE1/0/9
                               GE1/0/16   GE1/0/17   GE1/0/18
                               GE1/0/19   GE1/0/20   GE1/0/21
                               GE1/0/22   GE1/0/23   GE1/0/24
                               XGE1/0/25  XGE1/0/26  XGE1/0/27
                               XGE1/0/28
10        Student              GE1/0/1
20        Teacher              GE1/0/2    GE1/0/3    GE1/0/4    GE1/0/5
50        VLAN 0050            GE1/0/10   GE1/0/11   GE1/0/12
                               GE1/0/13   GE1/0/14   GE1/0/15
51        VLAN 0051
52        VLAN 0052
53        VLAN 0053
54        VLAN 0054
[H3C]
//查看交换机 VLAN 的简明信息表，VLAN55～VLAN60 已经删除

[H3C]undo vlan 50
//删除单个 VLAN50
[H3C]display vlan brief
Brief information about all VLANs:
```

```
Supported Minimum VLAN ID: 1
Supported Maximum VLAN ID: 4094
Default VLAN ID: 1
VLAN ID    Name                 Port
1          VLAN 0001            GE1/0/6     GE1/0/7     GE1/0/8     GE1/0/9
                                GE1/0/10    GE1/0/11    GE1/0/12
                                GE1/0/13    GE1/0/14    GE1/0/15
                                GE1/0/16    GE1/0/17    GE1/0/18
                                GE1/0/19    GE1/0/20    GE1/0/21
                                GE1/0/22    GE1/0/23    GE1/0/24
                                XGE1/0/25   XGE1/0/26   XGE1/0/27
                                XGE1/0/28
10         Student              GE1/0/1
20         Teacher              GE1/0/2     GE1/0/3     GE1/0/4     GE1/0/5
51         VLAN 0051
52         VLAN 0052
53         VLAN 0053
54         VLAN 0054
```

查看删除 VLAN50 后的交换机简明信息表，我们发现 VLAN50 删除之前有 6 个端口 GE1、/010～GE1/0/15 属于该 VLAN，而直接删除 VLAN 后，这 6 个端口自动属于默认 VLAN1，这是相比于思科交换机的一个改进之处。默认思科交换机直接删除带端口的 VLAN 后，在 show vlan brief 上时无法查看到这些端口，因为它们不会自动属于默认 VLAN，而 H3C 交换机在这方面进行了改进，优化了相关命令。

7.5 实训 2：VLAN 扩展配置

【实验目的】

- 了解 H3C 交换机 VLAN 的扩展命令；
- 掌握 H3C 交换机 Super VLAN 的配置方法；
- 掌握 H3C 交换机 Private VLAN 的配置方法。

【实验拓扑】

实验拓扑如图 7-13 所示。

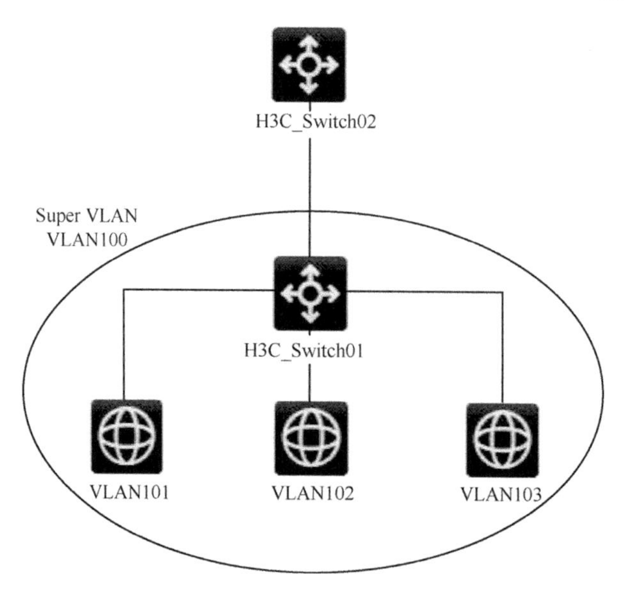

图 7-13 Super VLAN 实验拓扑

设备参数如表 7-4 所示。

表 7-4 设备参数表

设 备	接 口	接口模式	所属 VLAN
H3C S5560X	GE1/0/1-5	Access	VLAN101
	GE1/0/6-10	Access	VLAN102
	GE1/0/11-15	Access	VLAN103

【实验任务】

由于传统以太网的 VLAN 数量只有 4 000 多个，这满足不了大型网络的 VLAN 需求，所以一些 VLAN 的扩展命令由此而生。它们增加了 VLAN 技术的灵活性，提高了 VLAN 的使用效率，降低了使用成本，熟练使用这些扩展命令对于深入理解 VLAN 技术有很大的帮助。

1. 配置与查看 Super VLAN 100、VLAN101、VLAN102、VLAN103

```
<H3C>system-view
[H3C]sysname H3C_Switch01
//修改 H3C 交换机的名称
[H3C_Switch01]vlan 100
//创建 VLAN100
[H3C_Switch01-vlan100]vlan 101
//创建 VLAN101
```

```
[H3C_Switch01-vlan101]vlan 102
//创建 VLAN102
[H3C_Switch01-vlan102]vlan 103
//创建 VLAN1013
[H3C_Switch01-vlan103]exit
[H3C_Switch01]vlan 100
[H3C_Switch01-vlan100]supervlan
//配置 VLAN100 为 Super VLAN
[H3C_Switch01-vlan100]subvlan 101 102 103
//配置 VLAN101、VLAN102 和 VLAN103 为子 VLAN
[H3C_Switch01-vlan100]port GigabitEthernet 1/0/24
Can not add ports to super VLAN.
//配置成为 Super VLAN 后无法将任何交换机端口加入该 VLAN，交换机端口只能加入子 VLAN 中
[H3C_Switch01-vlan100] exit
[H3C_Switch01]vlan 101
[H3C_Switch01-vlan101]port GigabitEthernet 1/0/1 to GigabitEthernet 1/0/5
//将交换机 GE1/0/1～GE1/0/5 端口加入 VLAN101 中
[H3C_Switch01-vlan101]exit
[H3C_Switch01]vlan 102
[H3C_Switch01-vlan102]port GigabitEthernet 1/0/6 to GigabitEthernet 1/0/10
//将交换机 GE1/0/6～GE1/0/10 端口加入 VLAN102 中
[H3C_Switch01-vlan102]vlan 103
[H3C_Switch01-vlan103]port GigabitEthernet 1/0/11 to GigabitEthernet 1/0/15
//将交换机 GE1/0/11～GE1/0/15 端口加入 VLAN103 中
[H3C_Switch01-vlan103]exit
[H3C_Switch01]display supervlan
//查看交换机 H3C_Switch01 的 Super VLAN 配置
 Super VLAN ID: 100
 Sub-VLAN ID: 101-103

 VLAN ID: 100
 VLAN type: Static
 It is a super VLAN.
 Route interface: Configured
 Description: VLAN 0100
 Name: VLAN 0100
 Tagged ports:     None
```

```
Untagged ports: None

VLAN ID: 101
VLAN type: Static
It is a sub-VLAN.
Route interface: Configured
Description: VLAN 0101
Name: VLAN 0101
Tagged ports:    None
Untagged ports:
    GigabitEthernet1/0/1          GigabitEthernet1/0/2
    GigabitEthernet1/0/3          GigabitEthernet1/0/4
    GigabitEthernet1/0/5

VLAN ID: 102
VLAN type: Static
It is a sub-VLAN.
Route interface: Configured
Description: VLAN 0102
Name: VLAN 0102
Tagged ports:    None
Untagged ports:
    GigabitEthernet1/0/6          GigabitEthernet1/0/7
    GigabitEthernet1/0/8          GigabitEthernet1/0/9
    GigabitEthernet1/0/10

VLAN ID: 103
VLAN type: Static
It is a sub-VLAN.
Route interface: Configured
Description: VLAN 0103
Name: VLAN 0103
Tagged ports:    None
Untagged ports:
    GigabitEthernet1/0/11         GigabitEthernet1/0/12
    GigabitEthernet1/0/13         GigabitEthernet1/0/14
    GigabitEthernet1/0/15
```

我们可以看到现在 VLAN101、VLAN102 和 VLAN103 都属于 VLAN100 这个 Super VLAN，它们可以分配一个网段的地址，这样的部署节约了大量的地址，使网络的编址更加灵活，扩容更容易。

2. 配置与查看 Private VLAN

```
<H3C>
<H3C>system-view
[H3C]sysname H3C_Switch01
//将交换机命名为 H3C_Switch01
[H3C_Switch01]vlan 100
[H3C_Switch01-vlan100]vlan 101
[H3C_Switch01-vlan101]vlan 102
[H3C_Switch01-vlan102]vlan 103
//创建 VLAN100、101、102 和 103
[H3C_Switch01-vlan103]exit
[H3C_Switch01]vlan 100
//进入 VLAN100
[H3C_Switch01-vlan100]private-vlan primary
//配置 VLAN100 为 Primary VLAN
[H3C_Switch01-vlan100]private-vlan secondary 101 102 103
//配置 VLAN101、VLAN102 和 VLAN103 为 VLAN100 的 Secondary VLAN
[H3C_Switch01-vlan100]exit
[H3C_Switch01]display private-vlan 100
//查看 Private VLAN 100 的详细情况
 Primary VLAN ID: 100
 Secondary VLAN ID: 101-103

 VLAN ID: 100
 VLAN type: Static
 Private VLAN type: Primary
 Route interface: Not configured
 Description: VLAN 0100
 Name: VLAN 0100
 Tagged ports:    None
 Untagged ports: None

 VLAN ID: 101
 VLAN type: Static
```

```
Private VLAN type: Secondary
Route interface: Not configured
Description: VLAN 0101
Name: VLAN 0101
Tagged ports:    None
Untagged ports: None

VLAN ID: 102
VLAN type: Static
Private VLAN type: Secondary
Route interface: Not configured
Description: VLAN 0102
Name: VLAN 0102
Tagged ports:    None
Untagged ports: None

VLAN ID: 103
VLAN type: Static
Private VLAN type: Secondary
Route interface: Not configured
Description: VLAN 0103
Name: VLAN 0103
Tagged ports:    None
Untagged ports: None
//查看命令详细列出了 Primary VLAN100 的 3 个 Secondary VLAN 的详细信息，这为将来我们在大型网络中运行 Private VLAN100 后，查看信息提供了便利
[H3C_Switch01]
//Private VLAN 实验完成
```

7.6 实训 3：VLAN Trunk 配置

【实验目的】

- 掌握配置 H3C 交换机 Trunk 的方法；
- 掌握查看 H3C 交换机 Trunk 相关内容的方法；
- 掌握配置 H3C 交换机 PVID 的方法；
- 了解交换机 Trunk 的安全特性。

【实验拓扑】

实验拓扑如图 7-14 所示。

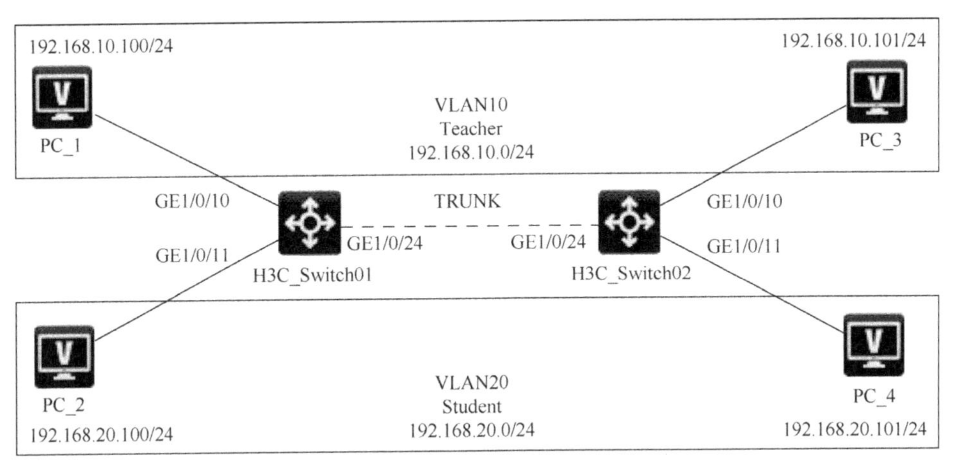

图 7-14　H3C 交换机 TRUNK 配置实验拓扑

设备参数如表 7-5 所示。

表 7-5　设备参数表

设　备	接　口	接口模式	所属 VLAN	VLAN 名称
H3C_Switch01	GE1/0/10	Access	VLAN10	Teacher
	GE1/0/11	Access	VLAN20	Student
	GE1/0/24	Trunk		
H3C_Switch02	GE1/0/10	Access	VLAN10	Teacher
	GE1/0/11	Access	VLAN20	Student
	GE1/0/24	Trunk		
设　备	**接　口**	**IP 地址**	**子网掩码**	**默认网关**
PC_1	FA0/0	192.168.10.100	255.255.255.0	192.168.10.1
PC_2	FA0/0	192.168.20.100	255.255.255.0	192.168.20.1
PC_3	FA0/0	192.168.10.101	255.255.255.0	192.168.10.1
PC_4	FA0/0	192.168.20.101	255.255.255.0	192.168.20.1

【实验任务】

Trunk 技术为 VLAN 技术的大规模部署提供了有力支撑，如果没有 Trunk 技术，VLAN 只能在小范围内使用，而 Trunk 技术为 VLAN 带来了无限的想象力。

1. 按照表 7-5 完成交换机 H3C_Switch01 的 VLAN 创建和端口划分配置

```
<H3C>system-view
[H3C]sysname H3C_Switch01
//设置交换机名为 H3C_Switch01
[H3C_Switch01]vlan 10
[H3C_Switch01-vlan10]name Teacher
//创建 VLAN10，命名为 Teacher，注意这里区分大小写
[H3C_Switch01-vlan10]exit
[H3C_Switch01]vlan 20
[H3C_Switch01-vlan20]name Student
//创建 VLAN20，命名为 Student
[H3C_Switch01-vlan20]exit
[H3C_Switch01]interface GigabitEthernet 1/0/10
[H3C_Switch01-GigabitEthernet1/0/10]port link-type access
[H3C_Switch01-GigabitEthernet1/0/10]port access vlan 10
//将 GE1/0/10 端口的链路类型设置为 Access 且属于 VLAN10
[H3C_Switch01-GigabitEthernet1/0/10]exit
[H3C_Switch01]interface GigabitEthernet 1/0/11
[H3C_Switch01-GigabitEthernet1/0/11]port link-type access
[H3C_Switch01-GigabitEthernet1/0/11]port access vlan 20
//将 GE1/0/11 端口的链路类型设置为 Access 且属于 VLAN20
 [H3C_Switch01-GigabitEthernet1/0/11]exit
[H3C_Switch01]display vlan brief
//查看交换机 H3C_Switch01 的 VLAN 简明信息表
Brief information about all VLANs:
Supported Minimum VLAN ID: 1
Supported Maximum VLAN ID: 4094
Default VLAN ID: 1
VLAN ID     Name                                Port
1           VLAN 0001                           GE1/0/1     GE1/0/2     GE1/0/3     GE1/0/4
                                                GE1/0/5     GE1/0/6     GE1/0/7     GE1/0/8
                                                GE1/0/9     GE1/0/12    GE1/0/13
                                                GE1/0/14    GE1/0/15    GE1/0/16
                                                GE1/0/17    GE1/0/18    GE1/0/19
                                                GE1/0/20    GE1/0/21    GE1/0/22
                                                GE1/0/23    GE1/0/24    XGE1/0/25
                                                XGE1/0/26   XGE1/0/27   XGE1/0/28
```

```
10          Teacher                              GE1/0/10
20          Student                              GE1/0/11
[H3C_Switch01]
```

2．按照表 7-5 完成交换机 H3C_Switch02 的 VLAN 创建和端口划分配置

H3C_Switch02 的 VLAN 创建和端口配置与 H3C_Switch01 基本一致，这里只将配置命令列出，不进行逐条说明。

```
[H3C]sysname H3C_Switch02
[H3C_Switch02]vlan 10
[H3C_Switch02-vlan10]name Teacher
[H3C_Switch02-vlan10]exit
[H3C_Switch02]vlan 20
[H3C_Switch02-vlan20]name Student
[H3C_Switch02-vlan20]exit
[H3C_Switch02]interface GigabitEthernet 1/0/10
[H3C_Switch02-GigabitEthernet1/0/10]port link-type access
[H3C_Switch02-GigabitEthernet1/0/10]port access vlan 10
[H3C_Switch02-GigabitEthernet1/0/10]exit
[H3C_Switch02]interface GigabitEthernet 1/0/11
[H3C_Switch02-GigabitEthernet1/0/11]port link-type access
[H3C_Switch02-GigabitEthernet1/0/11]port access vlan 20
[H3C_Switch02-GigabitEthernet1/0/11]exit
[H3C_Switch02]display vlan brief
Brief information about all VLANs:
Supported Minimum VLAN ID: 1
Supported Maximum VLAN ID: 4094
Default VLAN ID: 1
VLAN ID     Name                                Port
1           VLAN 0001                          GE1/0/1      GE1/0/2      GE1/0/3     GE1/0/4
                                               GE1/0/5      GE1/0/6      GE1/0/7     GE1/0/8
                                               GE1/0/9      GE1/0/12     GE1/0/13
                                               GE1/0/14     GE1/0/15     GE1/0/16
                                               GE1/0/17     GE1/0/18     GE1/0/19
                                               GE1/0/20     GE1/0/21     GE1/0/22
                                               GE1/0/23     GE1/0/24     XGE1/0/25
                                               XGE1/0/26    XGE1/0/27    XGE1/0/28
10          Teacher                            GE1/0/10
```

```
20          Student                            GE1/0/11
[H3C_Switch02]
```

3. 完成 H3C_Switch01 和 H3C_Switch02 的 Trunk 配置

```
//H3C_Switch01 上的配置
[H3C_Switch01]interface GigabitEthernet 1/0/24
[H3C_Switch01-GigabitEthernet1/0/24]port link-type trunk
//配置 H3C_Switch01 的链路类型为 Trunk
[H3C_Switch01-GigabitEthernet1/0/24]port trunk permit vlan all
//Trunk 链路上允许所有 VLAN 的流量通过
[H3C_Switch01-GigabitEthernet1/0/24]exit
//H3C_Switch02 上的配置，与 H3C_Switch01 的配置相同，只列出不解释
[H3C_Switch02]interface GigabitEthernet 1/0/24
[H3C_Switch02-GigabitEthernet1/0/24]port link-type trunk
[H3C_Switch02-GigabitEthernet1/0/24]port trunk permit vlan all
[H3C_Switch02-GigabitEthernet1/0/24]exit

<H3C_Switch01>display interface GigabitEthernet 1/0/24 brief
//查看交换机 H3C_Switch01 的 GE1/0/24 端口简明列表
Brief information on interfaces in bridge mode:
Link: ADM - administratively down; Stby - standby
Speed: (a) - auto
Duplex: (a)/A - auto; H - half; F - full
Type: A - access; T - trunk; H - hybrid
Interface             Link Speed   Duplex Type PVID Description
GE1/0/24              UP   1G(a)   F(a)   T    1
```

//从简明列表可以看到 GE1/0/24 端口的一些信息，比如链路目前处于开启状态，速率是每秒千兆比特，双工模式为全双工，链路类型是 Trunk，PVID 为 1 等

```
<H3C_Switch01>display interface GigabitEthernet 1/0/24
```

//查看交换机 H3C_Switch01 的 GE1/0/24 端口的详细信息，这里由于输出的信息较多我们仅节选出需要的信息

```
GigabitEthernet1/0/24
Current state: UP                                   //端口物理层处于开启状态
Line protocol state: UP                             //端口链路协议处于开启状态
IP packet frame type: Ethernet II, hardware address: b0f9-63b0-e78d
Description: GigabitEthernet1/0/24 Interface
Bandwidth: 1000000 kbps
<----省略部分输出---->
```

```
Port link-type: Trunk                               //端口链路类型是 Trunk
 VLAN Passing:     1(default vlan), 10, 20          //通过该端口的 VLAN 有 VLAN1、VLAN10、VLAN20
 VLAN permitted: 1(default vlan), 2-4094            //所有 VLAN 的数据均允许通过该端口
 Trunk port encapsulation: IEEE 802.1q
<----省略部分输出---->
<H3C_Switch01>
```

4．完成 PC_1 和 PC_3、PC_2 和 PC_4 之间的连通性测试

在 4 台 PC 上按照表 7-5 的内容配置好 IP 地址、子网掩码和默认网关等参数后，分别在 PC_1 和 PC_3 上使用 ping 协议测试与 PC_2 和 PC_4 的连通性，测试结果如图 7-15 和图 7-16 所示。

管理员: C:\Windows\system32\cmd.exe
Microsoft Windows [版本 6.1.7601]
版权所有 (c) 2009 Microsoft Corporation。保留所有权利。
C:\Users\Administrator>ping 192.168.10.101
正在 Ping 192.168.10.101 具有 32 字节的数据:
来自 192.168.10.101 的回复: 字节=32 时间<1ms TTL=128
来自 192.168.10.101 的回复: 字节=32 时间=1ms TTL=128
来自 192.168.10.101 的回复: 字节=32 时间=1ms TTL=128
来自 192.168.10.101 的回复: 字节=32 时间=1ms TTL=128
192.168.10.101 的 Ping 统计信息:
数据包: 已发送 = 4，已接收 = 4，丢失 = 0 (0% 丢失)，
往返行程的估计时间(以毫秒为单位):
最短 = 0ms，最长 = 1ms，平均 = 0ms
C:\Users\Administrator>

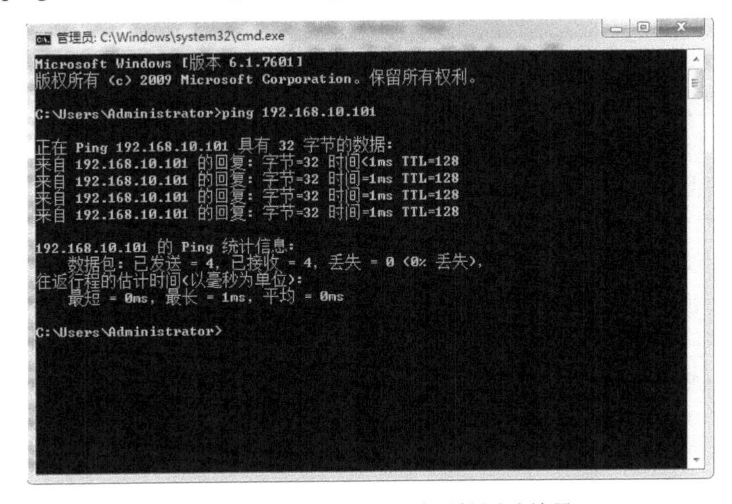

图 7-15　PC_1 与 PC_3 连通性测试结果

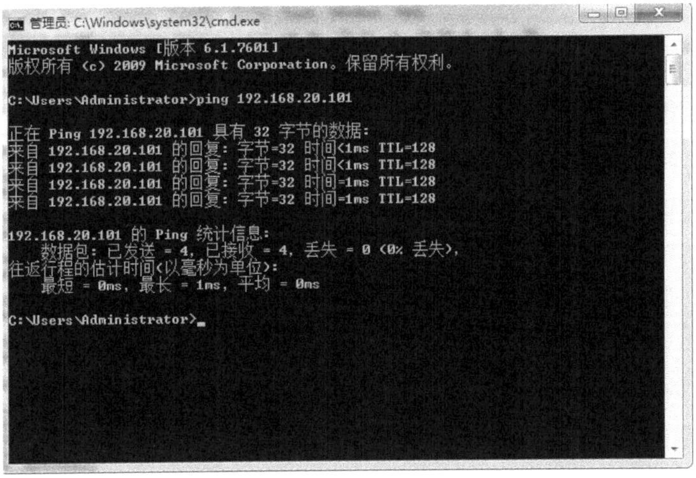

管理员: C:\Windows\system32\cmd.exe
Microsoft Windows [版本 6.1.7601]
版权所有 (c) 2009 Microsoft Corporation。保留所有权利。
C:\Users\Administrator>ping 192.168.20.101
正在 Ping 192.168.20.101 具有 32 字节的数据:
来自 192.168.20.101 的回复: 字节=32 时间<1ms TTL=128
来自 192.168.20.101 的回复: 字节=32 时间<1ms TTL=128
来自 192.168.20.101 的回复: 字节=32 时间=1ms TTL=128
来自 192.168.20.101 的回复: 字节=32 时间=1ms TTL=128
192.168.20.101 的 Ping 统计信息:
数据包: 已发送 = 4，已接收 = 4，丢失 = 0 (0% 丢失)，
往返行程的估计时间(以毫秒为单位):
最短 = 0ms，最长 = 1ms，平均 = 0ms
C:\Users\Administrator>_

图 7-16　PC_2 与 PC_4 连通性测试结果

从图 7-15 和图 7-16 可以看出，目前 VLAN10 和 VLAN20 在通过 Trunk 跨越交换机通信正常，各 VLAN 内部的 PC 之间可以相互 ping 通。

5. 设置与查看 H3C 交换机 PVID

当交换机收到没有打标签的数据帧时，端口会自动查找 PVID 的 VLAN 号，为这些数据帧打上 PVID 号；当数据帧离开交换机时会自动剥离这些标签。需要注意的是，两台交换机之间连接的 Trunk 端口的 PVID 号必须一致。

```
[H3C_Switch01]interface GigabitEthernet 1/0/24
//进入交换机 H3C_Switch01 的 GE1/0/24 端口
[H3C_Switch01-GigabitEthernet1/0/24]port trunk pvid vlan 10
//配置交换机 H3C_Switch01 的 PVID 为 VLAN10
[H3C_Switch02]interface GigabitEthernet 1/0/24
[H3C_Switch02-GigabitEthernet1/0/24]port trunk pvid vlan 10
[H3C_Switch02-GigabitEthernet1/0/24]
//交换机 H3C_Switch02 的 GE1/0/24 端口配置与 H3C_Switch01 相同

[H3C_Switch01-GigabitEthernet1/0/24]display interface GigabitEthernet 1/0/24 brief
Brief information on interfaces in bridge mode:
Link: ADM - administratively down; Stby - standby
Speed: (a) - auto
Duplex: (a)/A - auto; H - half; F - full
Type: A - access; T - trunk; H - hybrid
Interface              Link Speed   Duplex Type PVID Description
GE1/0/24                UP   1G(a)   F(a)   T    10
//通过查看交换机 Trunk 端口的简明列表可以看出，目前 PVID 号从默认的 VLAN1 变为了 VLAN10，当两台交换机收到 Untag 数据帧时，交换机会自动打上 VLAN10 的标签
[H3C_Switch01-GigabitEthernet1/0/24]
```

6. 完成 H3C 交换机 Trunk 的安全配置

```
[H3C_Switch01]display interface brief
//查看端口简明列表
Brief information on interfaces in route mode:
Link: ADM - administratively down; Stby - standby
Protocol: (s) - spoofing
Interface              Link Protocol Primary IP      Description
InLoop0                UP    UP(s)       --
MGE0/0/0               DOWN  DOWN        --
```

```
NULL0                UP       UP(s)      --
REG0                 UP       --         --

Brief information on interfaces in bridge mode:
Link: ADM - administratively down; Stby - standby
Speed: (a) - auto
Duplex: (a)/A - auto; H - half; F - full
Type: A - access; T - trunk; H - hybrid
Interface            Link Speed   Duplex Type PVID Description
GE1/0/1              DOWN auto    A      A    1
GE1/0/2              DOWN auto    A      A    1
GE1/0/3              DOWN auto    A      A    1
GE1/0/4              DOWN auto    A      A    1
GE1/0/5              DOWN auto    A      A    1
GE1/0/6              DOWN auto    A      A    1
GE1/0/7              DOWN auto    A      A    1
GE1/0/8              DOWN auto    A      A    1
GE1/0/9              DOWN auto    A      A    1
GE1/0/10             DOWN auto    A      A    10
GE1/0/11             UP   1G(a)   F(a)   A    20
GE1/0/12             UP   1G(a)   F(a)   A    1
GE1/0/13             DOWN auto    A      A    1
GE1/0/14             DOWN auto    A      A    1
GE1/0/15             DOWN auto    A      A    1
GE1/0/16             DOWN auto    A      A    1
GE1/0/17             DOWN auto    A      A    1
GE1/0/18             DOWN auto    A      A    1
GE1/0/19             DOWN auto    A      A    1
GE1/0/20             DOWN auto    A      A    1
GE1/0/21             DOWN auto    A      A    1
GE1/0/22             DOWN auto    A      A    1
GE1/0/23             DOWN auto    A      A    1
GE1/0/24             UP   1G(a)   F(a)   T    10

[H3C_Switch01]
```

//H3C 交换机默认无须手动开启，直接插入网线即可连接其他设备，这种连接方式虽然方便使用，但也增加了由于操作不当产生误插或者被人恶意入侵的可能性。所以从赋予网络最小权利的角度出发，不使用

的交换机端口应该全部手工关闭，需要使用时再由网络管理员手工开启

```
[H3C_Switch01]interface range GigabitEthernet 1/0/1 to GigabitEthernet 1/0/10
[H3C_Switch01-if-range]shutdown
[H3C_Switch01-if-range]exit
[H3C_Switch01]interface range GigabitEthernet 1/0/13 to GigabitEthernet 1/0/23
[H3C_Switch01-if-range]shutdown
[H3C_Switch01-if-range]exit
//进入交换机没有使用的端口，手工关闭
[H3C_Switch01]display interface brief
Brief information on interfaces in route mode:
Link: ADM - administratively down; Stby - standby
Protocol: (s) - spoofing
Interface            Link Protocol Primary IP      Description
InLoop0              UP   UP(s)    --
MGE0/0/0             DOWN DOWN     --
NULL0                UP   UP(s)    --
REG0                 UP   --       --

Brief information on interfaces in bridge mode:
Link: ADM - administratively down; Stby - standby
Speed: (a) - auto
Duplex: (a)/A - auto; H - half; F - full
Type: A - access; T - trunk; H - hybrid
Interface            Link Speed   Duplex Type PVID Description
GE1/0/1              ADM  auto    A      A    1
GE1/0/2              ADM  auto    A      A    1
GE1/0/3              ADM  auto    A      A    1
GE1/0/4              ADM  auto    A      A    1
GE1/0/5              ADM  auto    A      A    1
GE1/0/6              ADM  auto    A      A    1
GE1/0/7              ADM  auto    A      A    1
GE1/0/8              ADM  auto    A      A    1
GE1/0/9              ADM  auto    A      A    1
GE1/0/10             ADM  auto    A      A    10
GE1/0/11             UP   1G(a)   F(a)   A    20
GE1/0/12             UP   1G(a)   F(a)   A    1
GE1/0/13             ADM  auto    A      A    1
GE1/0/14             ADM  auto    A      A    1
```

```
GE1/0/15            ADM   auto   A    A    1
GE1/0/16            ADM   auto   A    A    1
GE1/0/17            ADM   auto   A    A    1
GE1/0/18            ADM   auto   A    A    1
GE1/0/19            ADM   auto   A    A    1
GE1/0/20            ADM   auto   A    A    1
GE1/0/21            ADM   auto   A    A    1
GE1/0/22            ADM   auto   A    A    1
GE1/0/23            ADM   auto   A    A    1
GE1/0/24            UP    1G(a)  F(a) T    10
```

//查看变更的端口简明列表，端口状态目前只有 UP 和 ADM 两种，UP 表示开启状态，ADM 表示管理员手工关闭

```
[H3C_Switch01]
```

//配置 H3C 交换机 Trunk 端口的允许列表

```
[H3C_Switch01]display current-configuration interface GigabitEthernet 1/0/24
#
interface GigabitEthernet1/0/24
 port link-mode bridge
 port link-type trunk
 port trunk permit vlan all
 port trunk pvid vlan 10
 combo enable copper
#
Return
```

//查看交换机 H3C_Switch01 端口 GE1/0/24 的配置，默认端口 Trunk 的允许列表为允许所有 VLAN 的数据通过

```
[H3C_Switch01]interface GigabitEthernet 1/0/24
```

//进入交换机 H3C_Switch01 的 GE1/0/24 端口

```
[H3C_Switch01-GigabitEthernet1/0/24]undo port trunk permit vlan all
```

//删除允许端口所有 VLAN 的数据通过命令

```
[H3C_Switch01-GigabitEthernet1/0/24]port trunk permit vlan 1 10 20
```

//配置仅允许 VLAN1、VLAN10 和 VLAN20 的数据通过交换机 GE1/0/24 的 Trunk 链路

```
[H3C_Switch01-GigabitEthernet1/0/24]display current-configuration interface GigabitEthernet
1/0/24
```

//查看交换机 GE1/0/24 端口的配置命令

```
#
```

```
interface GigabitEthernet1/0/24
 port link-mode bridge
 port link-type trunk
 port trunk permit vlan 1 10 20
 port trunk pvid vlan 10
 combo enable copper
#
return
[H3C_Switch01-GigabitEthernet1/0/24]display interface GigabitEthernet 1/0/24
//查看 GE1/0/24 的详细信息
GigabitEthernet1/0/24
Current state: UP
Line protocol state: UP
IP packet frame type: Ethernet II, hardware address: b0f9-63b0-e78d
Description: GigabitEthernet1/0/24 Interface
Bandwidth: 1000000 kbps
<----省略部分输出---->
Port link-type: Trunk
 VLAN Passing:    1(default vlan), 10, 20
 VLAN permitted: 1(default vlan), 10, 20       //目前仅 VLAN1、VLAN10 和 VLAN20 的数据通过该端口
 Trunk port encapsulation: IEEE 802.1q
<----省略部分输出---->

//在交换机 H3C_Switch02 上配置仅允许 VLAN1 和 VLAN10 的数据通过 Trunk 链路
[H3C_Switch02]interface GigabitEthernet 1/0/24
[H3C_Switch02-GigabitEthernet1/0/24]undo port trunk permit vlan all
[H3C_Switch02-GigabitEthernet1/0/24]port trunk permit vlan 1 10
[H3C_Switch02-GigabitEthernet1/0/24]

//测试 VLAN20 的连通性
```

由于交换机 H3C_Switch01 的 GE1/0/24 端口允许 VLAN1、VLAN10 和 VLAN20 的数据通过，而交换机 H3C_Switch02 的 GE1/0/24 端口允许 VLAN1 和 VLAN10 的数据通过，所以 PC_2 和 PC_4 的连通性测试失败，因为它们都属于 VLAN20，而交换机 H3C_Switch02 的 Trunk 链路不允许 VLAN20 的数据通过。测试结果如图 7-17 所示。

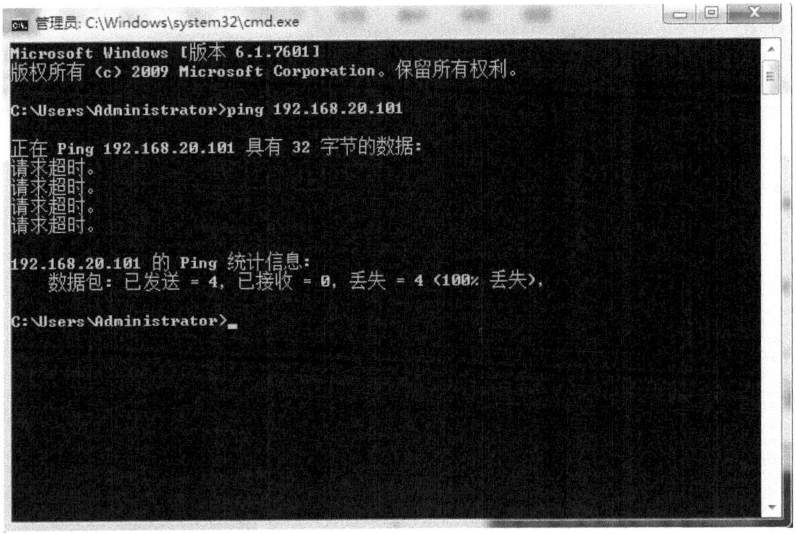

```
管理员: C:\Windows\system32\cmd.exe
Microsoft Windows [版本 6.1.7601]
版权所有 (c) 2009 Microsoft Corporation。保留所有权利。

C:\Users\Administrator>ping 192.168.20.101

正在 Ping 192.168.20.101 具有 32 字节的数据:
请求超时。
请求超时。
请求超时。
请求超时。

192.168.20.101 的 Ping 统计信息:
    数据包: 已发送 = 4，已接收 = 0，丢失 = 4 (100% 丢失)，

C:\Users\Administrator>_
```

图 7-17 Trunk 安全性测试 PC_2 与 PC_4 的连通性

7.7 实训 4：链路聚合配置

【实验目的】

- 了解链路聚合的工作原理；
- 掌握二层静态链路聚合的配置方式；
- 掌握二层动态链路聚合的配置方式；
- 掌握三层静态链路聚合的配置方式；
- 掌握三层动态链路聚合的配置方式。

【实验拓扑】

实验拓扑如图 7-18 所示。

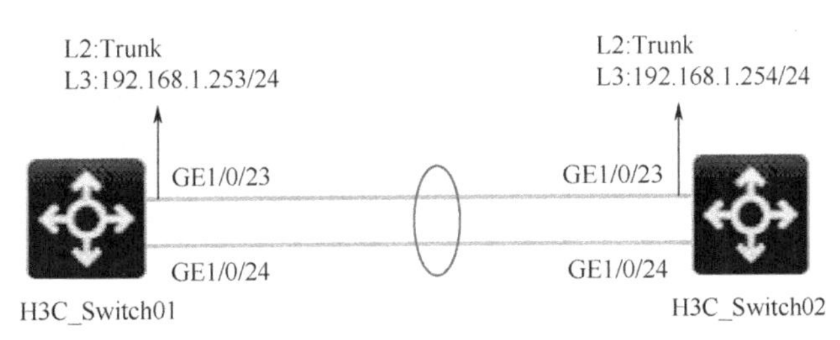

图 7-18 链路聚合配置实验拓扑

设备参数如表 7-6 所示:

表 7-6　设备参数表

设备名称	设备型号	接　口
H3C_Switch01	H3C S5560X	GE1/0/23
		GE1/0/24
H3C_Switch02	H3C S5560X	GE1/0/23
		GE1/0/24

【实验任务】

链路聚合是一种广泛应用于大型企业网汇聚层和核心层的网络技术，它可以激发出网络更大的潜能，更高的使用效率，降低出现网络传输带宽瓶颈出现的风险。本文使用两台 H3C S5560X 系列交换机的两个互连端口进行链路聚合实验，动态聚合协议使用国际标准的 LACP，方便和其他型号设备进行对接。

1．二层静态链路聚合的配置与查看

```
<H3C>system-view
System View: return to User View with Ctrl+Z.
 [H3C]sysname H3C_Switch01
[H3C_Switch01]vlan 50
[H3C_Switch01-vlan50]port GigabitEthernet 1/0/1 to GigabitEthernet 1/0/5
[H3C_Switch01-vlan50]exit
[H3C_Switch01]vlan 100
[H3C_Switch01-vlan100]port GigabitEthernet 1/0/6 to GigabitEthernet 1/0/10
[H3C_Switch01-vlan100]exit
//配置交换机 H3C_Switch01 的 GE1/0/1～GE1/0/5 端口属于 VLAN50，GE1/0/6～GE1/0/10 端口属于VLAN100
[H3C_Switch01]interface Bridge-Aggregation 1
//创建桥接聚合组 1
[H3C_Switch01-Bridge-Aggregation1]exit
[H3C_Switch01]interface range GigabitEthernet 1/0/23 to GigabitEthernet 1/0/24
[H3C_Switch01-if-range]port link-aggregation group 1
//进入交换机 H3C_Switch01 的 GE1/0/23 和 GE1/0/24 端口，设置这两个端口属于聚合组 1
[H3C_Switch01-if-range]exit
[H3C_Switch01]interface Bridge-Aggregation 1
//进入桥接聚合组 1
[H3C_Switch01-Bridge-Aggregation1]port link-type trunk
```

Configuring GigabitEthernet1/0/23 done.
Configuring GigabitEthernet1/0/24 done.
//设置聚合组内所有端口的链路类型为 Trunk，系统有提示信息反馈
[H3C_Switch01-Bridge-Aggregation1]**port trunk permit vlan 1 50 100**
Configuring GigabitEthernet1/0/23 done.
Configuring GigabitEthernet1/0/24 done.
//设置聚合组内所有端口的 Trunk 仅允许 VLAN1、VLAN50 和 VLAN100 的数据通过，同样有信息反馈
[H3C_Switch01-Bridge-Aggregation1]exit
[H3C_Switch01]
//H3C_Switch02 的配置和 H3C_Switch01 的配置相同，这里只列出不解释
[H3C]sysname H3C_Switch02
[H3C_Switch02]vlan 50
[H3C_Switch02-vlan50]port GigabitEthernet 1/0/1 to GigabitEthernet 1/0/5
[H3C_Switch02-vlan50]exit
[H3C_Switch02]vlan 100
[H3C_Switch02-vlan100]port GigabitEthernet 1/0/6 to GigabitEthernet 1/0/10
[H3C_Switch02-vlan100]exit
[H3C_Switch02]interface Bridge-Aggregation 1
[H3C_Switch02-Bridge-Aggregation1]exit
[H3C_Switch02]interface range GigabitEthernet 1/0/23 to GigabitEthernet 1/0/24
[H3C_Switch02-if-range]port link-aggregation group 1
[H3C_Switch02-if-range]exit
[H3C_Switch02]interface Bridge-Aggregation 1
[H3C_Switch02-Bridge-Aggregation1]port link-type trunk
Configuring GigabitEthernet1/0/23 done.
Configuring GigabitEthernet1/0/24 done.
[H3C_Switch02-Bridge-Aggregation1]port trunk permit vlan 1 50 100
Configuring GigabitEthernet1/0/23 done.
Configuring GigabitEthernet1/0/24 done.
[H3C_Switch02-Bridge-Aggregation1]exit
[H3C_Switch02]

//验证两台交换机之间静态链路聚合的配置，首先拔掉连接两台设备 GE1/0/23 和 GE1/0/24 端口的网线
[H3C_Switch01]**display link-aggregation verbose**
//查看链路聚合的详细信息

```
Loadsharing Type: Shar -- Loadsharing, NonS -- Non-Loadsharing
Port Status: S -- Selected, U -- Unselected, I -- Individual
Port: A -- Auto port, M -- Management port, R -- Reference port
Flags:   A -- LACP_Activity, B -- LACP_Timeout, C -- Aggregation,
         D -- Synchronization, E -- Collecting, F -- Distributing,
         G -- Defaulted, H -- Expired

Aggregate Interface: Bridge-Aggregation1
Aggregation Mode: Static
Loadsharing Type: Shar
Management VLANs: None
  Port              Status  Priority Oper-Key
  GE1/0/23          U        32768      1
  GE1/0/24          U        32768      1
//目前聚合组 1 的 GE1/0/23 和 GE1/0/24 两个端口的端口状态处于 U（Unselected）未选择状态，这是因为两台交换机之间没有网线连接。插上网线后再进行查看
[H3C_Switch01]display link-aggregation verbose
Loadsharing Type: Shar -- Loadsharing, NonS -- Non-Loadsharing
Port Status: S -- Selected, U -- Unselected, I -- Individual
Port: A -- Auto port, M -- Management port, R -- Reference port
Flags:   A -- LACP_Activity, B -- LACP_Timeout, C -- Aggregation,
         D -- Synchronization, E -- Collecting, F -- Distributing,
         G -- Defaulted, H -- Expired

Aggregate Interface: Bridge-Aggregation1
Aggregation Mode: Static
Loadsharing Type: Shar
Management VLANs: None
  Port              Status  Priority Oper-Key
  GE1/0/23(R)       S       32768      1
  GE1/0/24          S       32768      1
//目前两个端口都处于 S（Selected）选择状态，并且 GE1/0/23R（Reference Port）为优先传输端口
[H3C_Switch01]
//二层静态链路聚合实验完成
```

2. 二层动态链路聚合的配置与查看

这里只列出和静态实验不同的配置，相同配置可以参考上一个实验完成。

```
[H3C_Switch01]undo interface Bridge-Aggregation 1
//删除交换机 H3C_Switch01 上的聚合组 1
[H3C_Switch01]interface range GigabitEthernet 1/0/23 to GigabitEthernet 1/0/24
[H3C_Switch01-if-range]default
//还原交换机 H3C_Switch01 的 GE1/0/23 和 GE1/0/24 端口
[H3C_Switch01-if-range]
//H3C_Switch02 的删除和还原操作与 H3C_Switch01 相同，这里只列出相关信息不解释
[H3C_Switch02]undo interface Bridge-Aggregation 1
[H3C_Switch02]interface range GigabitEthernet 1/0/23 to GigabitEthernet 1/0/24
[H3C_Switch02-if-range]default
[H3C_Switch02-if-range]

[H3C_Switch01]interface Bridge-Aggregation 2
//创建交换机 H3C_Switch01 的聚合组 2
[H3C_Switch01-Bridge-Aggregation2]link-aggregation mode dynamic
//配置聚合组模式为动态模式，这里的动态模式使用公有协议 LACP
[H3C_Switch01-Bridge-Aggregation2]exit
[H3C_Switch01]interface range GigabitEthernet 1/0/23 to GigabitEthernet 1/0/24
[H3C_Switch01-if-range]port link-aggregation group 2
//配置交换机 H3C_Switch01 的端口 GE1/0/23 和 GE1/0/24 属于聚合组 2
[H3C_Switch01-if-range]exit
[H3C_Switch01]interface Bridge-Aggregation 2
//进入交换机 H3C_Switch01 的聚合组 2
[H3C_Switch01-Bridge-Aggregation2]port link-type trunk
Configuring GigabitEthernet1/0/23 done.
Configuring GigabitEthernet1/0/24 done.
//设置聚合组内所有端口的链路类型为 Trunk，系统有提示信息反馈
[H3C_Switch01-Bridge-Aggregation2]port trunk permit vlan 1 50 100
Configuring GigabitEthernet1/0/23 done.
Configuring GigabitEthernet1/0/24 done.
//设置聚合组内所有端口的 Trunk 仅允许 VLAN1、VLAN50 和 VLAN100 的数据通过，同样有信息反馈
[H3C_Switch01-Bridge-Aggregation2]

//交换机 H3C_Switch02 的配置与 H3C_Switch01 相同，这里只列出相关信息不解释
[H3C_Switch02]interface Bridge-Aggregation 2
[H3C_Switch02-Bridge-Aggregation2]link-aggregation mode dynamic
```

```
[H3C_Switch02-Bridge-Aggregation2]exit
[H3C_Switch02]interface range GigabitEthernet 1/0/23 to GigabitEthernet 1/0/24
[H3C_Switch02-if-range]port link-aggregation group 2
[H3C_Switch02-if-range]exit
[H3C_Switch02]interface range GigabitEthernet 1/0/23 to GigabitEthernet 1/0/24
[H3C_Switch02-if-range]port link-aggregation group 2
[H3C_Switch02-if-range]exit
[H3C_Switch02]interface Bridge-Aggregation 2
[H3C_Switch02-Bridge-Aggregation2]port link-type trunk
Configuring GigabitEthernet1/0/23 done.
Configuring GigabitEthernet1/0/24 done.
[H3C_Switch02-Bridge-Aggregation2]port trunk permit vlan 1 50 100
Configuring GigabitEthernet1/0/23 done.
Configuring GigabitEthernet1/0/24 done.
[H3C_Switch02-Bridge-Aggregation2]exit
[H3C_Switch02]

//验证两台交换机之间静态链路聚合的配置
[H3C_Switch01]display link-aggregation verbose
//查看 H3C_Switch01 的链路聚合详细信息
Loadsharing Type: Shar -- Loadsharing, NonS -- Non-Loadsharing
Port Status: S -- Selected, U -- Unselected, I -- Individual
Port: A -- Auto port, M -- Management port, R -- Reference port
Flags:  A -- LACP_Activity, B -- LACP_Timeout, C -- Aggregation,
        D -- Synchronization, E -- Collecting, F -- Distributing,
        G -- Defaulted, H -- Expired

Aggregate Interface: Bridge-Aggregation2
Aggregation Mode: Dynamic
Loadsharing Type: Shar
Management VLANs: None
System ID: 0x8000, b0f9-63b0-e74c
Local:
  Port          Status    Priority    Index    Oper-Key              Flag
  GE1/0/23(R)   S         32768       23       1                     {ACDEF}
  GE1/0/24      S         32768       24       1                     {ACDEF}
Remote:
```

```
Actor              Priority Index   Oper-Key SystemID                  Flag
GE1/0/23           32768    23      1        0x8000, b0f9-63b1-527c {ACDEF}
GE1/0/24           32768    24      1        0x8000, b0f9-63b1-527c {ACDEF}
//从查看的信息来看，聚合模式不再是 Static 静态模式而是 Dynamic 动态模式，并且还有很多动态获得的远端聚合组的信息
[H3C_Switch01]
```

3. 三层静态链路聚合的配置与查看

```
<H3C>system-view
[H3C]sysname H3C_Switch01
[H3C_Switch01]interface Route-Aggregation 1
//创建交换机 H3C_Switch01 的路由聚合组 1
[H3C_Switch01-Route-Aggregation1]ip address 192.168.1.253 255.255.255.0
//配置路由聚合组 1 的 IP 地址和子网掩码
[H3C_Switch01-Route-Aggregation1]exit
[H3C_Switch01]interface range GigabitEthernet 1/0/23 to GigabitEthernet 1/0/24
//进入交换机 H3C_Switch01 的 GE1/0/23 和 GE1/0/24 端口
[H3C_Switch01-if-range]port link-mode route
//配置端口的链路模式为路由模式
[H3C_Switch01-if-range]port link-aggregation group 1
//配置端口属于路由聚合组 1
[H3C_Switch01-if-range]exit
[H3C_Switch01]

//交换机 H3C_Switch02 的配置与 H3C_Switch01 的相同，这里只列出相关信息不解释
<H3C>system-view
[H3C]sysname H3C_Switch02
[H3C_Switch02]interface Route-Aggregation 1
[H3C_Switch02-Route-Aggregation1]ip address 192.168.1.254 255.255.255.0
[H3C_Switch02-Route-Aggregation1]exit
[H3C_Switch02]interface range GigabitEthernet 1/0/23 to GigabitEthernet 1/0/24
[H3C_Switch02-if-range]port link-mode route
[H3C_Switch02-if-range]port link-aggregation group 1
[H3C_Switch02-if-range]exit
[H3C_Switch02]

//验证两台交换机之间三层静态链路聚合的配置
```

```
[H3C_Switch01]display link-aggregation verbose
//查看 H3C_Switch01 的链路聚合详细信息
Loadsharing Type: Shar -- Loadsharing, NonS -- Non-Loadsharing
Port Status: S -- Selected, U -- Unselected, I -- Individual
Port: A -- Auto port, M -- Management port, R -- Reference port
Flags:   A -- LACP_Activity, B -- LACP_Timeout, C -- Aggregation,
         D -- Synchronization, E -- Collecting, F -- Distributing,
         G -- Defaulted, H -- Expired

Aggregate Interface: Route-Aggregation1
//配置聚合接口属于路由聚合组 1
Aggregation Mode: Static
//聚合模式是静态
Loadsharing Type: Shar
Management VLANs: None
  Port              Status  Priority Oper-Key
  GE1/0/23(R)        S        32768      1
  GE1/0/24           S        32768      1
//聚合组内的端口处于选择状态
[H3C_Switch01]
```

4. 三层动态态链路聚合的配置与查看

```
[H3C_Switch01]undo interface Route-Aggregation 1
//删除交换机 H3C_Switch01 的路由聚合组 1
[H3C_Switch02]undo interface Route-Aggregation 1
//删除交换机 H3C_Switch02 的路由聚合组 1
[H3C_Switch01]interface Route-Aggregation 2
//创建交换机 H3C_Switch01 的路由聚合组 2
[H3C_Switch01-Route-Aggregation2]link-aggregation mode dynamic
//配置路由聚合组模式为动态模式
[H3C_Switch01-Route-Aggregation2]exit
[H3C_Switch01]interface range GigabitEthernet 1/0/23 to GigabitEthernet 1/0/24
//进入交换机 H3C_Switch01 的 GE1/0/23 和 GE1/0/24 端口
[H3C_Switch01-if-range]port link-aggregation group 2
//配置端口属于路由聚合组 2
 [H3C_Switch01-if-range]exit
 [H3C_Switch01]
```

```
//交换机 H3C_Switch02 的配置与 H3C_Switch01 的相同，这里只列出相关信息不解释
[H3C_Switch02]interface Route-Aggregation 2
[H3C_Switch02-Route-Aggregation2]link-aggregation mode dynamic
[H3C_Switch02-Route-Aggregation2]exit
[H3C_Switch02]interface range GigabitEthernet 1/0/23 to GigabitEthernet 1/0/24
[H3C_Switch02-if-range]port link-aggregation group 2
[H3C_Switch02-if-range]exit
[H3C_Switch02]

//验证两台交换机之间三层动态链路聚合的配置
[H3C_Switch01]display link-aggregation verbose
//查看 H3C_Switch01 的链路聚合详细信息
Loadsharing Type: Shar -- Loadsharing, NonS -- Non-Loadsharing
Port Status: S -- Selected, U -- Unselected, I -- Individual
Port: A -- Auto port, M -- Management port, R -- Reference port
Flags:   A -- LACP_Activity, B -- LACP_Timeout, C -- Aggregation,
         D -- Synchronization, E -- Collecting, F -- Distributing,
         G -- Defaulted, H -- Expired

Aggregate Interface: Route-Aggregation2
//配置聚合接口属于路由聚合组 2
Aggregation Mode: Dynamic
//聚合模式是动态
Loadsharing Type: Shar
Management VLANs: None
System ID: 0x8000, b0f9-63b0-e74c
Local:
  Port            Status  Priority  Index  Oper-Key         Flag
  GE1/0/23(R)     S         32768    23       1            {ACDEF}
  GE1/0/24        S         32768    24       1            {ACDEF}
Remote:
  Actor           Priority Index   Oper-Key SystemID              Flag
  GE1/0/23        32768     23        1      0x8000, b0f9-63b1-527c {ACDEF}
  GE1/0/24        32768     24        1      0x8000, b0f9-63b1-527c {ACDEF}
//查看命令获得了很多远端聚合组的信息
[H3C_Switch01]
```

第8章

VLAN信息传播与VLAN间路由

本章要点

- MVRP
- VLAN间路由
- 实训1：MVRP配置与实现
- 实训2：基于单臂路由的VLAN间路由配置
- 实训3：基于SVI的VLAN间路由配置
- 实训4：基于交换机物理接口的VLAN间路由配置

通过前几章的学习我们已经了解到 VLAN 给网络带来了控制广播域、安全性和灵活性等诸多便利。但是，我们也要看到如果大型企业网中需要对几十台甚至上百台交换机进行 VLAN 配置，那将有一个非常巨大的工作量，同时 VLAN 之间默认是相互隔离的，当企业网运行时，一些网段之间不可避免地需要进行相互通信，遇到以上这些情况我们就需要一些协议辅助 VLAN 管理企业网络，本章将从控制 VLAN 信息传播和 VLAN 间路由两方面进行介绍。

8.1　MVRP

MRP（Multiple Registration Protocol，多属性注册协议）是一种载体协议，它的作用是将网络中设备的一些属性值在设备之间相互传递、更新和同步。MVRP（Multiple VLAN Registration Protocol，多 VLAN 注册协议）是 MRP 中一种比较重要的应用，它用于配置在交换机中，使交换机之间具有相互传递、更新和同步 VLAN 信息的功能。当网络中的交换机启动 MVRP 后，交换机将自动向网络内的其他交换机发送 VLAN 信息，同时也能接收其他交换机发送过来的 VLAN 信息，交换机之间动态更新 VLAN 信息，最终保证全网 VLAN 信息一致。MVRP 大大地减少了交换机所需的配置命令数，在拓扑发生变化时也能同步更新，提高了网络的工作效率。

8.1.1　MVRP 概述

MVRP 是 MRP 的一种典型应用，它的工作机制是维护交换机的 VLAN 动态注册信息，并将 VLAN 信息与其他交换机之间进行同步，达到一致。当交换机的某个接口启动 MVRP 协议后，该接口称为 MVRP 的应用实体，如图 8-1 所示，交换机通过发送或回收通告来管理自己的 VLAN 信息，交换机 H3C_Switch01 可以通过发送通告，主动地通告自身的 VLAN 信息，也可以通过回收来注销自身的 VLAN 信息，交换机 H3C_Switch02 也可以通过类似的机制发送或回收通告。

交换机 H3C_Switch02 实现发送或回收通告的方式如下所述。

当接口接收到交换机 H3C_Switch01 的发送通告是注册 VLAN 信息时，接口将注册通告中的 VLAN 信息。（接口加入 VLAN）。

当接口接收到交换机 H3C_Switch01 的回收通告是注销 VLAN 信息时，接口将注销 VLAN 信息。（接口删除 VLAN，属于默认 VLAN）。

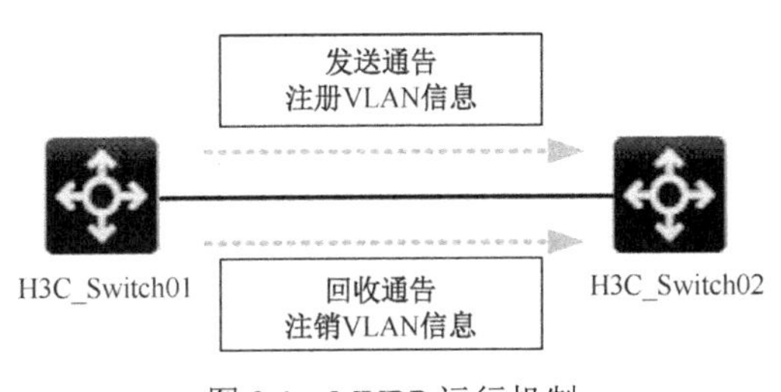

图 8-1　MVRP 运行机制

MVRP 的通告消息主要有 New 消息、Join 消息、Leave 消息和 Leave All 消息，它们相互配合实现交换机发送通告和回收通告的功能。其中 New 消息和 Join 消息属于发送通告，Leave 消息和 Leave All 消息属于回收通告，表 8-1 是 MVRP 各种消息的名称及其作用。

表 8-1　MVRP 消息名称及作用

消息名称	消息作用
New 消息	当 MSTP 的拓扑发生变化时，运行 MVRP 的交换机端口向对端 MVRP 实体发送 New 消息通告拓扑的变化
Join 消息	当交换机新建或更新某些 VLAN，需要向对端的交换机通告自身 VLAN 变化时，它会向对端发送 Join 消息
Leave 消息	当交换机删除某些 VLAN，需要向对端的交换机通告 VLAN 信息变化时，它会向对端发送 Leave 消息
Leave All 消息	运行 MVRP 的交换机会有一个定时器，当该定时器超时后，交换机会向所有 MVRP 对端发送 Leave All 消息

8.1.2　MVRP 的注册模式

VLAN 的类型主要有通过手工配置获得的静态 VLAN 和通过动态协议获得的动态 VLAN。不同类型的 VLAN 在不同的 MVRP 的注册模式下的处理方式也各不相同。

（1）Normal 模式

该模式下的端口允许进行动态 VLAN 的注册或注销，并允许发送动态和静态 VLAN 的声明。

（2）Fixed 模式

该模式下的端口禁止进行动态 VLAN 的注册或注销，且只允许发送静态 VLAN 的声明。也就是说，该模式下的 Trunk 端口，即使允许所有 VLAN 的数据通过，实际通过的 VLAN 的数据也只能是手工创建的那部分 VLAN 的。

（3）Forbidden 模式

该模式下的端口禁止进行动态 VLAN 的注册或注销，且只允许发送 VLAN 1 的声明。也就是说，该模式下的 Trunk 端口，即使允许所有 VLAN 的数据通过，实际通过的 VLAN 的数据也只能是 VLAN 1 的。

8.2　VLAN 间路由

网络中的 VLAN 默认是不能相互通信的，但是有的时候网络中的 VLAN 之间也需要进行

通信，虽然前面介绍了一些 VLAN 的扩展技术可以在一定区域内使二层 VLAN 之间进行相互通信，但是这种技术的局限性非常的大。那么有没有通用的 VLAN 间通信技术？这就需要一些三层技术使二层的 VLAN 之间相互通信。VLAN 间路由从实现方式可以分为基于路由器实现、基于路由器子接口实现和基于多层交换机实现的 VLAN 间路由，下面将从基于路由器实现 VLAN 间通信和基于交换机实现 VLAN 间通信两方面分析 VLAN 间路由技术。

8.2.1　基于路由器实现 VLAN 间路由

基于路由器实现 VLAN 间路由的方法主要有基于路由器物理接口实现和基于路由器子接口实现两种，下面将简要的介绍这两种实现方法。

1．基于路由器物理接口实现 VLAN 间路由

每个 VLAN 默认被分配一个独立的 IP 地址网段，并且各个网段之间是相互隔离的，如果需要，实现 VLAN 间路由最简单的方法是通过三层交换机进行“中转”，如图 8-2 是基于路由器物理接口实现 VLAN 间路由的方法，这种方式也是配置最为简单的实现方法。

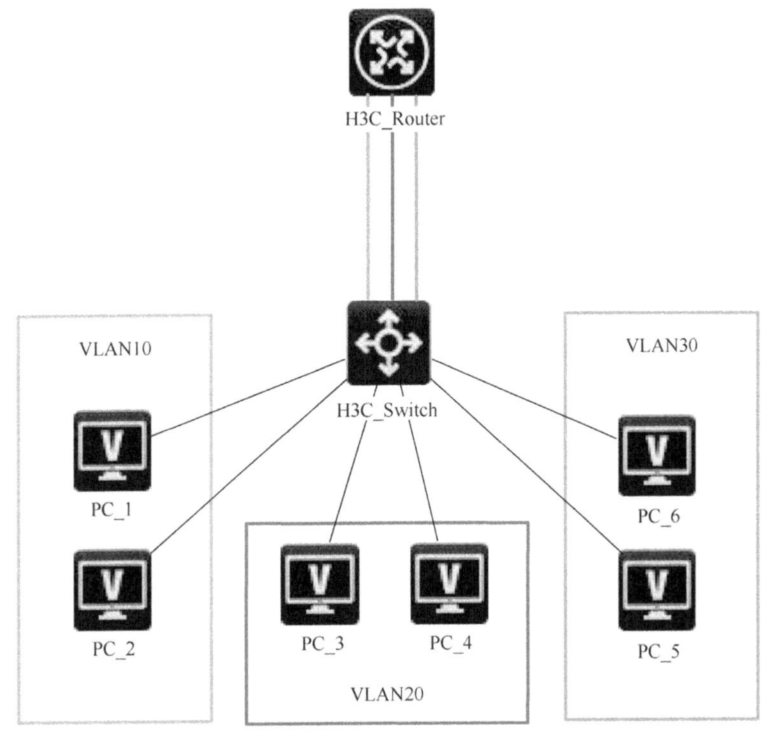

图 8-2　基于物理接口的 VLAN 间路由

图 8-2 中假设 VLAN10、VLAN20 和 VLAN30 之间需要进行相互通信，那么就需要交换机

配置三个 VLAN 的物理接口和路由器相连，并且指定三个 VLAN 的网段的网关是路由器，由路由器进行数据中转达到 VLAN 间路由的目的地，这种方式的优势是配置简单，缺点也很明显，网络需要通信的 VLAN 越多，需要的交换和路由接口数量也越多。这种 VLAN 间路由的方式将占用大量的设备接口资源。

2. 基于路由器子接口实现 VLAN 间路由

为了解决这种接口和线缆浪费问题，简化路由器与交换机之间的连接，可以使用 IEEE 802.1q 协议和路由器子接口等技术将接口进行“合并”。通过一条物理链路实现多个 VLAN 间的路由，这种实现方式也被形象地称为单臂路由。

如图 8-3 所示，由于 VLAN10 和 VLAN20 的数据需要通过交换机上连接路由器的接口，所以需要配置为 IEEE 802.1q 封装的 Trunk 接口，路由器需要在连接的物理接口 GE1/0/1 上配置 2 个逻辑子接口 GE1/0/1.1 和 GE1/0/1.2，其中 GE1/0/1.1 属于 VLAN10，GE1/0/1.2 属于 VLAN20，并配置相应的 IP 地址等信息，完成配置后交换机无论有多少 VLAN 需要进行 VLAN 间路由都可以通过这一条和路由器相连的物理链路再配置相应的逻辑子接口实现。

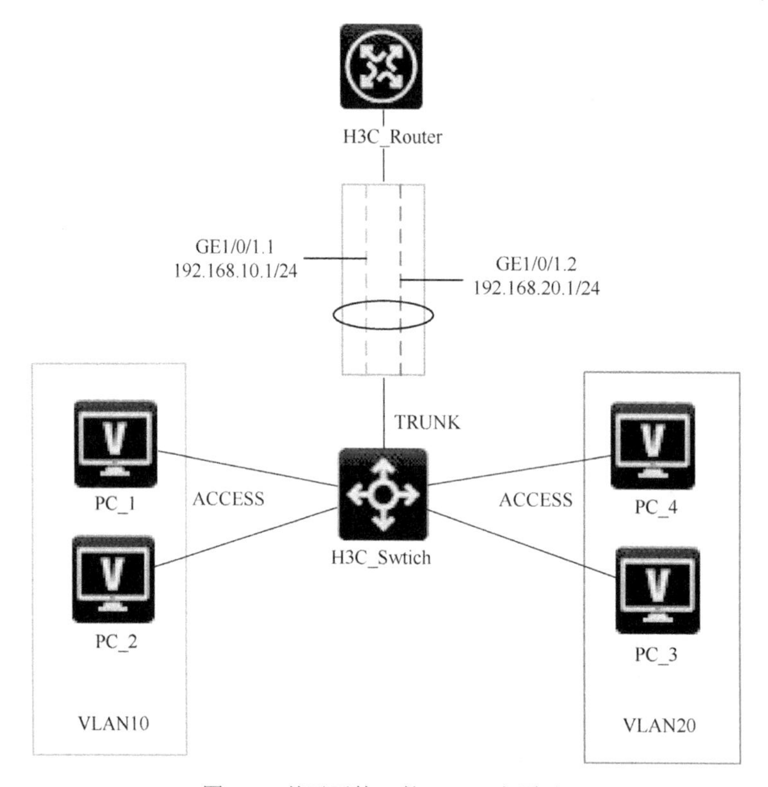

图 8-3 基于子接口的 VLAN 间路由

这种 VLAN 间路由虽然节省了交换机和路由器的接口与线缆，但仅使用一条物理线路承载所有 VLAN 数据对线缆和路由器的压力非常大，容易造成网络瓶颈，也容易造成单点故障，这会降低网络的稳定性。

8.2.2　基于交换机实现 VLAN 间路由

使用路由器实现 VLAN 间路由存在诸多问题，所以目前的网络中实现 VLAN 间路由的主要设备还是交换机，这里使用交换机实现 VLAN 间路由主要有两种方式，第一种是使用交换机的路由接口实现 VLAN 间路由，第二种是使用三层交换技术实现 VLAN 间路由。

1．采用交换机路由接口实现 VLAN 间路由

采用交换机路由接口实现VLAN间路由在本质上和采用路由器物理接口实现VLAN间路由在实现方法上是相同的，因为路由的接口比较少，而交换机的接口比较多，并且在多层交换中交换机的接口默认是二层接口，可以通过命令，使交换机的接口变为三层接口，这样交换机就可以看成一台接口很多的路由器实现 VLAN 间路由，虽然接口变多了，但是在大型网络中，如果 VLAN 的数量非常多，即使采用交换机的路由接口方式也很难满足巨大的需求，所以这种方式目前常用于 VLAN 数量较少的小型网络中。

2．采用交换机三层交换技术实现 VLAN 间路由

在实际工程环境中，由于前实现几种 VLAN 间路由的方式自身的设计缺陷，已经很少有网络设计人员采用。现实网络环境中目前主要使用三层交换技术实现 VLAN 间路由，企业网络中绝大部分的网络设备是交换机，还有少量的网络安全设备，网络中没有路由器等传统三层设备，所以 VLAN 间路由是使用多层交换机实现的，下面将着重介绍多层交换机中的三层交换技术是如何实现 VLAN 间路由的。

采用传统路由器方式会造成交换机接口和路由器接口的大量浪费，而采用“单臂路由”方式实现 VLAN 间路由的方式接收或发送的数据都需要经过路由器，这将造成一定的延迟，并且这种实现方式对路由器软件也将造成很大的压力，所以实际工程中使用三层交换技术替代这些技术。

采用三层交换机替代路由器后，这些路由器上的物理接口转变成了多层交换上的虚拟接口，即 SVI，如图 8-4 所示 SVI 是配置在多层交换上的虚拟接口。交换机可以为任何 VLAN 创建 SVI 接口，它们可以像路由器的接口一样执行相同的功能，并且 SVI 接口也为自己的 VLAN 提供 VLAN 间路由。

三层交换机为每个 VLAN 创建一个 SVI 接口，接口可以像路由器接口一样配置 IP 地址等信息，实现 VLAN 间路由功能。三层交换是使用交换机硬件完成 VLAN 间路由转发的，由于是硬件转发引擎，所以速度快，吞吐量高，避免了之前的延迟与不稳定性，因此转发性能要远高于路由器实现的 VLAN 间路由的性能。

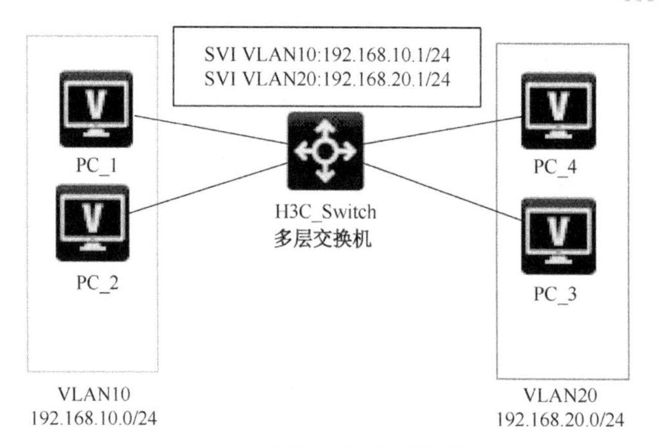

图 8-4　交换虚拟接口的应用

8.3　实训 1：MVRP 配置与实现

【实验目的】

- 理解动态 VLAN 注册协议的概念；
- 掌握 MVRP 的配置；
- 掌握 MVRP 的验证方法。

【实验拓扑】

实验拓扑如图 8-5 所示。

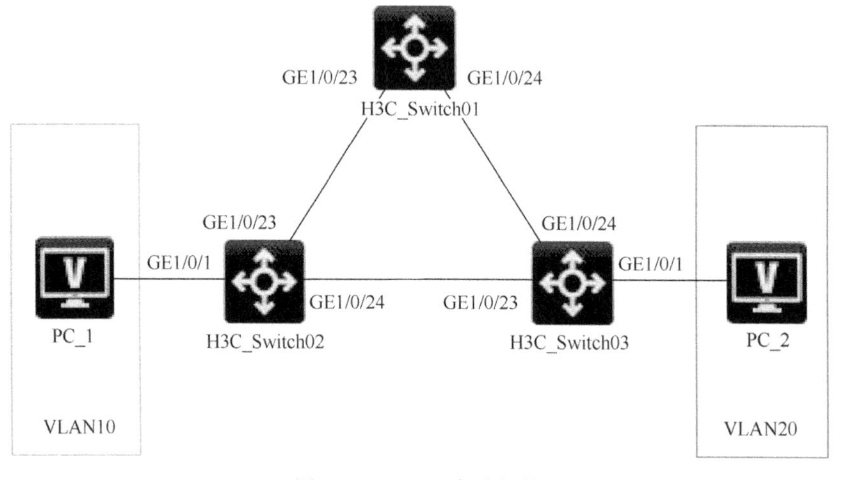

图 8-5　MVRP 实验拓扑

设备参数如表 8-2 所示。

表 8-2　设备参数表

设　备	名　称	接　口	接口模式	所属 VLAN	VLAN 名称
S5560X	H3C_Switch01	GE1/0/23	Trunk	—	—
		GE1/0/24	Trunk	—	—
S5560X	H3C_Switch02	GE1/0/1	Access	VLAN10	Student
		GE1/0/23	Trunk	—	—
		GE1/0/24	Trunk	—	—
S5560X	H3C_Switch03	GE1/0/1	Access	VLAN20	Teacher
		GE1/0/23	Trunk	—	—
		GE1/0/24	Trunk	—	—

【实验任务】

在交换机 H3C_Switch02 上创建 VLAN10，在 H3C_Switch03 上创建 VLAN20，整个网络运行 MSTP 生成树协议；H3C_Switch02 是 VLAN10 的根桥，H3C_Switch03 是 VLAN20 的根桥；在三台交换机相互连接的端口上开启 MVRP 功能，注册模式为 Normal；验证结果，修改其中一条链路的注册模式为 Fixed，再验证结果。

1．完成交换机 MSTP 配置

```
//配置交换机 H3C_Switch01
[H3C_Switch01]stp region-configuration
//进入交换机 MSTP 域配置视图
[H3C_Switch01-mst-region]region-name h3c
//配置 MSTP 的域名是 h3c
[H3C_Switch01-mst-region]instance 1 vlan 10
//创建实例 1 并配置 VLAN10 属于实例 1
[H3C_Switch01-mst-region]instance 2 vlan 20
//创建实例 2 并配置 VLAN20 属于实例 2
[H3C_Switch01-mst-region]revision-level 0
//配置 MSTP 的修订级别是 0
[H3C_Switch01-mst-region]active region-configuration
//激活 MSTP 的域配置
[H3C_Switch01-mst-region]exit
[H3C_Switch01]stp global enable
//在交换机全局范围内启用 STP
```

```
//交换机 H3C_Switch02 和 H3C_Switch03 的配置和 H3C_Switch01 相似，这里相同的命令只列出不解释
[H3C_Switch02]stp region-configuration
[H3C_Switch02-mst-region]region-name h3c
[H3C_Switch02-mst-region]instance 1 vlan 10
[H3C_Switch02-mst-region]instance 2 vlan 20
[H3C_Switch02-mst-region]revision-level 0
[H3C_Switch02-mst-region]active region-configuration
[H3C_Switch02-mst-region]exit
[H3C_Switch02]stp instance 1 root primary
//配置交换机 H3C_Switch02 为实例 1 的根网桥
[H3C_Switch02]stp global enable
//配置交换机 H3C_Switch03 的命令
[H3C_Switch03]stp region-configuration
[H3C_Switch03-mst-region]region-name h3c
[H3C_Switch03-mst-region]instance 1 vlan 10
[H3C_Switch03-mst-region]instance 2 vlan 20
[H3C_Switch03-mst-region]revision-level 0
[H3C_Switch03-mst-region]active region-configuration
[H3C_Switch03-mst-region]exit
[H3C_Switch03]stp instance 2 root primary
//配置交换机 H3C_Switch03 为实例 2 的根网桥
[H3C_Switch03]stp global enable
```

2. 配置交换机端口与 MVRP

```
[H3C_Switch01]interface range GigabitEthernet 1/0/23 to GigabitEthernet 1/0/24
[H3C_Switch01-if-range]mvrp enable
//进入交换机 H3C_Switch01 的 GE1/0/23 和 GE1/0/24 端口，开启 MVRP 功能
MVRP can work only on trunk ports.
MVRP can work only on trunk ports.
//交换机系统弹出提示 MVRP 只能工作在 TRUNK 端口上
[H3C_Switch01-if-range]port link-type trunk
[H3C_Switch01-if-range]port trunk permit vlan all
[H3C_Switch01-if-range]mvrp enable
//配置端口属于 Trunk 链路，允许所有 VLAN 的数据通过该链路，再开启 MVRP 功能
[H3C_Switch01-if-range]exit

//交换机 H3C_Switch02 和 H3C_Switch03 的配置与 H3C_Switch01 相同的命令只列出不解释
```

```
[H3C_Switch02]vlan 10
//创建 VLAN10
[H3C_Switch02-vlan10]name Student
//将 VLAN10 命名为 Student
[H3C_Switch02-vlan10]exit
[H3C_Switch02]interface GigabitEthernet 1/0/1
[H3C_Switch02-GigabitEthernet1/0/1]port link-type access
[H3C_Switch02-GigabitEthernet1/0/1]port access vlan 10
//配置端口 GE1/0/1 属于 VLAN10
[H3C_Switch02-GigabitEthernet1/0/1]exit
 [H3C_Switch02]interface range GigabitEthernet 1/0/23 to GigabitEthernet 1/0/24
[H3C_Switch02-if-range]port link-type trunk
[H3C_Switch02-if-range]port trunk permit vlan all
[H3C_Switch02-if-range]mvrp enable
[H3C_Switch02-if-range]exit
//配置交换机 H3C_Switch03 的命令
[H3C_Switch03]vlan 20
//创建 VLAN20
[H3C_Switch03-vlan20]name Teacher
//将 VLAN20 命名为 Teacher
[H3C_Switch03-vlan20]exit
[H3C_Switch03]interface GigabitEthernet 1/0/1
[H3C_Switch03-GigabitEthernet1/0/1]port link-type access
[H3C_Switch03-GigabitEthernet1/0/1]port access vlan 20
//配置端口 GE1/0/1 属于 VLAN20
[H3C_Switch03-GigabitEthernet1/0/1]exit
[H3C_Switch03]interface range GigabitEthernet 1/0/23 to GigabitEthernet 1/0/24
[H3C_Switch03-if-range]port link-type trunk
[H3C_Switch03-if-range]port trunk permit vlan all
[H3C_Switch03-if-range]mvrp enable
[H3C_Switch03-if-range]exit
```

3. 验证交换机 MVRP 的配置

```
[H3C_Switch01]display mvrp running-status
//查看交换机 MVRP 运行状态
 -------[MVRP Global Info]-------
 Global Status        : Disabled
```

```
 Compliance-GVRP      : False
//交换机全局状态是 Disabled，这是因为 MVRP 在全局没有开启
[H3C_Switch01]mvrp global enable
//在全局开启交换机 H3C_Switch01 的 MVRP 功能
[H3C_Switch02]mvrp global enable
//在全局开启交换机 H3C_Switch02 的 MVRP 功能
 [H3C_Switch03]mvrp global enable
//在全局开启交换机 H3C_Switch03 的 MVRP 功能

[H3C_Switch01]display mvrp running-status
//查看交换机 H3C_Switch01 的 MVRP 运行状态
 -------[MVRP Global Info]-------
 Global Status        : Enabled
 Compliance-GVRP      : False

 ----[GigabitEthernet1/0/23]----
 Config Status                  : Enabled
 Running Status                 : Enabled
 Join Timer                     : 20 (centiseconds)
 Leave Timer                    : 60 (centiseconds)
 Periodic Timer                 : 100 (centiseconds)
 LeaveAll Timer                 : 1000 (centiseconds)
 Registration Type              : Normal
 Registered VLANs :
  1(default), 10
 Declared VLANs :
  1(default)
 Propagated VLANs :
  1(default), 10

 ----[GigabitEthernet1/0/24]----
 Config Status                  : Enabled
 Running Status                 : Enabled
 Join Timer                     : 20 (centiseconds)
 Leave Timer                    : 60 (centiseconds)
 Periodic Timer                 : 100 (centiseconds)
```

```
    LeaveAll Timer                    : 1000 (centiseconds)
    Registration Type                 : Normal
    Registered VLANs :
     1(default), 20
    Declared VLANs :
     1(default)
    Propagated VLANs :
     1(default), 20
[H3C_Switch01]
```

//目前，交换机 H3C_Switch01 的 GE1/0/23 运行模式是 Normal，端口注册了 VLAN1 和 VLAN10，向外通告 VLAN1，传播 VLAN1 和 VLAN10；GE1/0/24 运行模式是 Normal，端口册了 VLAN1 和 VLAN20，向外通告 VLAN1，传播 VLAN1 和 VLAN20

```
[H3C_Switch02]display mvrp running-status
```

//查看交换机 H3C_Switch02 的 MVRP 运行状态

```
-------[MVRP Global Info]-------
 Global Status         : Enabled
 Compliance-GVRP       : False

 ----[GigabitEthernet1/0/23]----
 Config Status                     : Enabled
 Running Status                    : Enabled
 Join Timer                        : 20 (centiseconds)
 Leave Timer                       : 60 (centiseconds)
 Periodic Timer                    : 100 (centiseconds)
 LeaveAll Timer                    : 1000 (centiseconds)
 Registration Type                 : Normal
 Registered VLANs :
  1(default)
 Declared VLANs :
  1(default), 10
 Propagated VLANs :
  1(default)

 ----[GigabitEthernet1/0/24]----
 Config Status                     : Enabled
 Running Status                    : Enabled
```

```
Join Timer                     : 20 (centiseconds)
Leave Timer                    : 60 (centiseconds)
Periodic Timer                 : 100 (centiseconds)
LeaveAll Timer                 : 1000 (centiseconds)
Registration Type              : Normal
Registered VLANs :
 20
Declared VLANs :
 1(default), 10
Propagated VLANs :
 20
```

[H3C_Switch02]

//目前，交换机 H3C_Switch02 的 GE1/0/23 运行模式是 Normal，端口注册了 VLAN1，向外通告 VLAN1 和 VLAN10，传播 VLAN1；GE1/0/24 运行模式是 Normal，端口册了 VLAN20，向外通告 VLAN1 和 VLAN10，传播 VLAN20

[H3C_Switch03]display mvrp running-status

//查看交换机 H3C_Switch03 的 MVRP 运行状态

```
-------[MVRP Global Info]-------
 Global Status         : Enabled
 Compliance-GVRP       : False

 ----[GigabitEthernet1/0/23]----
 Config Status                  : Enabled
 Running Status                 : Enabled
 Join Timer                     : 20 (centiseconds)
 Leave Timer                    : 60 (centiseconds)
 Periodic Timer                 : 100 (centiseconds)
 LeaveAll Timer                 : 1000 (centiseconds)
 Registration Type              : Normal
 Registered VLANs :
  1(default), 10
 Declared VLANs :
  20
 Propagated VLANs :
  10
```

```
----[GigabitEthernet1/0/24]----
Config Status                    : Enabled
Running Status                   : Enabled
Join Timer                       : 20 (centiseconds)
Leave Timer                      : 60 (centiseconds)
Periodic Timer                   : 100 (centiseconds)
LeaveAll Timer                   : 1000 (centiseconds)
Registration Type                : Normal
Registered VLANs :
 1(default)
Declared VLANs :
 1(default), 20
Propagated VLANs :
 1(default)

[H3C_Switch03]
```

//目前，交换机 H3C_Switch03 的 GE1/0/23 运行模式是 Normal，端口注册了 VLAN1 和 VLAN10，向外通告 VLAN20；传播 VLAN10；GE1/0/24 运行模式是 Normal，端口册了 VLAN1，向外通告 VLAN1 和 VLAN20，传播 VLAN1

4．修改 MVRP 注册模式

MVRP 注册模式有 Normal、Fixed 和 Forbidden 三种，其中 Normal 模式允许动态 VLAN 注册，而 Fixed 和 Forbidden 禁止动态 VLAN 注册，本节修改交换机 H3C_Switch03 的 GE1/0/23 端口的注册模式，再查看产生的结果。

```
[H3C_Switch03]interface GigabitEthernet 1/0/23
[H3C_Switch03-GigabitEthernet1/0/23]mvrp registration fixed
//配置交换机 H3C_Switch03 的 GE1/0/23 端口的注册模式是 Fixed
[H3C_Switch03-GigabitEthernet1/0/23]exit
[H3C_Switch03]display mvrp running-status interface GigabitEthernet 1/0/23
 -------[MVRP Global Info]-------
 Global Status        : Enabled
 Compliance-GVRP      : False

 ----[GigabitEthernet1/0/23]----
 Config Status                   : Enabled
```

```
    Running Status                          : Enabled
    Join Timer                              : 20 (centiseconds)
    Leave Timer                             : 60 (centiseconds)
    Periodic Timer                          : 100 (centiseconds)
    LeaveAll Timer                          : 1000 (centiseconds)
    Registration Type                       : Fixed
    Registered VLANs :
     1(default), 10
    Declared VLANs :
     20
    Propagated VLANs :
     10
[H3C_Switch03]
//查看 MVRP 的运行状态可以发现，H3C_Switch03 的注册模式变为了 Fixed

[H3C_Switch02]undo vlan 10
//删除交换机 H3C_Switch02 的 VLAN10

[H3C_Switch01]dis mvrp running-status
  -------[MVRP Global Info]-------
  Global Status        : Enabled
  Compliance-GVRP      : False

  ----[GigabitEthernet1/0/23]----
  Config Status                           : Enabled
  Running Status                          : Enabled
  Join Timer                              : 20 (centiseconds)
  Leave Timer                             : 60 (centiseconds)
  Periodic Timer                          : 100 (centiseconds)
  LeaveAll Timer                          : 1000 (centiseconds)
  Registration Type                       : Normal
  Registered VLANs :
   1(default)
  Declared VLANs :
   1(default)
  Propagated VLANs :
```

```
 1(default)
<省略部分输出>
//查看交换机 H3C_Switch01 的 MVRP 运行状态可发现，与 H3C_Switch02 相连的 GE1/0/23 的 VLAN 注册信息发生了变化，通告中都没有 VLAN10，因为交换机 H3C_Switch02 已经删除了 VLAN10 的信息

[H3C_Switch03]display mvrp running-status interface GigabitEthernet 1/0/23
 -------[MVRP Global Info]-------
 Global Status          : Enabled
 Compliance-GVRP        : False

 ----[GigabitEthernet1/0/23]----
 Config Status                    : Enabled
 Running Status                   : Enabled
 Join Timer                       : 20 (centiseconds)
 Leave Timer                      : 60 (centiseconds)
 Periodic Timer                   : 100 (centiseconds)
 LeaveAll Timer                   : 1000 (centiseconds)
 Registration Type                : Fixed
 Registered VLANs :
  1(default), 10
 Declared VLANs :
  20
 Propagated VLANs :
  10
[H3C_Switch03]
//查看交换机 H3C_Switch03 的 MVRP 运行状态可发现，VLAN10 的注册信息依然存在，这是因为端口的注册模式是 Fixed，禁止接收 H3C_Switch02 发过来的 VLAN 注册信息更新，实验完成
```

8.4 实训 2：基于单臂路由的 VLAN 间路由配置

【实验目的】

- 理解 H3C 路由器子接口的概念；
- 掌握 H3C 路由器子接口的配置；
- 了解基于单臂路由的 VLAN 间路由的配置及验证过程。

【实验拓扑】

实验拓扑如图 8-6 所示。

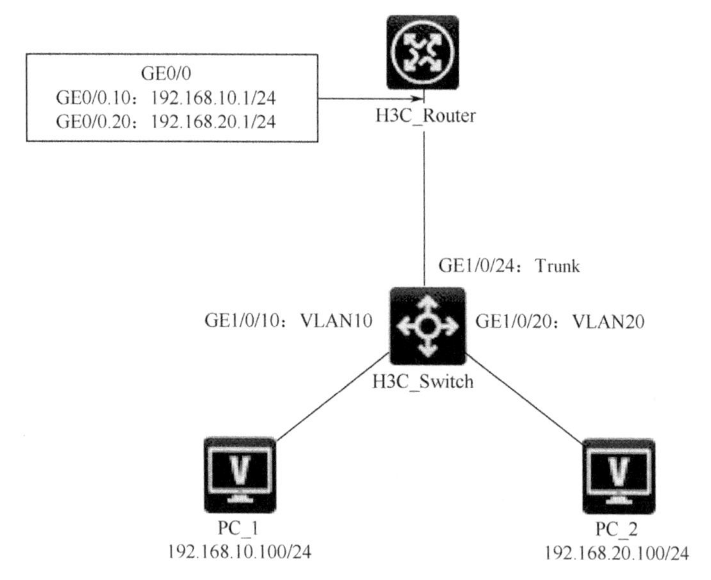

图 8-6　H3C 基于单臂路由的 VLAN 间路由实验拓扑

设备参数如表 8-3 所示。

表 8-3　设备参数表

设　备	名　称	接　口	接口模式	所属 VLAN	VLAN 名称
S5560X	H3C_Switch	GE1/0/10	Access	VLAN10	Student
		GE1/0/20	Access	VLAN20	Teacher
		GE1/0/24	Trunk		
设　备	名　称	接　口	IP 地址	子网掩码	封装方式
MSR36	H3C_Router	GE0/0.10	192.168.10.1	255.255.255.0	IEEE 802.1q
		GE0/0.20	192.168.20.1	255.255.255.0	IEEE 802.1q
设　备	名　称	接　口	IP 地址	子网掩码	默认网关
PC	PC_1	NIC	192.168.10.100	255.255.255.0	192.168.10.1
	PC_2	NIC	192.168.20.100	255.255.255.0	192.168.20.1

【实验任务】

单臂路由是基于路由器的 VLAN 间路由的一种实现方式，这种实现方式相比直接使用路由器具有节省路由端口、方法扩展性强等特点，但是同样它的缺点也非常明显，如果网络中的路由器出现故障，容易对整个网络产生影响，会出现单点故障等问题。

1. 配置交换机 VLAN

```
<H3C>system-view
[H3C]sysname H3C_Switch
[H3C_Switch]vlan 10
[H3C_Switch-vlan10]name Student
[H3C_Switch-vlan10]vlan 20
[H3C_Switch-vlan20]name Teacher
[H3C_Switch-vlan20]exit
//在交换机 H3C_Switch 上创建名为 Student 的 VLAN10 和名为 Teacher 的 VLAN20
```

2. 配置交换机接口

```
[H3C_Switch]interface GigabitEthernet 1/0/10
[H3C_Switch-GigabitEthernet1/0/10]port link-type access
[H3C_Switch-GigabitEthernet1/0/10]port access vlan 10
[H3C_Switch-GigabitEthernet1/0/10]exit
[H3C_Switch]interface GigabitEthernet 1/0/20
[H3C_Switch-GigabitEthernet1/0/20]port link-type access
[H3C_Switch-GigabitEthernet1/0/20]port access vlan 20
[H3C_Switch-GigabitEthernet1/0/20]exit
[H3C_Switch]interface GigabitEthernet 1/0/24
[H3C_Switch-GigabitEthernet1/0/24]port link-type trunk
[H3C_Switch-GigabitEthernet1/0/24]port trunk permit vlan 1 10 20
[H3C_Switch-GigabitEthernet1/0/24]exit
[H3C_Switch]
//在交换机 H3C_Switch 上配置接口 GE1/0/10 属于 VLAN10，GE1/0/20 属于 VLAN20；GE1/0/24 设置为 Trunk 链路，仅允许 VLAN1、VLAN10 和 VLAN20 的数据通过
```

3. 配置路由器单臂路由

```
<H3C>system-view
[H3C]sysname H3C_Router
[H3C_Router]interface GigabitEthernet 0/0
[H3C_Router-GigabitEthernet0/0]undo shutdown
//确保 GE0/0 的物理接口处于开启状态
[H3C_Router-GigabitEthernet0/0]exit
[H3C_Router]interface GigabitEthernet 0/0.10
//进入路由器 GE0/0 物理接口的 GE0/0.10 子接口
[H3C_Router-GigabitEthernet0/0.10]vlan-type dot1q vid 10
```

```
//配置子接口封装协议是 IEEE 802.1q，属于 VLAN10
[H3C_Router-GigabitEthernet0/0.10]ip address 192.168.10.1 255.255.255.0
//配置子接口 IP 地址
[H3C_Router-GigabitEthernet0/0.10]exit
[H3C_Router]interface GigabitEthernet 0/0.20
//进入路由器 GE0/0 物理接口的 GE0/0.20 子接口
[H3C_Router-GigabitEthernet0/0.20]vlan-type dot1q vid 20
//配置子接口封装协议是 IEEE 802.1q，属于 VLAN10
[H3C_Router-GigabitEthernet0/0.20]ip address 192.168.20.1 255.255.255.0
//配置子接口 IP 地址
[H3C_Router-GigabitEthernet0/0.20]exit
```

4. PC 配置

配置 PC_1 和 PC_2 的 IP 地址、子网掩码和默认网关等信息，如表 8-4 所示。

表 8-4　PC_1 和 PC_2 地址配置表

设备名称	IP 地址	子网掩码	默认网关
PC_1	192.168.10.100	255.255.255.0	192.168.10.1
PC_2	192.168.20.100	255.255.255.0	192.168.20.1

5. 连通性验证

在 PC_1 上使用 ping 命令测试与 PC_2 主机之间的连通性，如图 8-7 所示。

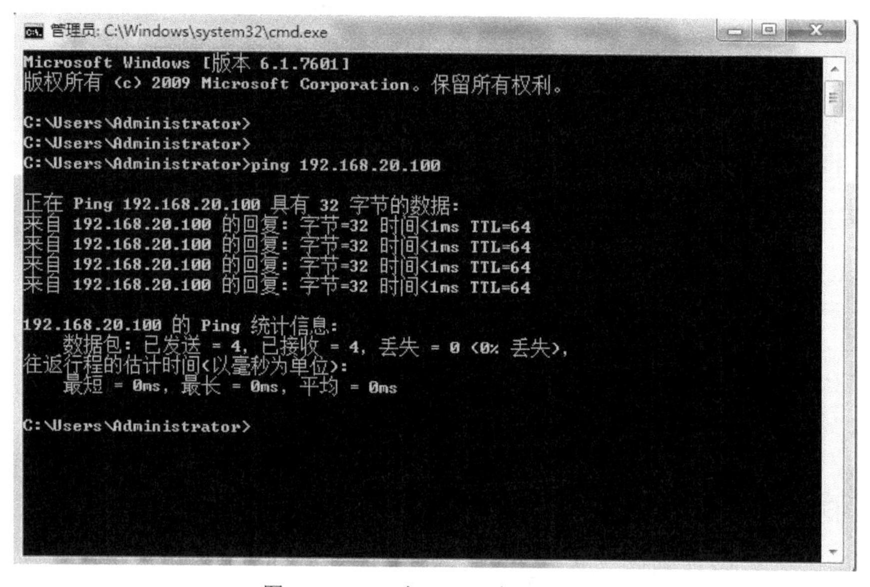

图 8-7　PC_1 与 PC_2 连通性测试

从 ping 测试结果看出，PC_1 可以 ping 通 PC_2，基于路由器的 VLAN 间路由实验完成。

8.5　实训 3：基于 SVI 的 VLAN 间路由配置

【实验目的】

- 理解 SVI 实现 VLAN 间路由的概念；
- 掌握 SVI 实现 VLAN 间路由的配置方法；
- 掌握 SVI 实现 VLAN 间路由的验证方法。

【实验拓扑】

实验拓扑如图 8-8 所示。

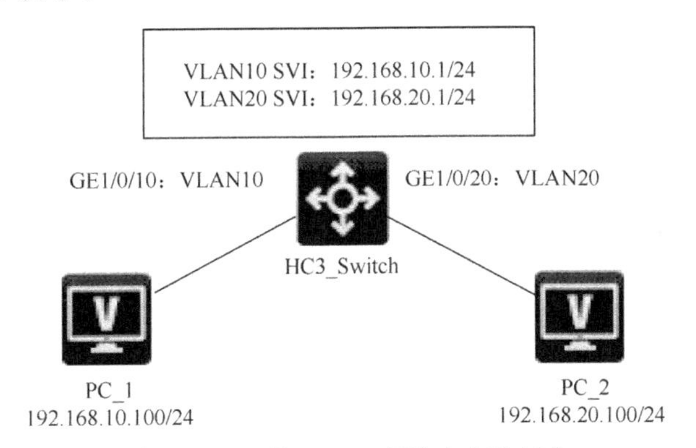

图 8-8　SVI 的 VLAN 间路由实验拓扑

设备参数如表 8-5 所示。

表 8-5　设备参数表

设　备	名　称	接　口	IP 地址	子网掩码	默认网关
S5560X	H3C_Switch	VLAN10	192.168.10.1	255.255.255.0	
		VLAN20	192.168.20.1	255.255.255.0	
PC	PC_1	NIC	192.168.10.100	255.255.255.0	192.168.10.1
	PC_2	NIC	192.168.20.100	255.255.255.0	192.168.20.1

【实验任务】

使用交换机虚拟接口实现 VLAN 间路由被广泛应用于各种类型交换网络中，这种实现 VLAN 间路由的方法相比使用路由器实现的方法具有成本低、效率高和不容易出现单点故障等特点，SVI 方案的这些特点是导致当今网络中绝大部分网络设备是交换机，路由器逐步退出主流网络解决方案的重要原因之一。

1．配置交换机 H3C_Switch 的 VLAN

```
<H3C>system-view
[H3C]sysname H3C_Switch
[H3C_Switch]vlan 10
[H3C_Switch-vlan10]name Student
[H3C_Switch-vlan10]vlan 20
[H3C_Switch-vlan20]name Teacher
[H3C_Switch-vlan20]exit
```

2．配置交换机 H3C_Switch 的接口

```
[H3C_Switch]interface GigabitEthernet 1/0/10
[H3C_Switch-GigabitEthernet1/0/10]port link-type access
[H3C_Switch-GigabitEthernet1/0/10]port access vlan 10
[H3C_Switch-GigabitEthernet1/0/10]exit
[H3C_Switch]interface GigabitEthernet 1/0/20
[H3C_Switch-GigabitEthernet1/0/20]port link-type access
[H3C_Switch-GigabitEthernet1/0/20]port access vlan 20
[H3C_Switch-GigabitEthernet1/0/20]exit
```

3．配置交换机 H3C_Switch 的 SVI

```
[H3C_Switch]interface Vlan-interface 10
[H3C_Switch-Vlan-interface10]ip address 192.168.10.1 255.255.255.0
[H3C_Switch-Vlan-interface10]undo shutdown
[H3C_Switch-Vlan-interface10]exit
[H3C_Switch]interface Vlan-interface 20
[H3C_Switch-Vlan-interface20]ip address 192.168.20.1 255.255.255.0
[H3C_Switch-Vlan-interface20]undo shutdown
[H3C_Switch-Vlan-interface20]exit
[H3C_Switch]
```

4．验证基于 SVI 的 VLAN 间路由配置

```
[H3C_Switch]display ip interface brief
//查看 IP 接口的简明列表
*down: administratively down
(s): spoofing    (l): loopback
```

```
Interface                    Physical Protocol IP Address      Description
MGE0/0/0                       down       down      --              --
Vlan10                          up         up       192.168.10.1    --
Vlan20                          up         up       192.168.20.1    --
[H3C_Switch]
```

从 H3C 交换机的接口简明列表可以看到，在单臂路由中路由器两个子接口的功能目前由交换机新建的两个 SVI 接口所替代，当交换机启用 VLAN 的管理接口并为管理接口配置 IP 地址后，交换机的 VLAN 就可以通过这些 SVI 口完成 VLAN 间通信，我们可以从一台 PC 上使用 ping 命令，测试交换机 SVI 接口的配置。

在 PC_1 上测试与 PC_2 主机之间的连通性，测试结果如图 8-11 所示。

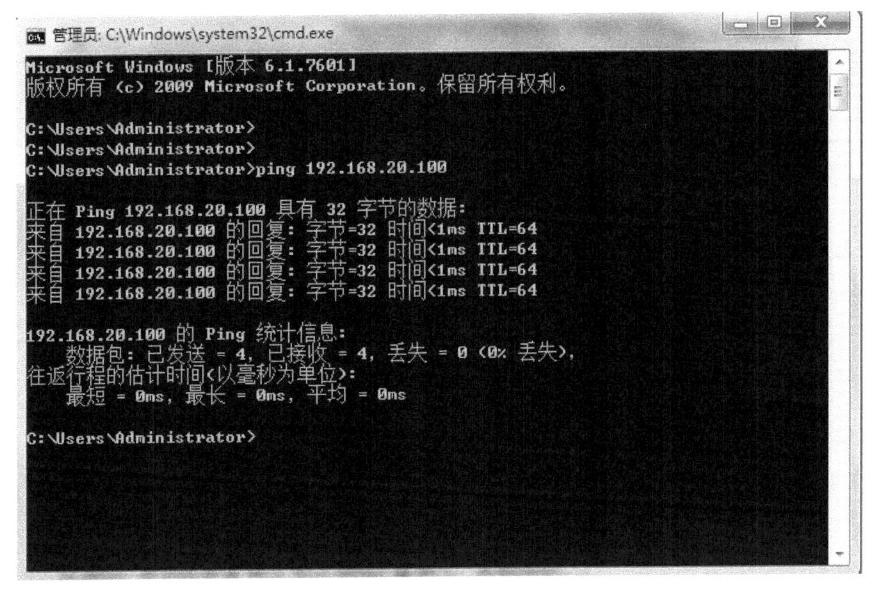

图 8-9　在 PC_1 上测试配置连通性

从 ping 测试结果可以看出，PC_1 可以 ping 通 PC_2，实验完成。

8.6　实训 4：基于交换机物理接口的 VLAN 间路由配置

【实验目的】

- 了解 H3C 交换机路由接口的概念；
- 掌握 H3C 交换机路由接口的配置方法；
- 了解 H3C 交换机路由接口的验证方法。

【实验拓扑】

实验拓扑如图 8-10 所示。

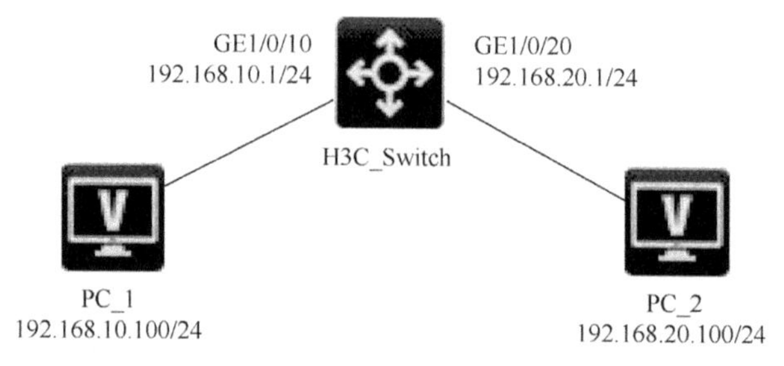

图 8-10 交换机物理接口 VLAN 间路由实验拓扑

设备参数如表 8-6 所示：

表 8-6 设备参数表

设 备	名 称	接 口	IP 地址	子网掩码	默认网关
S5560X	H3C_Switch	GE1/0/10	192.168.10.1	255.255.255.0	
		GE1/0/20	192.168.20.1	255.255.255.0	
PC	PC_1	NIC	192.168.10.100	255.255.255.0	192.168.10.1
	PC_2	NIC	192.168.20.100	255.255.255.0	192.168.20.1

【实验任务】

除了使用交换机的 SVI 完成 VLAN 间路由，我们还可以通过开启交换机接口的路由功能完成 VLAN 间路由。这种方式的本质是转变交换机的接口模式，从交换口转变为路由口，这样通过最基础的方式完成 VLAN 间路由。这种方式相比 SVI 在转发效率方面略有不足，但是配置相对简单，在中小型网络中有比 SVI 方式更好的适应性，在网络组建中是一种很好的备选方案。

1．配置交换机 H3C_Switch 的接口

```
<H3C>system-view
[H3C]sysname H3C_Switch
[H3C_Switch]interface GigabitEthernet 1/0/10
[H3C_Switch-GigabitEthernet1/0/10]port link-mode route
[H3C_Switch-GigabitEthernet1/0/10]ip address 192.168.10.1 255.255.255.0
[H3C_Switch-GigabitEthernet1/0/10]undo shutdown
[H3C_Switch-GigabitEthernet1/0/10]exit
[H3C_Switch]interface GigabitEthernet 1/0/20
[H3C_Switch-GigabitEthernet1/0/20]port link-mode route
```

```
[H3C_Switch-GigabitEthernet1/0/20]ip address 192.168.20.1 255.255.255.0
[H3C_Switch-GigabitEthernet1/0/20]undo shutdown
[H3C_Switch-GigabitEthernet1/0/20]exit
[H3C_Switch]
```

2．验证基于交换机物理接口的 VLAN 间路由配置

```
[H3C_Switch]display ip interface brief
*down: administratively down
(s): spoofing   (l): loopback
Interface                 Physical Protocol IP Address      Description
GE1/0/10                    up        up        192.168.10.1    --
GE1/0/20                    up        up        192.168.20.1    --
MGE0/0/0                    down      down      --              --
[H3C_Switch]
```

从查看 IP 地址接口的参数列表可以看出，SVI 实现 VLAN 间路由的方式使用的接口是 VLAN10 和 VLAN20 这两个虚拟 VLAN 接口，而使用交换机物理接口路由功能的方式使用的是实际物理接口，除此之外，两种方式在设置和验证方面基本相同，都可以很轻松地实现 VLAN 间路由，是很好的互为补充的实现 VLAN 间路由的方案。

在 PC_1 上测试与 PC_2 主机之间的连通性，测试结果如图 8-13 所示。

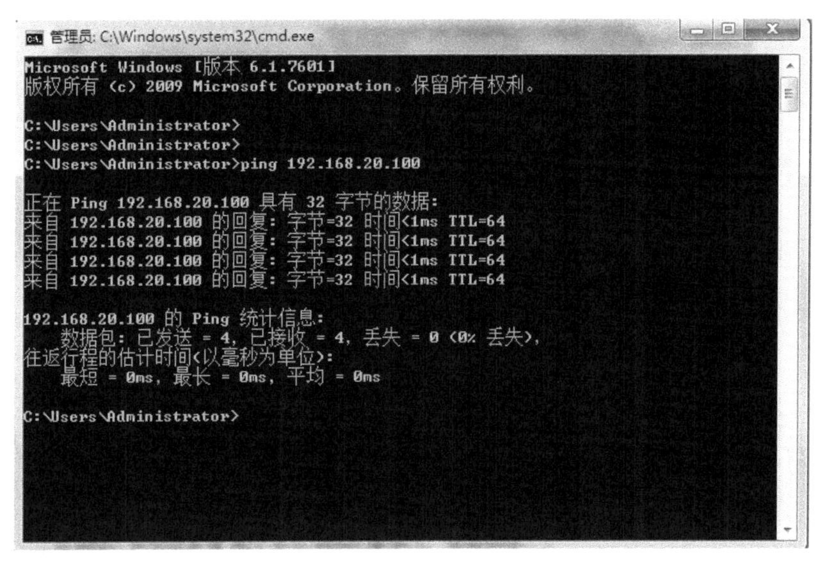

图 8-11　在 PC_1 上测试配置连通性

从 ping 测试结果可以看出，PC_1 可以 ping 通 PC_2，实验完成。

第9章

STP

本章要点

- STP 概述
- 生成树的算法
- RSTP
- MSTP
- 三种协议的比较
- 实训 1：STP 配置
- 实训 2：RSTP 配置
- 实训 3：MSTP 配置

家用网络与企业网络关注和追求的目标有很大的差别，用一个字来描述，就是家庭网络唯“快”、企业网络唯“稳”。家庭网络不会买多台交换机进行热备份，而企业网络一定会买多台交换机进行备份，如果家庭网络的网速较慢但非常稳定是毫无意义的；同理，如果企业网络的网速很快但稳定性较差也是毫无意义的。所以各种网络的建设要密切关注用网需求。

企业网络通常会由多台交换机互连形成环路保障局域网稳定运行，为了避免由于物理上的连接造成的网络的环路问题，我们需要在逻辑上让网络形成一个无环的树形结构，STP（Spanning-Tree Protocol，生成树协议）被创造出来实现这样的功能。本章我们首先学习STP的基本概念、环路的弊端、STP的算法等，然后介绍两个传统STP的升级协议RSTP（Rapid Spanning-Tree Protocol，快速生成树协议）和MSTP（Multiple Spanning-Tree Protocol，多生成树协议）。

9.1 STP概述

STP的目标是建立一个树形结构逻辑无环的网络，它解决了企业冗余网络中由于物理环路造成的一系列二层问题。STP通过生成树算法逻辑上阻塞一些交换机端口形成树形网络，当网络中的某些线路出现物理故障时，交换机通过生成树算法使一些原本阻塞的端口进入转发状态，从而保障网络不中断，连续运行。

9.1.1 路径环路问题

企业网络中交换机对企业网络重要吗？答案无疑是肯定的。现代网络都是一种分层结构，接入层汇集终端用户的流量进入网络，汇聚层将用户流量进行控制，核心层进行快速转发，但是普通的三层模型会出现单点故障问题，如图9-1所示。网络一旦出现单点故障问题，一片区域甚至整个网络都会断网，影响企业的生产生活。

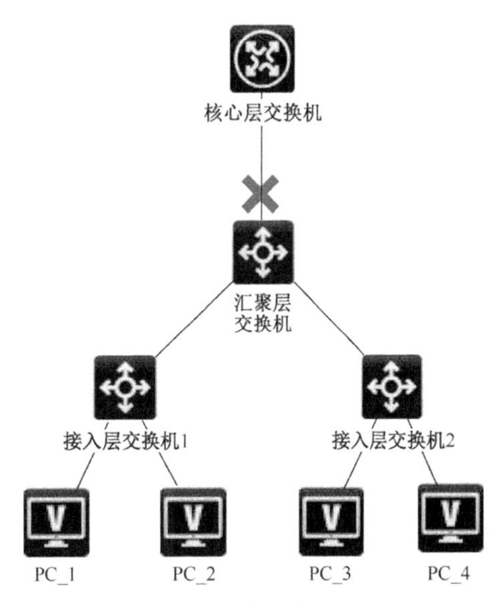

图9-1 单点故障导致网络不可用

设计良好的企业网络必然会在二层做很多环形结构起到冗余的作用，但不做任何处理的网络物理冗余会给网络带来广播风暴、多播帧复制，MAC地址不稳定等问题。就逐一分析这几个问题产生的原因。

1. 广播风暴

虽然交换机的 VLAN 功能将广播域进行了分割，形成一个个更小的广播范围，但广播帧的一些特性产生的问题还是无法避免的。交换机接收到广播帧后会向所有端口（排除接收端口）转发广播帧，目的是确保广播域中的所有网络设备都能接收到数据帧。但是如果两台设备之间由于备份的需要形成环路（见图 9-2），广播帧在两台设备的环路中会越来越多，直到交换设备宕机。实际表现是交换机所有的端口指示灯全部常亮，这种危害被称为广播风暴。

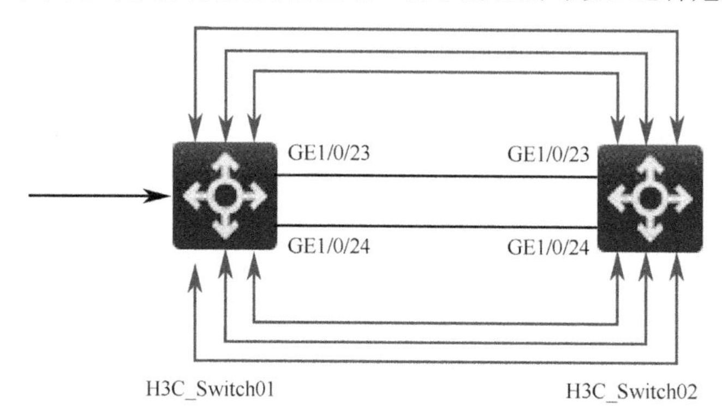

图 9-2 广播风暴的成因

2. MAC 地址表不稳定

这是广播风暴的附带效果，前面的章节我们介绍过学习功能是交换机的基本功能，当接收到数据帧后，交换机会查询自身的 MAC 地址表，如果 MAC 地址表没有源 MAC 地址和端口对应的条目，会增加相应条目。如果 MAC 地址表中有相应条目就更新老化时间。

在广播风暴中，如图 9-3 所示，H3C_Switch01 交换机在接收到一个数据帧时反复从自己的 GE1/0/23 和 GE1/0/24 端口接收，交换机本身的 MAC 地址表一直在更新变化中，不稳定的 MAC 地址表对正常数据的转发也会带来不确定性的影响。

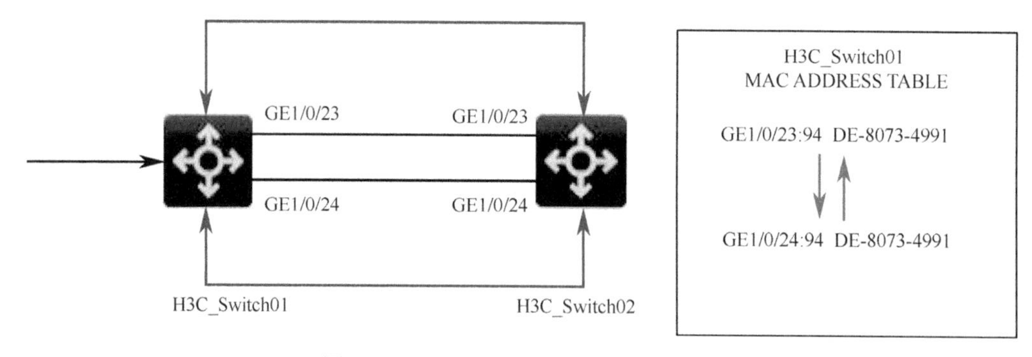

图 9-3 MAC 地址表不稳定产生的原因

3. 多播帧复制

多播帧复制是指对同一个数据帧交换机重复接收而导致不确定哪一个数据帧才是准确的数据帧的问题。在广播风暴中也隐藏了多播帧复制问题。如图 9-2 所示，广播帧在网络中的快速传播使得有一些相同的数据帧交换机接收了不止一次，那么这将直接导致网络的准确性下降，交换机处理速度减缓，在这种网络环境中的安全性势必也会降低。

交换机物理冗余虽然为网络消除了单点故障，但却又带来了广播风暴、MAC 地址表不稳定和多播帧复制等引发网络中数据帧无限循环最终导致网络瘫痪的诸多新问题，所以为了兼顾冗余和解决这些新问题，STP 技术被提出用来实现这些目标。正常情况下，H3C 交换机默认运行生成树协议防止二层环路产生的问题。

9.1.2 生成树的作用

尽管物理环路会对二层环路网络造成很大的影响，但其实用的备份冗余功能对企业仍然有很大的吸引力。那么有没有一种方法既能获取物理环路带来的冗余备份功能，又能消除物理环路带来的二层影响呢？

为此，工程师们开发了生成树协议从软件层面解决了物理环路造成危害的问题。它通过软件在逻辑上阻塞一些端口，将一个有环路的物理拓扑修剪成在逻辑上无环的树形拓扑结构。这样既解决了物理环路问题，又能实现在一些物理线路发生故障时启动原本阻塞的接口，尽可能地恢复网络通信。

9.2 生成树的算法

STP（Spanning Tree Protocol，生成树协议）是国际标准化组织 IEEE 802.1d 标准协议。它是一种链路管理协议，协议的核心是通过一系列的计算、端口的角色定义、阻塞等操作后，使以太网中的两台终端设备之间有且仅有一条活动路径和一些备份路径，在为网络提供了强大的路径冗余的同时防止产生二层环路。

STP 协议是在 1983 年由拉迪亚珀尔曼教授发明的，由于当时网络中大量运行的二层网络设备是网桥，所以 STP 协议中会大量出现网桥的概念。网桥我们可以认为它等价于交换机，它和交换机主要的不同处是，网桥使用软件进行数据交换而交换机使用 ASIC 芯片进行数据交换，所以交换机的交换性能比网桥要快得多。目前，网络中交换机已经全部替代了网桥，但是交换中的一些协议中还是会沿用网桥作为二层网络设备。

9.2.1 BPDU 报文

STP 采用的协议报文是 BPDU（Bridge Protocol Data Unit，网桥协议数据单元），BPDU 中

的信息主要用来完成生成树的计算，STP 的 BPDU 报文主要分为以下两类。

- 配置 BPDU：当运行 STP 时，该报文用来传递生成和维护的网络拓扑信息；
- 拓扑变化 BPDU：当网络中添加或减少交换机时，该报文用来向网络中的交换机通告拓扑变化信息。

一个典型的 BPDU 报文如下所示：

XXXXXXXXXXXXXXXXXXXXXXXXXXX

报文中主要包含以下元素。

1．Root ID（根 ID）

Root ID 由网桥优先级和网桥 MAC 地址组成，BPDU 报文被相互发送时通过 Root ID 来确定网络中的根网桥，图 9-4 是根 ID 的格式。

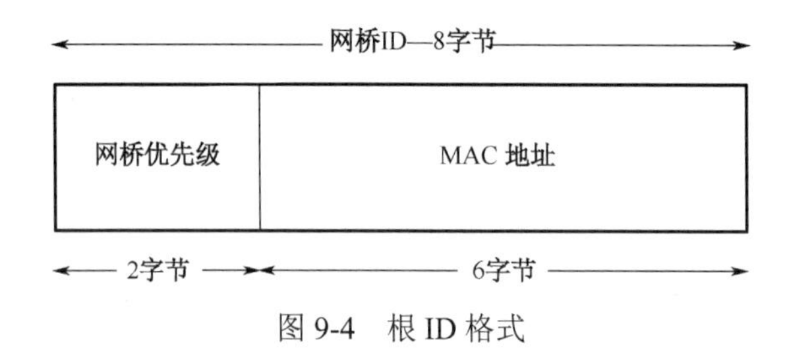

图 9-4　根 ID 格式

网桥 ID 中 MAC 地址使用的是发送网桥的 MAC 地址，网络优先级越小越优先，取值 0～65535。网络管理员可以通过控制网络优先级来决定网络中的根交换机。

2．Root PATH COST（根路径成本）

根路径成本是指交换机到达根网桥的路径开销值，这个字段的值将决定链路上哪些接口进入转发状态，哪些接口在逻辑上被阻塞。在生成树协议计算选举根端口或指定网桥时，会比较各端口或网桥的路径开销成本，成本最小的端口或网桥将被选举为根端口或指定网桥。

IEEE 802.1d 中定义了不同链路速率下以太网的成本值，H3C 根据实际需要对成本值进行了优化，定义了自己的私有标准。如表 9-1 所示，三种标准分别是 IEEE 修订前的链路成本值、IEEE 修订后的链路成本值和 H3C 自定义的私有标准。

表 9-1　链路速率的开销值

链路速率	修订后的开销值	修订前的开销值
10 Gbps	2	1
1 Gbps	4	1
100 Mbps	19	10
10 Mbps	100	100

3. Bridge Identifier（发送网桥 ID）

发送网桥 ID 包含了发送 BPDU 的交换机自身的一些信息，包括优先级、MAC 地址和发送端口 ID 等信息。

4. Timer（计时器）

报文中包含了一些特殊功能计时器，包括记录报文老化时间、记录发送时间间隔的 Hell 时间和记录转发延迟的时间等。

9.2.2 根桥的选举

树有树根，STP 的树形结构也需要产生一个根，这个根称为根网桥（Root Bridge）。

网络在初始化时，网络中的所有交换机都认为自己是根网桥，BPDU 中的 Root ID 字段写的都是自身，设备之间通过交换配置 BPDU 信息，BPDU 中 Root ID 大的交换机将暂停发送 BPDU。经过一段时间的稳定，网络中只有一台交换机发送配置 BPDU 信息，这台交换机被选为根桥，图 9-5 显示了一个网络选举根桥的例子。

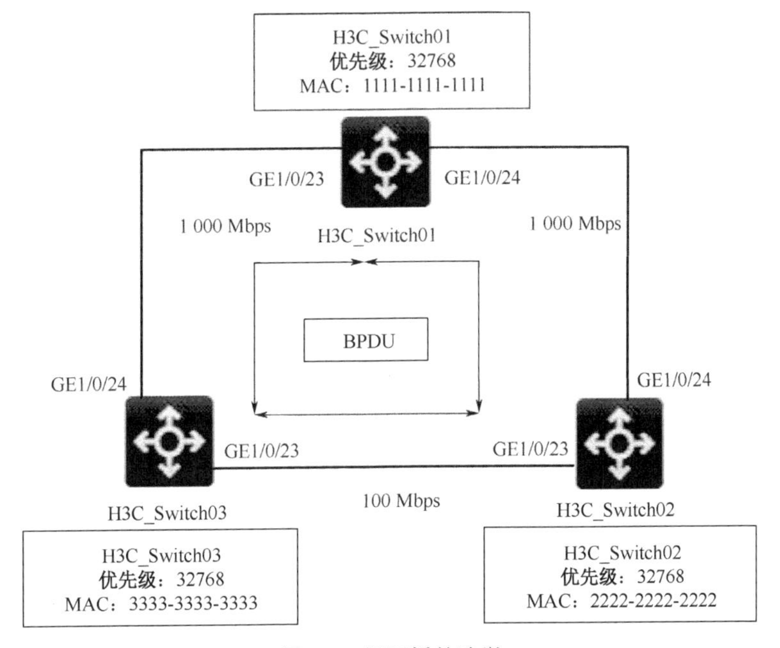

图 9-5 根网桥的选举

如图 9-5 所示，三台 H3C 交换机按照冗余的方式形成环路连接后，它们之间会相隔一段时间相互发送一次 BPDU 信息，BPDU 中包含的主要信息是优先级和 MAC 地址，发送时每台交换机默认自己是根网桥。

当交换机接收到其他交换机发送的 BPDU 信息后，会比较优先级字段，初始状态每台交换机的优先级都是 32768，拥有更小优先级的交换机优先成为根网桥。我们可以通过配置命令强制使网络中的一台交换机成为根网桥。如果不修改默认值则三台交换机的优先级一致。在优先级一致的情况下，交换机会比较 BPDU 中的 MAC 地址信息，拥有更小的 MAC 地址优先成为根网桥。图 9-5 中 H3C_Switch01 交换机有更小的 MAC 地址。MAC 地址是全球唯一的，所以通过 MAC 地址的比较最终会比较出结果。

当其他交换机收到 H3C_Switch01 发送的 BPDU 信息后，它们将不再向外发送 BPDU 信息，稳定一段时间后网络中只有一台设备在发送 BPDU 信息，它的 BPDU 中的桥 ID 最小，所以成为根网桥，图 9.5 中 H3C_switch01 最终成为根网桥。

9.2.3 端口角色

STP 是消除物理环路，逻辑阻塞某些端口，建立树形无环结构的协议，交换机之间相连的端口处于三种角色中：根端口、指定端口和阻塞端口。端口角色的确定过程如下所述。

① 根网桥上的所有端口设置为指定端口，进行数据收发。

② 所有非根网桥到达根网桥链路成本最小的端口设置为根端口，进行数据收发。

③ 所有不与根网桥直连的网段选择一个指定端口，选择依据是比较非直连网段的各个端口到达根网桥的路径成本值，成本值最小的成为指定端口。

④ 既不是根端口也不是指定端口的端口被设置为阻塞端口，逻辑上禁止其进行数据收发。

下面我们通过图 9-5 阐述一下 STP 选举和端口角色的确定过程：

（1）选举一个根网桥

根网桥的选举在前面内容已经介绍过，最终结果是 H3C_Switch01 成为了根网桥，根网桥上的所有端口是指定端口，那么 H3C_Switch01 的 GE1/0/23 和 GE1/0/24 都是指定端口。

（2）在非根网桥上选举根端口和指定端口

选择好根桥后需要在非根网桥上选择根端口，根端口是指离根桥最近的端口，H3C_Switch02 到 H3C_Switch01 最近的端口是 GE1/0/24，因为它是直连端口，而另一个端口 GE1/0/23 是跨越一台交换机后再跟根网桥相连的端口，所以 GE1/0/24 是根端口。由于 H3C_Switch03 和 H3C_Switch02 类似，所以同理可得，H3C_Switch03 上的 GE1/0/24 端口是根端口。

根端口选择好后，还需要在不与根桥直连的网段中选择指定端口，图 9-5 中需要在 H3C_Switch02 和 H3C_Switch03 互连的网段中选择指定端口，指定端口是这个网段中到达根网桥路径开销值最小的端口。这两个端口到达根网桥的开销值是相等的，都是 19+4=23，在开销值相等的情况下，将比较它们所在交换机的桥 ID，桥 ID 由交换机的优先级和 MAC 地址组成，所以通过对桥 ID 的比较，H3C_Switch02 上的 GE1/0/24 端口成为指定端口。（根网桥上所有端口都是指定端口）

（3）阻塞端口形成树形无环网络

网络中没有成为根端口和指定端口的端口将被逻辑阻塞成为阻塞端口，图 9-5 中交换机 H3C_Switch03 的 GE1/0/23 端口既不是根端口也不是指定端口，所以它将被阻塞。阻塞之后网络形成无环网络，逻辑阻塞的端口用作网络出现故障时的备份链路，图 9-6 是 STP 选举的结果。

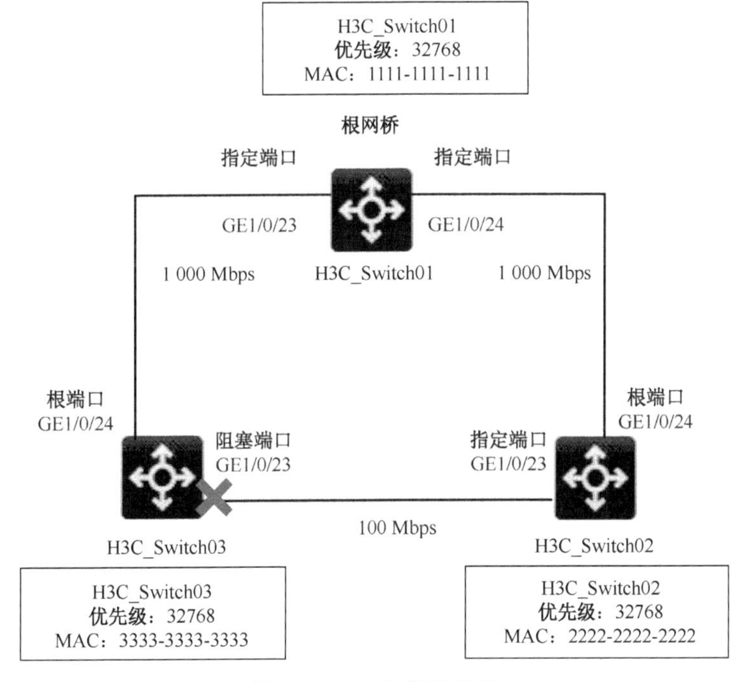

图 9-6　STP 选举的结果

9.2.4　端口状态及变化

交换机在进行生成树选举时端口除了会属于一些角色，在整个过程中端口还会处于一些状态中，表 9-2 是端口角色、状态和行为对应表。

表 9-2　端口角色、状态和行为对应表

端口角色	端口状态	端口行为
—	Listening	不收发数据，收发 BPDU
—	Learning	不收发数据，收发 BPDU
根端口或指定端口	Forwarding	收发数据，收发 BPDU
阻塞端口	Blocking	不收发数据，接收 BPDU
不参加 STP 的交换机端口	Disabled	不收发任何报文

在 IEEE 802.1d 协议中，端口状态主要有以下五种。

（1）Listening（监听）状态

交换机在进行根交换机、根端口、指定端口和阻塞端口选举时，所有端口处于不接收或发送数据，接收或发送 BPDU 报文状态。监听状态持续 15 s 后进入 Learning 状态。

（2）Learning（学习）状态

完成监听过程后，交换机将进入 Learning 状态，处于该状态的接口同 Listening 一样不接收或发送数据，接收或发送 BPDU 不报文，该状态持续 15 s 后，如果是根端口或指定端口，将进入 Forwarding 状态；如果是阻塞端口，将进入 Blocking 状态。

（3）Forwarding（转发）状态

Learning 状态结束后，如果是根端口或指定端口，将进入此状态。Learning 状态可以正常地接收或发送数据，也可以正常地接收或发送 BPDU 报文。

（4）Blocking（阻塞）状态

Learning 状态结束后，如果是阻塞端口将进入此状态，Blocking 状态不接收或发送数据，也不发送 BPDU 报文，但会监听 BPDU 报文。一旦拓扑发生变化，阻塞端口将有可能进入 Listening 状态进行生成树的再选举。

（5）Disabled（禁用）状态

处于 Disabled 状态的端口既不接收或发送数据，也不接收或发送 BPDU 报文。

图 9-7 所示是端口的状态机，交换机的端口在一定条件下状态是可以相互转化的。当拓扑变化时，原本的根端口或指定端口变为阻塞端口，端口会立即变更为 Blocking 状态；而当原本

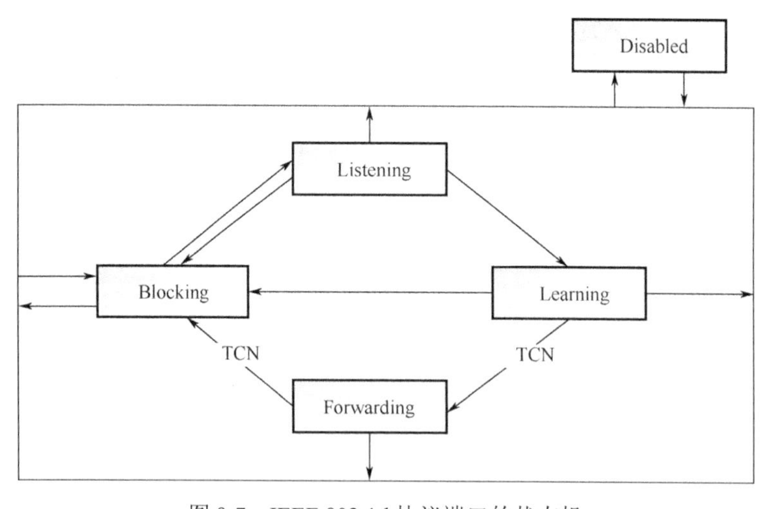

图 9-7　IEEE 802.1d 协议端口的状态机

阻塞的端口变更为根端口或指定端口时，端口会变更为 Listening 状态，持续一段时间后进入 Learning 状态，再持续一段时间后进入 Forwarding 状态。这一段持续时间叫作 Forwarding Delay 时间。通过延迟改变状态的方式，能够保证当网络拓扑变化时，有足够的时间将相关信息传递到网络的各个角落，避免由于局部收敛造成的临时环路。

IEEE 802.1d 默认的 Forwarding Delay 时间是 15 s。

9.3 RSTP

IEEE 802.1d 设计虽然较好地完成了修剪环路网络形成树形结构的任务，但是也有一些美中不足的地方。主要是当拓扑发生变化时，处于 Blocking 状态的端口转变为 Forwarding 状态要经过 Listening 状态和 Learning 状态，而每经过一个状态需要持续一个 Forwarding Delay 时间，这样大概需要 30 s 的时间进行状态转化，而这段时间内网络的状态变化端口处于不接收或发送数据，接收或发送 BPDU 报文状态，这将导致发生变化就要断网至少 30 s 后才能恢复。如果网络在一段时间内频繁地因为端口问题出现断网，整个网络的稳定性就会变差。

RSTP（Rapid Spanning Tree Protocol，快速生成树协议，IEEE 802.1w）是 STP 协议的优化版本，它继承了 STP 的基本思想和优点，新增了替代端口和备份端口，优化了端口状态和生成树选举，这些变化使得 RSTP 可以快速应对网络拓扑的变化，图 9-8 是一个典型的 RSTP 端口状态图。

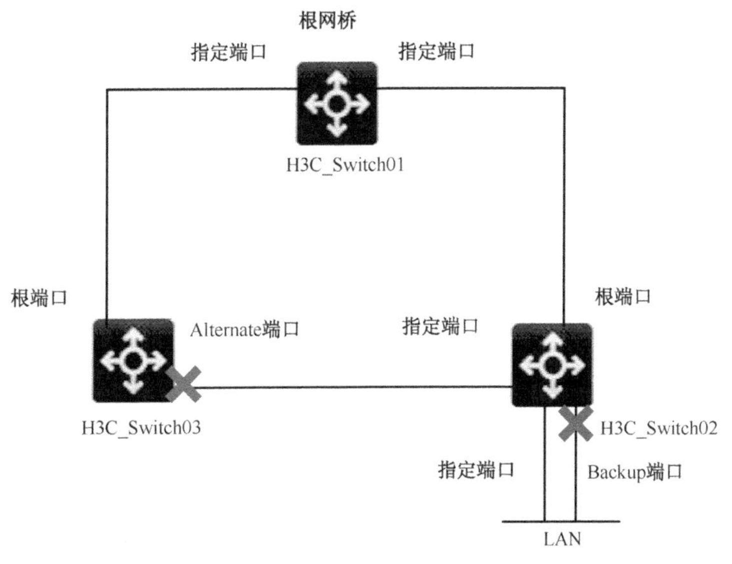

图 9-8 RSTP 端口状态

RSTP 和 STP 关于根端口和指定端口的定义相同，每个非根网桥到达根网桥最近的端口为根端口，根网桥上所有端口都是指定端口，所有网段选举一个到根网桥最近的端口为指定端口。同时 RSTP 还有两种阻塞端口，一种叫 Alternate 端口，另一种叫 Backup 端口。当阻塞端口收到更优化的 BPDU 信息来自自身时，阻塞端口称为 Backup 端口；当阻塞端口收到更优化的 BPDU 信息来自其他交换机时，阻塞端口称为 Alternate 端口。

为了便于理解，我们通常认为 Alternate 端口为根端口的备份端口，而 Backup 端口为指定端口的备份端口。

RSTP 将 STP 的五种端口状态缩减为三种，分别是丢弃状态、学习状态和转发状态，更少的状态可以加快生成树协议的收敛，表 9-3 列出了 RSTP 相对于 STP 的一些改进。

表 9-3 RSTP 与 STP 的比较

状态改变时	STP	RSTP
端口变更为根端口	从 Listening 状态持续 15 s 进入 Learning 状态，从 Learning 状态再持续 15 s 进入 Forwarding 状态	存在阻塞的备份端口可以毫秒级切换到转发状态
端口变更为指定端口	从 Listening 状态持续 15 s 进入 Learning 状态，从 Learning 状态再持续 15 s 进入 Forwarding 状态	当指定端口是边缘端口时，指定端口直接切换到转发状态

从以下三个方面可以阐述 RSTP 比 STP 快速的原因。

1. 优化的根端口和备份端口选择

在进行根端口选择时，STP 仅选出一个根端口就进行指定端口选择，而在 RSTP 中没有成为根端口的端口将成为根端口的备份端口，当网络拓扑发生变化，需要原本根端口的备份端口切换为根端口时，无须延迟，无须相互传递 BPDU，经过毫秒级的延迟端口就会变更为根端口。

2. 优化的边缘端口选择

在 STP 中只要是交换机的端口必须参与生成树的选举过程，即使这些端口连接的是终端设备。在 RSTP 中，如果这些端口连接的是终端设备，那么它们将不参加生成树的计算，直接进入转发状态。

3. 优化的交换机端口互连

当交换机互连时，如果链路是进行根端口选择，状态变更的延迟是毫秒级的；如果链路是进行制定端口和阻塞端口选择，情况要分为以下两种。

第一种情况：如果是非点对点链路，那么恢复时间与 STP 是一样的，需要两倍的 Forwarding Delay 时间，默认情况下是 30 s。

第二种情况：如果是点对点链路，那就需要根据端口是否是链路聚合端口，端口是否支持自动协商功能，通过协商工作在全双工还是半双工模式等来进行综合性判断，整体延迟时间应该为 0～30 s。

9.4 MSTP

STP 使用生成树算法，在软件层面上避免环路造成的二层交换故障，为网络提供了一种更好的冗余能力，RSTP 则进一步优化了 STP 网络在拓扑变化时收敛速度慢的问题。但是，实际企业网络的环境比实验室环境复杂得多。企业网中会使用大量的 VLAN，交换机之间的链路一般也会配置成 IEEE 802.1q 封装的 Trunk 类型接口，每个 VLAN 都是一个广播隔离的独立网络。所以理想状态是为每一个 VLAN 单独计算一棵生成树。

传统 STP/RSTP 采用的是共享生成树（Common Spanning Tree，CST），所有 VLAN 共享一个生成树，所有交换机的端口要么处于转发状态，要么处于阻塞状态，这样的配置方式会带来很多的资源浪费问题。

如图 9-9 所示，网络中存在的三个网段分别是 VLAN10、VLAN20 和 VLAN30，这三个 VLAN 共享一个生成树，通过生成树的计算交换机 H3C_Switch03 的一个端口被逻辑阻塞，所有 VLAN 的数据从 H3C_Switch03 到其他交换机都只能走一条路径，另一条路径闲置用作备份，这对带宽资源是一种浪费，理想环境是 VLAN10、VLAN20 和 VLAN30 都拥有各自的生成树，阻塞不同的端口，一些端口在 VLAN10 内是阻塞端口，而在 VLAN20 内是转发端口，这样网络的带宽资源就可以得到更有效利用。

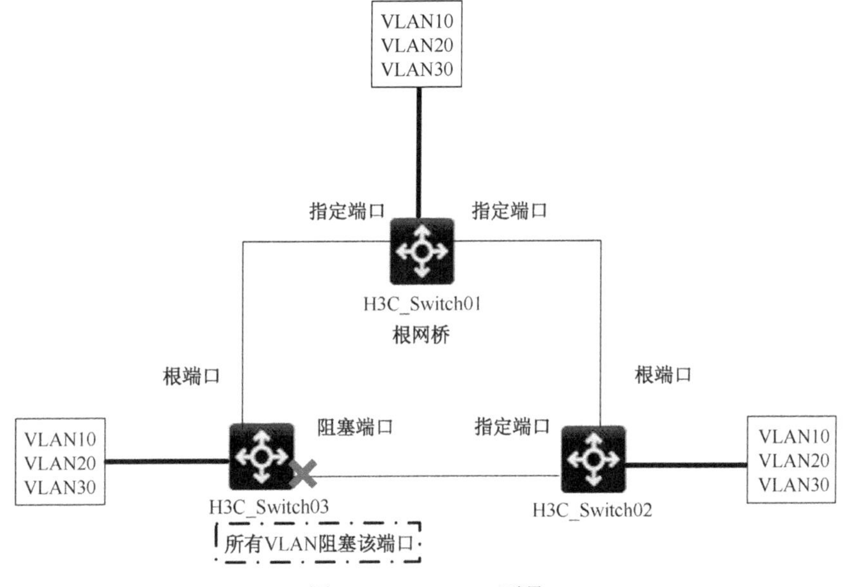

图 9-9 STP/RSTP 不足

IEEE 802.1s 定义的 MSTP（Multiple Spanning Tree Protocol，多生成树协议）是一种可以实现将快速生成树算法扩展到多个生成树上，自定义负载均衡、自由度较高的生成树协议。

通过 MSTP 协议，可以实现生成树实例的自定义，每个实例中可以自由地添加一个或多个 VLAN，每个实例维护各自的生成树，这样高度自由化的操作方式可以避免 STP/RSTP 只采用一个共享生成树和思科私有协议 PVST（Per VLAN Spanning Tree）为每个 VLAN 都建立和维护一个生成树造成的资源浪费。这种方式实现 VLAN 的自由组合，不同生成树在同一个端口上具有不同的状态，端口在各个实例之间实现负载分担，大大提高了交换机端口的资源利用率。

如图 9-10 所示，我们可以建立两个实例，VLAN10 绑定实例 A，VLAN20 和 VLAN30 绑定实例 B，再通过手工干预，比如修改优先级等措施使实例 A 建立的生成树 A 最终阻塞端口为 H3C_Switch03 的 GE1/0/24 端口，而实例 B 建立的生成树 B 最终的阻塞端口为 H3C_Switch02 的 GE1/0/24 端口，这样在网络中生成两个树，可使网络内部的 VLAN 的数据流通过不同的路径进行转发，从而提高了网络链路的利用率。

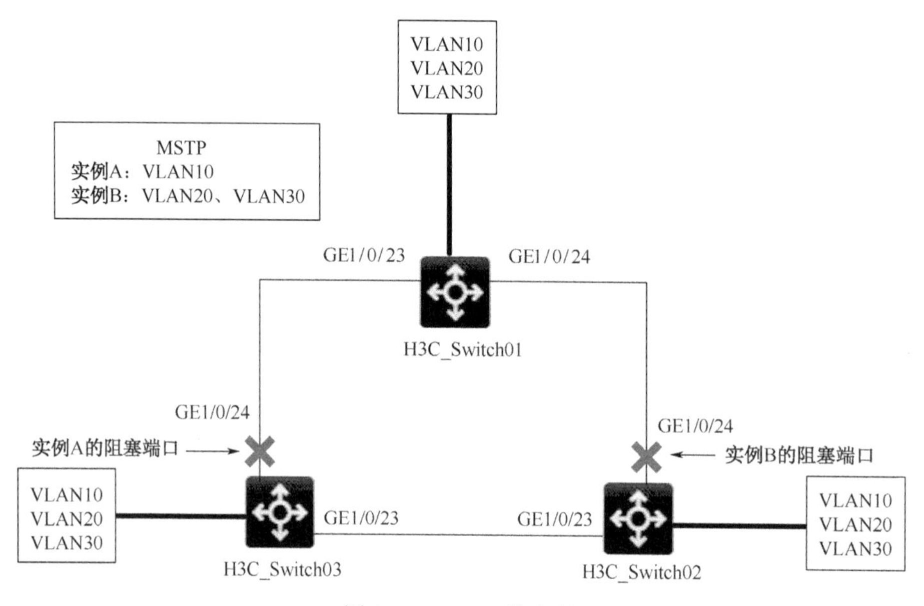

图 9-10　MSTP 的实现

9.5　三种协议的比较

STP 是最早出现的生成树协议，RSTP 是 STP 的优化版本，MSTP 则是同时兼容 STP 和 RSTP 并克服前两种协议缺点的改进型协议。表 9-4 是三种协议各自具有的特性列表。

表 9-4　三种协议各自具有的特性列表

特性列表	STP	RSTP	MSTP
解决环路故障并实现冗余备份	Y	Y	Y
快速收敛	N	Y	Y
实现多生成树负载分担	N	N	Y

RSTP/MSTP 相比 STP 来说端口状态从五种简化到三种，表 9-5 给出了三种协议之间端口状态。

表 9-5　三种协议之间端口状态

STP 端口状态	RSTP/MSTP 端口状态
Disabled	Discarding
Blocking	Discarding
Listening	Discarding
Learning	Learning
Forwarding	Forwarding

运行 RSTP/MSTP 的交换机从 Discarding 状态切换到 Learning 状态需要等待一个 Forwarding Delay 时间，从 Learning 状态切换到 Forwarding 状态同样需要等待一个 Forwarding Delay 时间。

在 RSTP/MSTP 中将 STP 的 Disabled、Blocking 和 Listening 状态整合成了一种 Discarding 状态，这样做的最大好处是减少状态数量，简化生成树计算量，加快网络收敛速度。

9.6　实训 1：STP 配置

【实验目的】

- 掌握 STP协议的配置方法；
- 掌握 STP 协议的验证方法；
- 了解控制生成树协议根网桥的方法；
- 了解生成树协议边缘端口的配置方法。

【实验拓扑】

实验拓扑如图 9-11 所示。

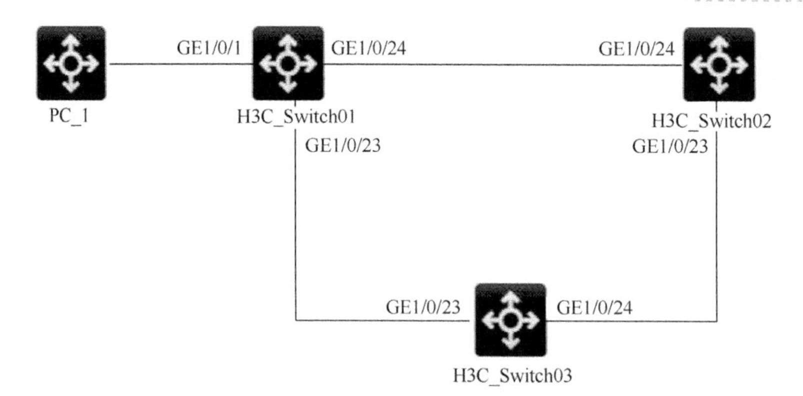

图 9-11　STP 配置实验拓扑图

【实验任务】

STP 协议为整个网络生成一个共享生成树，网络中的端口根据生成树的端口角色分配决定转发还是阻塞数据。本实验帮助读者了解基础的 STP 协议，对其他生成树协议的学习也有很大帮助。

1．完成交换机的基本配置

```
//交换机 H3C_Switch01 的基础配置
<H3C>system-view
[H3C]sysname H3C_Switch01
//配置交换机名为 H3C_Switch01
[H3C_Switch01]interface range GigabitEthernet 1/0/23 to GigabitEthernet 1/0/24
//进入交换机 H3C_Switch01 的 GE1/0/23 和 GE1/0/24 端口
[H3C_Switch01-if-range]port link-type trunk
//配置端口的链路类型为 Trunk
[H3C_Switch01-if-range]port trunk permit vlan all
//允许所有 VLAN 的数据通过 Rrunk 端口
[H3C_Switch01-if-range]exit
[H3C_Switch01]

//交换机 H3C_Switch02 和 H3C_Switch03 的配置与 H3C_Switch01 相同，这里只列出相关命令不解释

//H3C_Switch02 的基础配置
<H3C>system-view
[H3C]sysname H3C_Switch02
[H3C_Switch02]interface range GigabitEthernet 1/0/23 to GigabitEthernet 1/0/24
[H3C_Switch02-if-range]port link-type trunk
```

```
[H3C_Switch02-if-range]port trunk permit vlan all
[H3C_Switch02-if-range]exit
[H3C_Switch02]

//H3C_Switch03 的基础配置
H3C>system-view
[H3C]sysname H3C_Switch03
[H3C_Switch03]interface range GigabitEthernet 1/0/23 to GigabitEthernet 1/0/24
[H3C_Switch03-if-range]port link-type trunk
[H3C_Switch03-if-range]port trunk permit vlan all
[H3C_Switch03-if-range]exit
[H3C_Switch03]
```

2. 完成交换机生成树协议的配置

```
[H3C_Switch01]display stp
//查看 STP 的详细信息，默认 H3C 交换机的生成树协议是 MSTP，需要手工配置为 STP
-------[CIST Global Info][Mode MSTP]-------
 Bridge ID               : 32768.747b-7433-0100
 Bridge times            : Hello 2s MaxAge 20s FwdDelay 15s MaxHops 20
 Root ID/ERPC            : 32768.0a48-c8d4-0200, 20
 RegRoot ID/IRPC         : 32768.747b-7433-0100, 0
 RootPort ID             : 128.25
 BPDU-Protection         : Disabled
 Bridge Config-
 Digest-Snooping         : Disabled
 TC or TCN received      : 9
 Time since last TC      : 0 days 0h:6m:5s

<省略部分输出>
[H3C_Switch01]stp mode stp
//配置交换机 H3C_Switch01 的生成树协议为 STP
[H3C_Switch02]stp mode stp
//配置交换机 H3C_Switch02 的生成树协议为 STP
 [H3C_Switch03]stp mode stp
//配置交换机 H3C_Switch03 的生成树协议为 STP
```

3. 验证交换机生成树协议的信息

```
[H3C_Switch01]display stp
```

//查看交换机 H3C_Switch01 的生成树信息

-------[CIST Global Info][Mode STP]-------

//交换机的生成树模式为 STP

Bridge ID : 32768.747b-7433-0100

//交换机的桥 ID

Bridge times : Hello 2s MaxAge 20s FwdDelay 15s MaxHops 20

//交换机的 Hello、老化、转发延迟等时间

Root ID/ERPC : 32768.0a48-c8d4-0200, 20

//网络中根网桥的桥 ID

RegRoot ID/IRPC : 32768.747b-7433-0100, 0

RootPort ID : 128.25

//交换机跟端口的 ID

BPDU-Protection : Disabled

//是否开启 BPDU 保护

<省略部分输出>

[H3C_Switch01]**display stp brief**

//查看交换机 H3C_Switch01 的生成树简明信息

MST ID	Port	Role	STP State	Protection
0	GigabitEthernet1/0/23	**ALTE**	**DISCARDING**	**NONE**
0	GigabitEthernet1/0/24	**ROOT**	**FORWARDING**	**NONE**

//从简明信息中可以看到，交换机 H3C_Switch01 的 GE1/0/23 端口角色是 Alternate 端口（即阻塞端口），端口状态是丢弃状态，无 BPDU 保护；GE1/0/24 端口角色是根端口。端口状态是转发状态，无 BPDU 保护

//查看交换机 H3C_Switch02 和 H3C_Switch03 生成树信息时，只解释与 H3C_Switch01 不同的信息

[H3C_Switch02]display stp

-------[CIST Global Info][Mode STP]-------

Bridge ID : 32768.0a48-c8d4-0200

Bridge times : Hello 2s MaxAge 20s FwdDelay 15s MaxHops 20

Root ID/ERPC : 32768.0a48-c8d4-0200, 0

RegRoot ID/IRPC : 32768.0a48-c8d4-0200, 0

//由于 H3C_Switch02 是跟网桥，所以根网桥的桥 ID 和自身的桥 ID 相同

RootPort ID : 0.0

BPDU-Protection : Disabled

<省略部分输出>

[H3C_Switch02]display stp brief

MST ID	Port	Role	STP State	Protection
0	GigabitEthernet1/0/23	**DESI**	**FORWARDING**	**NONE**

```
0        GigabitEthernet1/0/24                DESI    FORWARDING    NONE
```

//从简明信息中可以看到，交换机 H3C_Switch02 的 GE1/0/23 和 GE1/0/24 端口角色都是指定端口，端口状态是转发状态，无 BPDU 保护

```
[H3C_Switch03]display stp
-------[CIST Global Info][Mode STP]-------
 Bridge ID              : 32768.0a48-cd79-0300
 Bridge times           : Hello 2s MaxAge 20s FwdDelay 15s MaxHops 20
 Root ID/ERPC           : 32768.0a48-c8d4-0200, 20
 RegRoot ID/IRPC        : 32768.0a48-cd79-0300, 0
 RootPort ID            : 128.25
 BPDU-Protection        : Disabled
<省略部分输出>
 [H3C_Switch03]display stp brief
 MST ID    Port                                 Role    STP State      Protection
 0         GigabitEthernet1/0/23                DESI    FORWARDING     NONE
 0         GigabitEthernet1/0/24                ROOT    FORWARDING     NONE
```

//从简明信息中可以看到，交换机 H3C_Switch03 的 GE1/0/23 端口角色是指定端口，端口状态是转发状态，无 BPDU 保护；GE1/0/24 端口角色是根端口，端口状态是转发状态，无 BPDU 保护

4．控制 H3C 交换机根网桥

根据上面的实验我们知道交换机 H3C_Switch02 成为了根交换机，这是设备通过选举自动产生的，我们可以通过人工干预的方式使其他交换机成为根交换机。

```
[H3C_Switch03]stp priority 4096
//配置交换机 H3C_Switch03 的优先级字段，这里优先级必须是 4096 的倍数
[H3C_Switch03]display stp
//查看修改过优先级的生成树协议信息
-------[CIST Global Info][Mode STP]-------
 Bridge ID              : 4096.0a48-cd79-0300
 Bridge times           : Hello 2s MaxAge 20s FwdDelay 15s MaxHops 20
 Root ID/ERPC           : 4096.0a48-cd79-0300, 0
 RegRoot ID/IRPC        : 4096.0a48-cd79-0300, 0
 //我们看到根网桥和交换机 H3C_Switch03 的桥 ID 相同，修改成功
RootPort ID             : 0.0
 BPDU-Protection        : Disabled
<省略部分输出>
 [H3C_Switch03]display stp brief
 MST ID    Port                                 Role    STP State      Protection
 0         GigabitEthernet1/0/23                DESI    FORWARDING     NONE
```

```
 0          GigabitEthernet1/0/24                DESI   FORWARDING   NONE
//交换机 H3C_Switch03 上的所有端口的角色变为指定端口
[H3C_Switch03]
[H3C_Switch02]display stp brief
 MST ID     Port                                 Role   STP State       Protection
 0          GigabitEthernet1/0/23                ROOT   FORWARDING   NONE
 0          GigabitEthernet1/0/24                DESI   FORWARDING   NONE
[H3C_Switch02]
//交换机 H3C_Switch02 的 GE1/0/23 端口变为根端口，GE1/0/24 端口变为指定端口

[H3C_Switch01]display stp brief
 MST ID     Port                                 Role   STP State       Protection
 0          GigabitEthernet1/0/23                ROOT   FORWARDING   NONE
 0          GigabitEthernet1/0/24                ALTE   DISCARDING   NONE
[H3C_Switch01]
//交换机 H3C_Switch03 的 GE1/0/23 端口变为根端口，GE1/0/24 端口变为 Alternate 端口
```

5. 配置 H3C 交换机的边缘端口

边缘端口是指交换机中的端口直接和终端设备相连，不连接其他交换机，不需要进行生成树计算的端口，这种端口配置为边缘端口后可以不进入生成树的计算，直接转变为转发状态。

```
[H3C_Switch01-GigabitEthernet1/0/1]stp edged-port
//配置交换机 H3C_Switch01 的 GE1/0/1 端口为边缘端口
Edge port should only be connected to terminal. It will cause temporary loops if port
GigabitEthernet1/0/1 is connected to bridges. Please use it carefully.
//配置好边缘端口后会弹出警告信息，因为边缘端口不进行任何确认直接进入转发状态，如果由于
误操作和交换机相连的端口被配置为边缘端口，可能会造成二层环路，影响网络稳定
[H3C_Switch01-GigabitEthernet1/0/1]display stp interface GigabitEthernet 1/0/1
//查看交换机 H3C_Switch01 的 GE1/0/1 端口的生成树信息
 ----[CIST][Port2(GigabitEthernet1/0/1)][FORWARDING]----
 //端口处于转发状态
Port protocol        : Enabled
 Port role           : Designated Port (Boundary)
 Port ID             : 128.2
 Port cost(Legacy)   : Config=auto, Active=20
 Desg.bridge/port    : 32768.747b-7433-0100, 128.2
 Port edged          : Config=enabled, Active=enabled
 //边缘端口配置已开启并处于活跃状态
Point-to-Point       : Config=auto, Active=true
```

```
    Transmit limit       : 10 packets/hello-time
    TC-Restriction       : Disabled
    Role-Restriction     : Disabled
    Protection type      : Config=none, Active=none
    MST BPDU format      : Config=auto, Active=802.1s
<省略部分输出>
//实验完成
```

9.7 实训 2：RSTP 配置

【实验目的】

- 掌握 H3C 交换机快速生成树协议的配置方法；
- 掌握 H3C 交换机快速生成树协议的验证方法；
- 了解 H3C 交换机生成树修改开销值的方法。

【实验拓扑】

实验拓扑如图 9-12 所示。

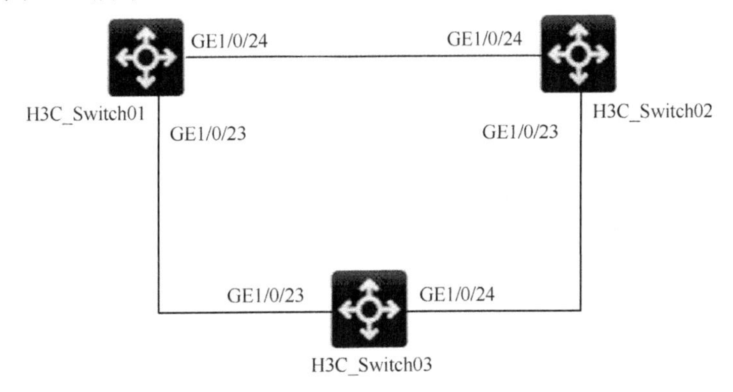

图 9-12 Rapid-PVST 配置实验拓扑

【实验任务】

快速生成树协议与生成树协议的配置及验证方法基本一样，本实验对和 STP 实验相同的配置和验证过程只列出相关命令不解释，不同部分加以说明。

1. 完成交换机的基础配置

```
//交换机 H3C_Switch01 的基础配置
<H3C>system-view
```

```
[H3C]sysname H3C_Switch01
[H3C_Switch01]interface range GigabitEthernet 1/0/23 to GigabitEthernet 1/0/24
[H3C_Switch01-if-range]port link-type trunk
[H3C_Switch01-if-range]port trunk permit vlan all
[H3C_Switch01-if-range]exit
[H3C_Switch01]
//H3C_Switch02 的基础配置
<H3C>system-view
[H3C]sysname H3C_Switch02
[H3C_Switch02]interface range GigabitEthernet 1/0/23 to GigabitEthernet 1/0/24
[H3C_Switch02-if-range]port link-type trunk
[H3C_Switch02-if-range]port trunk permit vlan all
[H3C_Switch02-if-range]exit
[H3C_Switch02]
//H3C_Switch03 的基础配置
H3C>system-view
[H3C]sysname H3C_Switch03
[H3C_Switch03]interface range GigabitEthernet 1/0/23 to GigabitEthernet 1/0/24
[H3C_Switch03-if-range]port link-type trunk
[H3C_Switch03-if-range]port trunk permit vlan all
[H3C_Switch03-if-range]exit
[H3C_Switch03]
```

2. 完成交换机快速生成树协议的配置

```
[H3C_Switch01]stp mode rstp
//配置交换机 H3C_Switch01 的生成树协议为 RSTP
[H3C_Switch02]stp mode rstp
//配置交换机 H3C_Switch02 的生成树协议为 RSTP
 [H3C_Switch03]stp mode rstp
//配置交换机 H3C_Switch03 的生成树协议为 RSTP
```

3. 验证交换机快速生成树协议的信息

```
[H3C_Switch01]dis stp
//查看交换机 H3C_Switch01 的生成树信息
-------[CIST Global Info][Mode RSTP]-------
//交换机 H3C_Switch01 的生成树模式为快速生成树
 Bridge ID           : 32768.747b-7433-0100
 Bridge times        : Hello 2s MaxAge 20s FwdDelay 15s MaxHops 20
```

```
Root ID/ERPC          : 32768.0a48-c8d4-0200, 20
RegRoot ID/IRPC       : 32768.747b-7433-0100, 0
RootPort ID           : 128.24
BPDU-Protection       : Disabled
<省略部分输出>
[H3C_Switch01]dis stp brief
MST ID   Port                          Role   STP State     Protection
0        GigabitEthernet1/0/23         ROOT   FORWARDING    NONE
0        GigabitEthernet1/0/24         ALTE   DISCARDING    NONE
//交换机 H3C_Switch01 的 GE1/0/23 端口为根端口，GE1/0/24 端口为 Alternate 端口
[H3C_Switch01]display stp interface GigabitEthernet 1/0/23
//查看交换机 GE1/0/23 的生成树信息
----[CIST][Port24(GigabitEthernet1/0/23)][FORWARDING]----
Port protocol         : Enabled
Port role             : Root Port (Boundary)
Port ID               : 128.24
Port cost(Legacy)     : Config=auto, Active=20
Desg.bridge/port      : 32768.0a48-c8d4-0200, 128.24
Port edged            : Config=disabled, Active=disabled
<省略部分输出>
Rapid transition      : True
//比较 RSTP 和 STP 的验证信息时可以发现，在每个端口的 STP 详细信息中 RSTP 的 Rapid transition
是 true，而 STP 的该字段是 false
Num of VLANs mapped : 1
Port times            : Hello 2s MaxAge 20s FwdDelay 15s MsgAge 0s RemHops 20
BPDU sent             : 6
          TCN: 0, Config: 0, RST: 6, MST: 0
BPDU received         : 535
          TCN: 0, Config: 0, RST: 535, MST: 0
[H3C_Switch01]
[H3C_Switch02]display stp
//查看交换机 H3C_Switch02 的生成树信息
-------[CIST Global Info][Mode RSTP]-------
Bridge ID             : 32768.0a48-c8d4-0200
Bridge times          : Hello 2s MaxAge 20s FwdDelay 15s MaxHops 20
Root ID/ERPC          : 32768.0a48-c8d4-0200, 0
RegRoot ID/IRPC       : 32768.0a48-c8d4-0200, 0
RootPort ID           : 0.0
```

```
 BPDU-Protection        : Disabled
<省略部分输出>
 [H3C_Switch02]display stp brief
 MST ID   Port                                    Role   STP State     Protection
 0        GigabitEthernet1/0/23                   DESI   FORWARDING    NONE
 0        GigabitEthernet1/0/24                   DESI   FORWARDING    NONE
//交换机 H3C_Switch01 的 GE1/0/23 和 GE1/0/24 端口都为指定端口
[H3C_Switch02]

[H3C_Switch03]display stp
//查看交换机 H3C_Switch03 的生成树信息
-------[CIST Global Info][Mode RSTP]-------
 Bridge ID              : 32768.0a48-cd79-0300
 Bridge times           : Hello 2s MaxAge 20s FwdDelay 15s MaxHops 20
 Root ID/ERPC           : 32768.0a48-c8d4-0200, 20
 RegRoot ID/IRPC        : 32768.0a48-cd79-0300, 0
 RootPort ID            : 128.24
 BPDU-Protection        : Disabled
<省略部分输出>
 [H3C_Switch03]display stp brief
 MST ID   Port                                    Role   STP State     Protection
 0        GigabitEthernet1/0/23                   ROOT   FORWARDING    NONE
 0        GigabitEthernet1/0/24                   DESI   FORWARDING    NONE
//交换机 H3C_Switch01 的 GE1/0/23 端口为根端口，GE1/0/24 端口为指定端口
 [H3C_Switch03]
```

4．手工指定 H3C 交换机的指定端口配置

从前面的实验我们可以看到，与根网桥 H3C_Switch02 不直连的网段，指定端口是 H3C_Switch03 的 GE1/0/24，阻塞端口是 H3C_Switch01 的 GE1/0/24。

```
[H3C_Switch01-GigabitEthernet1/0/24]display stp interface GigabitEthernet 1/0/24
----[CIST][Port25(GigabitEthernet1/0/24)][DISCARDING]----
 Port protocol          : Enabled
 Port role              : Alternate Port (Boundary)
 Port ID                : 128.25
 Port cost(Legacy)      : Config=auto, Active=20
//默认交换机的开销值为 20，自动获得
<省略部分输出>
```

```
[H3C_Switch01-GigabitEthernet1/0/24]stp cost 10
//修改端口的开销值为 10
[H3C_Switch01-GigabitEthernet1/0/24]display stp interface GigabitEthernet 1/0/24
----[CIST][Port25(GigabitEthernet1/0/24)][FORWARDING]----
Port protocol          : Enabled
Port role              : Designated Port (Boundary)
Port ID                : 128.25
Port cost(Legacy)      : Config=10, Active=10
//端口开销值为手工配置，值为 10，端口变为转发端口
<省略部分输出>
//实验完成
```

9.8 实训 3：MSTP 配置

【实验目的】

- 掌握 H3C 交换机 MSTP 的配置方法；
- 掌握 H3C 交换机 MSTP 的验证方法；
- 了解 H3C 交换机实例的主根桥和备份根桥的配置方法。

【实验拓扑】

实验拓扑如图 9-13 所示

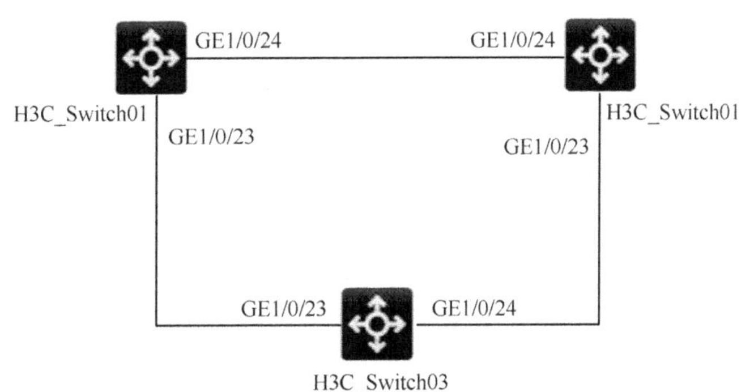

图 9-13 MSTP 配置实验拓扑

【实验任务】

MSTP 与 STP/RSTP 大部分实验配置相同，这里主要解释 MSTP 与其他两种生成树协议不相同的部分。

1. 完成交换机的基本配置

```
//交换机 H3C_Switch01 的基础配置
<H3C>system-view
[H3C]sysname H3C_Switch01
[H3C_Switch01]interface range GigabitEthernet 1/0/23 to GigabitEthernet 1/0/24
[H3C_Switch01-if-range]port link-type trunk
[H3C_Switch01-if-range]port trunk permit vlan all
[H3C_Switch01-if-range]exit
[H3C_Switch01]
//H3C_Switch02 的基础配置
<H3C>system-view
[H3C]sysname H3C_Switch02
[H3C_Switch02]interface range GigabitEthernet 1/0/23 to GigabitEthernet 1/0/24
[H3C_Switch02-if-range]port link-type trunk
[H3C_Switch02-if-range]port trunk permit vlan all
[H3C_Switch02-if-range]exit
[H3C_Switch02]
//H3C_Switch03 的基础配置
H3C>system-view
[H3C]sysname H3C_Switch03
[H3C_Switch03]interface range GigabitEthernet 1/0/23 to GigabitEthernet 1/0/24
[H3C_Switch03-if-range]port link-type trunk
[H3C_Switch03-if-range]port trunk permit vlan all
[H3C_Switch03-if-range]exit
[H3C_Switch03]
```

2. 完成交换机的 VLAN 配置

SW1 VLAN 配置：

```
//H3C_Switch01 的 VLAN 配置
[H3C_Switch01]vlan 10
[H3C_Switch01-vlan10]vlan 20
[H3C_Switch01-vlan20]vlan 30
[H3C_Switch01-vlan30]exit
```

```
[H3C_Switch01]
//H3C_Switch02 的 VLAN 配置
[H3C_Switch02]vlan 10
[H3C_Switch02-vlan10]vlan 20
[H3C_Switch02-vlan20]vlan 30
[H3C_Switch02-vlan30]exit
[H3C_Switch02]
//H3C_Switch03 的 VLAN 配置
[H3C_Switch03]vlan 10
[H3C_Switch03-vlan10]vlan 20
[H3C_Switch03-vlan20]vlan 30
[H3C_Switch03-vlan30]exit
[H3C_Switch03]
```

3. 完成交换机的 MSTP 配置

```
[H3C_Switch01]stp region-configuration
//进入 MSTP 配置域视图
[H3C_Switch01-mst-region]region-name h3c
//配置交换机 H3C_Switch01 的 MSTP 域名为 h3c
[H3C_Switch01-mst-region]revision-level 1
//配置 MSTP 的修订级别为 1，默认是 0
[H3C_Switch01-mst-region]instance 1 vlan 10
//创建实例 1 并将 VLAN10 映射到实例 1 中
[H3C_Switch01-mst-region]instance 2 vlan 20 30
//创建实例 2 并将 VLAN20 和 VLAN30 映射到实例 2 中
[H3C_Switch01-mst-region]active region-configuration
//激活 MSTP 域
[H3C_Switch01-mst-region]
//交换机 H3C_Switch02 和 H3C_Switch03 的 MSTP 域配置与 H3C_Switch01 相同，这里只列出相关命令不解释
[H3C_Switch02]stp region-configuration
[H3C_Switch02-mst-region]region-name h3c
[H3C_Switch02-mst-region]revision-level 1
[H3C_Switch02-mst-region]instance 1 vlan 10
[H3C_Switch02-mst-region]instance 2 vlan 20 30
[H3C_Switch02-mst-region]active region-configuration
[H3C_Switch02-mst-region]
//H3C_Switch03 的配置
```

```
[H3C_Switch03]stp region-configuration
[H3C_Switch03-mst-region]region-name h3c
[H3C_Switch03-mst-region]revision-level 1
[H3C_Switch03-mst-region]instance 1 vlan 10
[H3C_Switch03-mst-region]instance 2 vlan 20 30
[H3C_Switch03-mst-region]active region-configuration
[H3C_Switch03-mst-region]
```

4．完成交换机的 MSTP 验证

```
[H3C_Switch01]display stp region-configuration
//查看 MSTP 域信息
 Oper Configuration
   Format selector      : 0
   Region name          : h3c      //域名
   Revision level       : 1        //修订级别
   Configuration digest : 0xa753f05e76123ab2c3868d14cdc01faf

   Instance  VLANs Mapped          //VLAN 的实例映射
   0         1 to 9, 11 to 19, 21 to 29, 31 to 4094
   1         10
   2         20, 30
//默认所有 VLAN 在实例 0 中
[H3C_Switch01]display stp brief
//交换机 H3C_Switch01 的 GE1/0/23 和 GE1/0/24 端口在三个实例中的角色、状态等信息
 MST ID   Port                          Role    STP State     Protection
 0        GigabitEthernet1/0/23         ROOT    FORWARDING    NONE
 0        GigabitEthernet1/0/24         ALTE    DISCARDING    NONE
 1        GigabitEthernet1/0/23         ROOT    FORWARDING    NONE
 1        GigabitEthernet1/0/24         ALTE    DISCARDING    NONE
 2        GigabitEthernet1/0/23         ROOT    FORWARDING    NONE
 2        GigabitEthernet1/0/24         ALTE    DISCARDING    NONE
[H3C_Switch01]
[H3C_Switch02]display stp brief
//交换机 H3C_Switch02 的 GE1/0/23 和 GE1/0/24 端口在三个实例中的角色、状态等信息
 MST ID   Port                          Role    STP State     Protection
 0        GigabitEthernet1/0/23         DESI    FORWARDING    NONE
 0        GigabitEthernet1/0/24         DESI    FORWARDING    NONE
 1        GigabitEthernet1/0/23         DESI    FORWARDING    NONE
```

```
 1        GigabitEthernet1/0/24            DESI      FORWARDING      NONE
 2        GigabitEthernet1/0/23            DESI      FORWARDING      NONE
 2        GigabitEthernet1/0/24            DESI      FORWARDING      NONE
[H3C_Switch02]
[H3C_Switch03]display stp brief
//交换机 H3C_Switch03 的 GE1/0/23 和 GE1/0/24 端口在三个实例中的角色、状态等信息
 MST ID   Port                             Role      STP State       Protection
 0        GigabitEthernet1/0/23            ROOT      FORWARDING      NONE
 0        GigabitEthernet1/0/24            DESI      FORWARDING      NONE
 1        GigabitEthernet1/0/23            ROOT      FORWARDING      NONE
 1        GigabitEthernet1/0/24            DESI      FORWARDING      NONE
 2        GigabitEthernet1/0/23            ROOT      FORWARDING      NONE
 2        GigabitEthernet1/0/24            DESI      FORWARDING      NONE
[H3C_Switch03]
```

5．手工配置 MSTP 实例的主根桥和备份根桥

通过上面的实验我们可以看到，虽然三台交换机同时有三个独立的生成树在运行中，但是它们的端口角色都是一样的，这显然没有达到提高链路利用率的效果，我们可以通过手工指定实例的根桥和备份根桥达到提高链路利用率的目的。

```
[H3C_Switch01]stp instance 1 root primary
//指定交换机 H3C_Switch01 为实例 1 的主根桥
[H3C_Switch01]display stp brief
 MST ID   Port                             Role      STP State       Protection
 0        GigabitEthernet1/0/23            ROOT      FORWARDING      NONE
 0        GigabitEthernet1/0/24            ALTE      DISCARDING      NONE
 1        GigabitEthernet1/0/23            DESI      FORWARDING      NONE
 1        GigabitEthernet1/0/24            DESI      FORWARDING      NONE
 2        GigabitEthernet1/0/23            ROOT      FORWARDING      NONE
 2        GigabitEthernet1/0/24            ALTE      DISCARDING      NONE
//从简明列表中可以看到，在实例 1 中 H3C_Switch01 的所有端口变为指定端口，也就意味着在实例 1
中 H3C_Switch01 为根桥
[H3C_Switch01]stp instance 2 root secondary
//指定交换机 H3C_Switch01 为实例 2 的备份根桥
[H3C_Switch01]display stp brief
 MST ID   Port                             Role      STP State       Protection
 0        GigabitEthernet1/0/23            ROOT      FORWARDING      NONE
 0        GigabitEthernet1/0/24            ALTE      DISCARDING      NONE
```

```
    1      GigabitEthernet1/0/23        DESI    FORWARDING    NONE
    1      GigabitEthernet1/0/24        DESI    FORWARDING    NONE
    2      GigabitEthernet1/0/23        DESI    FORWARDING    NONE
    2      GigabitEthernet1/0/24        DESI    FORWARDING    NONE
```

//在简明列表中 H3C_Switch01 在实例 2 中所有端口也变为了指定端口，它也变成了根桥，这是因为手工指定比自动选举根桥有更高的优先级。虽然 H3C_Switch01 通过手工指定的方式变为备份根桥，但由于网络中没有手工指定过主根桥，所以备份根桥就直接成为了网络中实例 2 的主根桥，备份根桥在实际应用中一般作为手工指定的主根桥的备份

[H3C_Switch01]

//实验完成

第10章 可靠性技术

本章要点

- DLDP 技术
- BFD 技术
- VRRP
- 实训 1：DLDP 配置
- 实训 2：RIP 与 BFD 联动的 ECHO 方式单跳检测配置
- 实训 3：RIP 与 BFD 联动的双向检测配置
- 实训 4：VRRP 单工作组配置
- 实训 5：VRRP 多工作组负载分担配置
- 实训 6：VRRP 负载均衡模式配置

随着网络的日益普及和应用的不断丰富，我们身边的事物逐步地融入了网络。这些事物不仅有传统的计算机、电话和网络机顶盒等传统网络设备，还包括智能手表、智能眼镜、冰箱、洗衣机、电饭煲和窗帘等家用设备，各种应用系统和业务系统的部署不断扩大，网络在人们的生活中占的角色越来越重要，如果网络断线造成的影响也越来越大。因此，网络的稳定性和可靠性成为现代网络关注的焦点。

在实际的各种类型的网络中，由于技术和不可抗拒等因素造成的网络断线或网络故障总是不能避免的。因此，提高系统的灾备手段、容错能力和故障恢复速度，降低因故障对业务系统造成影响等是提高系统可靠性的必要手段。

可靠性技术的种类有很多，我们根据其解决网络故障的侧重点不同，可以将常用的可靠性技术分为故障检测技术和设备冗余技术。故障检测技术主要是用于网络故障的检测和诊断，其中 DLDP 属于链路层的故障检测技术，BFD 是一种通用的故障检测技术。设备冗余主要是用于在网络设备出现故障不能对外提供服务时切换至备份设备使网络不受故障影响的技术，主要有常规的冷备份方式（购买一些同型号、同规格的设备放在仓库里备份）和热备份方式（使用技术手段进行备份操作），主要的协议有 HSRP、VRRP 和 GLBP 等。

面对复杂的网络环境，想要依靠单一的技术来解决所有的可靠性问题几乎是无法实现的。因此，需要根据网络实际环境，对用户需求进行细致分析，采用多种可靠性技术相结合的办法，构建立体的、多层次的冗余备份机制。提高网络可靠性是一个系统的复杂工程，需要网络运维人员从设计、建设、管理和维护多方面全面考虑。

10.1 DLDP 技术

DLDP（Device Link Detection Protocol，设备链路检测协议）是用来监控铜质双绞线或光纤的物理链路状态的。当发生链路“单通”现象后，会根据管理员预设的应急处置配置，通知管理员进行手动关闭或者自动关闭相关端口，防止网络出现故障。

10.1.1 DLDP 背景

网络中有时光纤链路会出现单通现象，所谓单通是指一台网络设备通过光纤可以收到对端设备发出的报文，但是对端设备无法接收到本地设备发送出去的报文的现象。链路产生单通问题主要有以下两种可能情况：

- 在连接光纤时两对光纤中有交叉连接的情况；
- 一对光纤中有一条处于未连接或有故障的情况。

图 10-1 是光纤正常连接和单通连接示意图。

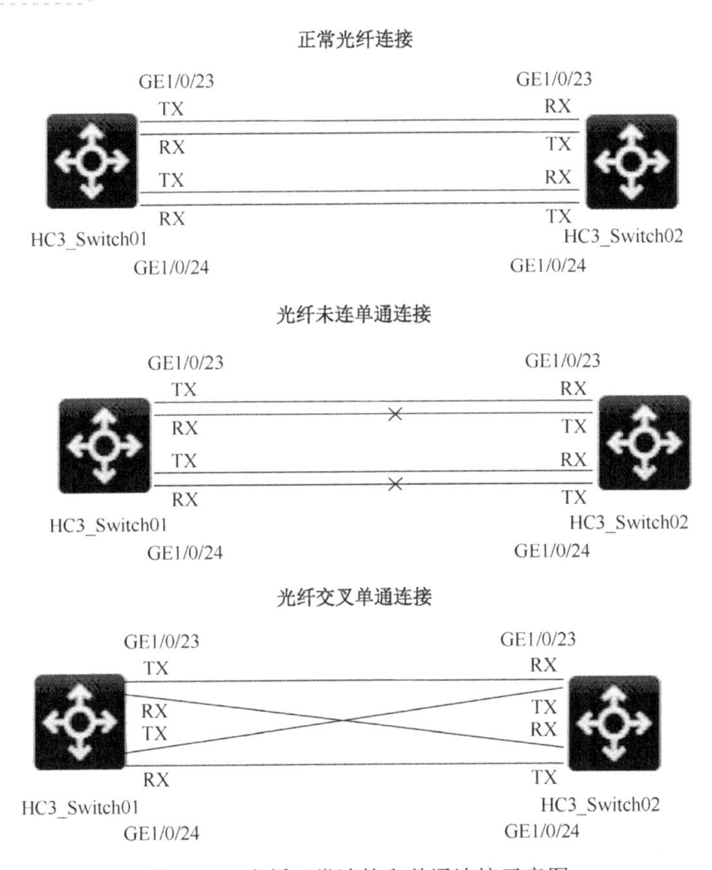

图 10-1　光纤正常连接和单通连接示意图

如果光纤未连接，设备端口的指示灯处于熄灭状态，物理层的检测机制会使用物理信号和故障侦测等方法发现问题。但是在单通链路中，由于链路不是未连接而是由于操作失误导致错误连接，所以物理层还是处于连通状态。此时物理层的检测机制将无法发现设备间的异常情况，这时如果网络进行数据通信很容易导致错误转发、环路等问题。

DLDP 技术能够在设备中监控端口链路的链路状态，包括检测链路是否连接、连接是否正确和链路两端的报文收发情况是否正常等。当一旦发现网络中的某些链路处于单通状态时，DLDP 会根据网络管理员的配置自动关闭或提示手工关闭端口，防止网络问题扩大，并且 DLDP 与其他的物理层检测机制协同工作，可以形成一套完整的检测链路物理和逻辑连接的方案。

10.1.2　DLDP 概念

DLDP 的基本概念分为 DLDP 邻居状态、DLDP 端口状态、DLDP 定时器和 DLDP 认证模式四部分，简要介绍如下。

1. DLDP 邻居状态

DLDP 的邻居是指两个开启 DLDP 功能的端口 A 和端口 B 互相连接处于同一条链路上，如果端口 A 可以收到端口 B 发送的 DLDP 报文，那么端口 B 被称为端口 A 的邻居；如果两个端口都可以收到对方发送的 DLDP 报文，那么两个端口互为邻居。DLDP 的邻居状态主要有以下两种。

- 确定状态（Confirmed）：链路状态正常时的邻居状态。
- 不确定状态（Unconfirmed）：发现新邻居但是不确定链路是否正常时的邻居状态。

2. DLDP 端口状态

网络设备的端口开启 DLDP 功能后，端口将进入一种 DLDP 状态，并且随着对端的变化，端口状态也会发生相应的变化，DLDP 的端口主要有以下几种状态，如表 10-1 所示。

表 10-1　DLDP 端口状态

端口状态	状态描述
Initial（初始化）	网络设备端口开启 DLDP 协议，但是设备在全局模式没有开启 DLDP 协议时端口处于的状态
Inactive（未连通）	网络设备的端口和全局都开启 DLDP 协议，但是链路处于 Down 时端口处于的状态
Active（连通）	网络设备的端口和全局都开启 DLDP 协议，但是链路处于 Up 时端口处于的状态
Advertisement（双通）	网络设备的端口和全局都开启 DLDP 协议，端口至少有一个确定的邻居时端口处于的状态，这是一种没有发现单通的稳定状态
Disable（单通）	网络设备的端口和全局都开启 DLDP 协议，端口没有发现邻居时端口处于的状态，此时端口只接收 RecoverEcho 报文，发送 RecoverProbe 报文
Probe（探测）	端口发送探测报文检测链路是否处于单通状态，这时端口将启动 Probe 定时器，为每个需要探测的邻居启动一个 Echo 等待定时器
DelayDown（延迟 Down）	当 DLDP 处于 Active、Advertisement 或者 Probe 状态时，如果发现链路处于 Down 状态，它不会立即将端口置为 Inactive 状态同时删除邻居关系，而是先进入 DelayDown 状态，等待一段时间后，如果链路还是处于 Down 状态，才进行邻居的删除并进入 Inactive 状态

3. DLDP 定时器

DLDP 拥有多个定时器，每个定时器的作用各不相同，下面简要介绍几种 DLDP 主要使用的定时器。

（1）Active 发送定时器

端口进入 Active 状态后启动 Active 发送定时器，按照 1 s 间隔连续发送 5 个带有 RSY 标记的 Advertisement 报文，如果在第 5 个报文发送后无回应，Active 发送定时器超时，端口进入 Advertisement 状态。

（2）Advertisement 发送定时器

端口进入 Advertisement 状态后启动 Advertisement 发送定时器，发送 Advertisement 报文，默认情况下发送间隔为 5 s，可以通过 dldp interval 命令修改发送间隔。

（3）Probe 发送定时器

当端口接收到一个未知邻居的 DLDP 报文后进入 Probe 状态，此时端口将启动 Probe 发送定时器，发送探测报文检测链路是否为单通链路，端口在 Probe 状态下每间隔 1 s 发送 2 个 Probe 报文。

（4）Echo 等待定时器

在端口切换到 Probe 状态时启动 Echo 等待定时器，超时时间为 10 s，如果在 10 秒内没有收到邻居发送的应答报文，端口将视为单通，端口状态将切换为 Disable 状态，同时记录日志、输出告警信息，并根据用户的预设值对端口进行自动关闭或者提示管理员手动关闭，同时删除该邻居。

（5）邻居老化定时器

每个邻居建立后都会启动相对应的邻居老化定时器，在超时时间内如果收到邻居发送的报文，那么将自动刷新定时器；如果没有收到报文，将从邻居表中删除该邻居。

（6）加强定时器

如果 DLDP 设置为加强模式，那么当邻居老化定时器超时时会启动加强定时器，每秒向超时的邻居发送 1 个 Probe 报文，连续发送 8 次，如果仍然接收不到邻居的报文，则进入 Disable 状态，再从邻居表中删除邻居。

（7）恢复探测定时器

处于 Disable 状态的端口会启动恢复探测定时器，每隔 2 s 发送 1 个 RecoverProbe 报文用于检测单通链路是否恢复。当接收到对端发送的 RecoverEcho 报文并和本地信息进行对比后，如果信息相同，则认为链路已经恢复，端口状态从 Disable 转变为 Active 状态并重新建立邻居关系；如果信息不相同，则继续处于 Disable 状态。

（8）DLDP 认证模式

网络设备之间会频繁地发送 DLDP 报文信息进行端口状态的改变与维持，报文中涉及很多设备的重要信息，这就存在安全风险。如果报文被黑客截获，将对网络产生不可估计的影响。所以为了保证报文的加密性、完整性和真实性，网络管理员可以在端口上为发送和接收的 DLDP 报文配置认证方式，主流的认证方式分为不认证和密码认证。

① 不认证。

默认情况下，设备之间启动 DLDP 协议处于不认证的模式。如果链路两端一端不认证，另一端使用密码认证，则两边的端口会因为认证模式不一致丢弃 DLDP 报文。

② 密码认证。

可以通过命令行界面配置链路两端在发送报文时使用密码认证。密码认证分为两种：文明和 MD5 加密。如果只设置了密码认证模式而没有设置认证密码，认证模式仍然为不认证。

10.1.3 DLDP 工作机制

DLDP 的工作机制可以从邻居单通检测机制、邻居从双通变为单通检测机制、单通链路处理机制和链路自恢复机制等 4 个方面进行阐述，下面就逐一进行介绍。

1．邻居单通检测机制

如图 10-2 所示是两台交换机，设备的 GE1/0/23 和 GE1/0/24 端口采用光纤交叉连接。

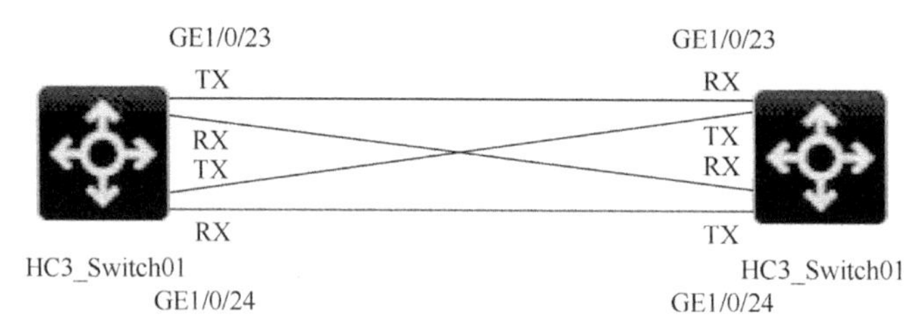

图 10-2 交换机光纤交叉连接

当交换机 H3C_Switch01 和 H3C_Switch02 的 4 个光纤端口交叉连接后，它们都进入了 Active 状态，并且端口都向外发送带 RSY 标记的 Advertisement 报文尝试和对端建立邻居关系，下面以 H3C_Switch01 的 GE1/0/23 端口为例，介绍单通检测的过程。

H3C_Switch01 的 GE1/0/23 端口收到 H3C_Switch02 的 GE1/0/24 端口发送的带 RSY 标记的 Advertisement 报文后，认为发现了邻居，为邻居在邻居表中创建新的条目并启动邻居老化定时器和 Echo 等待定时器。之后 H3C_Switch01 的 GE1/0/23 进入 Probe 状态，向外发送 Probe 报文检测 H3C_Switch02 的 GE1/0/24 端口存在。

但是 H3C_Switch01 的 GE1/0/23 端口发送的 Probe 报文实际被 H3C_Switch02 的 GE1/0/23 端口所接收，而 H3C_Switch02 的 GE1/0/24 端口却接收不到这个 Probe 报文，因此也不能回复 Echo 报文给 H3C_Switch01 的 GE1/0/23 端口，所以最终 H3C_Switch01 的 GE1/0/23 端口由于 Echo 等待定时器超时，端口进入 Disable 单通状态，图中另外三个端口也经过类似的过程，最终 4 个端口都进入了单通状态。

2．邻居从双通变为单通检测机制

如图 10-3 所示是两台交换机，设备的 GE1/0/23 和 GE1/0/24 端口的光纤正常连接，链路处于双通状态。

如图 10-3 所示，如果交换机 H3C_Switch01 的 GE1/0/24 端口的 Rx 线发生物理故障无法接收光信号，该端口将进入 Inactive 状态，不再发送任何数据报文，但是由于 Tx 线还处于正常工作状态，所以 GE1/0/24 端口的物理状态还是处于 Up 状态。H3C_Switch02 的 GE1/0/24 端口在邻居老化定时器失效时也接收不到对端发送的 DLDP 报文，它将启动加强定时器和 Echo 等待定时器，并向邻居发送 Probe 报文，接下来的处理方式和前面邻居单通检测机制相同，这里就不再重复，最后两个端口都会进入 Disable 单通状态。

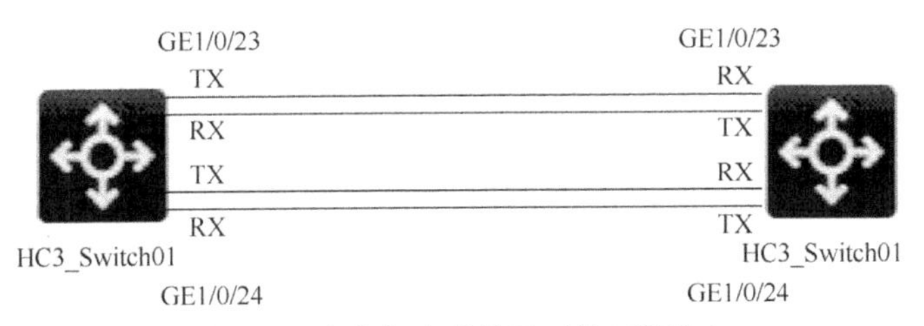

图 10-3　交换机光纤处于正常双通状态

3. 单通链路处理机制

当 DLDP 检测到单通链路时主要有以下两种链路处理方法。

（1）手动模式

在手动模式中，一旦 DLDP 检测到链路出现单通问题将输出日志和告警信息，建议网络管理员手动关闭该端口，关闭端口操作需要网络管理员自行完成。

（2）自动模式

在自动模式中，如果 DLDP 发现链路有单通问题，除了正常输出日志和告警信息，还会自动将端口设置为 DLDP Down 状态，设置为 DLDP Down 状态的端口仅能接收 BPDU 信息和发送恢复探测报文，不能转发数据流量，只有当链路的自恢复机制完成或者网络管理员手工重启后，该端口才能正常工作，在实际的网络实践中建议采用自动模式。

4. 链路自恢复机制

当端口处于 DLDP Down 状态时，端口会每隔 2 s 发送一次 RecoverProbe 恢复探索报文，报文中包含自身的端口信息，接收到了对端发送的 RecoverEcho 回应报文后，检查邻居信息和本端口的信息是否相同，如果相同则恢复到 Active 状态开始建立邻居关系；如果不相同则丢弃报文继续处于 DLDP Down 状态。

10.2　BFD 技术

BFD（Bidirectional Forwarding Detection，双向转发检测）是一种通用性的故障检测机制，

它与所使用的设备的协议无关，与网络设备使用什么类型的介质无关，它的功能主要用于检测网络中的链路连接情况，保证当链路出现故障时设备能够快速做出反应，采取相对应的措施保证系统正常运行。

10.2.1 BFD 的工作机制

在实际的工程使用中，BFD 的使用方式主要有两种：单跳检测和多跳检测。单跳检测是对两台直连设备之间的链路状态进行检测。这里的跳数和 RIP 协议中的跳数意义相同，每跨越一台路由设备称为一跳。而多跳检测是指两台设备之间可能跨越多台路由设备，这时检测两台设备之间的链路状态称为多跳检测。

BFD 自身并没有邻居发现机制，它是依靠上层协议的通知来建立会话的，具体过程如下：

① 上层协议通过自己的邻居发现协议以相互发送 Hello 数据包的方式建立并维护邻居关系。

② 上层协议在完成邻居关系建立后将自己和对端邻居的一些参数如源目的 IP 地址、源目的 MAC 地址等通告给 BFD。

③ BFD 根据收到的参数信息建立自己的 BFD 会话。

BFD 虽然是依靠上层协议建立起来的，但是相对于上层协议互相维护邻居关系时每几秒发送一次 Hello 包的秒级速度，BFD 邻居之间的关系维护在毫秒级别。所以当网络发生故障时 BFD 会先发现，并启动故障处理机制，主要的处理过程有以下几个步骤：

① BFD 检测到链路出现故障后，删除建立好的 BFD 会话，通知上层协议邻居目前为不可达状态。

② 上层协议收到 BFD 的消息后终止与对端建立的邻居关系。

③ 如果上层协议中存在备份链路到达邻居，那么协议将自动切换到备份路径继续提供网络服务。

10.2.2 BFD 会话的工作与检测模式

BFD 的会话控制与维持主要依靠两种报文来实现，表 10-2 是这两种报文的对比信息。

表 10-2 BFD 报文信息对比

报文名称	报文封装	报文端口号
Echo 报文	UDP	3785
Control 报文	UDP	3784（单跳检测） 4784（多跳检测）

1. Echo 报文

上层协议完成邻居建立后，网络设备尝试进行 BFD 会话建立，网络设备发出 Echo 报文，如果对端不希望建立 BFD 会话，那么它将把 Echo 报文进行回传。如果完成 BFD 会话建立后发出 Echo 报文，则代表设备之间使用 Echo 报文的方式对链路进行检测，此时只能工作在单跳检测的方式，不支持多跳检测。

2. Control 报文

Control 报文即控制报文，是在 BFD 会话建立好后，用来周期性发送、对链路进行检测、维持 BFD 会话的报文。

BFD 建立会话主要有两种模式：主动模式和被动模式。

3. 主动模式

在建立 BFD 会话时不论是否收到对端发送的 BFD 报文信息，都会主动向对端发送 BFD 报文。

4. 被动模式

在建立 BFD 会话时不会主动发送 BFD 报文，直到接收到对端发送的 BFD 报文后才会发送 BFD 报文给对端。

当 BFD 会话建立完成，网络设备之间的 BFD 工作模式主要有异步模式和查询模式。

（1）异步模式

设备周期性地发送 BFD 报文，如果在超时时间内没有收到对端发出的回应报文，则认为对端处于 Down 状态，并通知上层协议。

（2）查询模式

设备之间如果都处于查询模式，将不会周期性地发送 BFD 报文。如果一台处于查询模式，另一台处于异步模式时，查询模式的设备也将停止周期性发送 BFD 报文。设备之间在需要验证连接状态时会先协商，连续发送几个 BFD 报文。如果在验证时间内没有收到对端的返回报文，那么认为对端处于 Down 状态；如果接收到对端的回应报文，那么认为验证通过，链路还是处于 Up 状态，设备之间停止发送 BFD 报文，等待下一个周期再进行链路连通性验证。

10.2.3　BFD 支持的协议

BFD 支持的协议及规范如表 10-3 所示。

表 10-3 BFD 支持的协议及规范

BFD 支持的协议名称	BFD 的协议规范
静态路由协议、RIP、OSPF、OSPFv3、IS-IS、BGP	RFC5880
IPv6 相关静态与动态协议	RFC5881
PIM、RSVP	RFC5882
MPLS、	RFC5883
IP 快速重路由	RFC5884
链路聚合	RFC5885

10.3 VRRP

随着企业无纸化办公，电子审批等制度的逐步完善，各种应用系统网络化逐步深入。企业对于网络可靠性的要求程度越来越高。而对于网络中的终端用户来说，实时在线是他们对于网络的诉求。而用户上网一般是通过默认网关作为数据“中转站”与外部网络进行联系的，如图 10-4 所示。

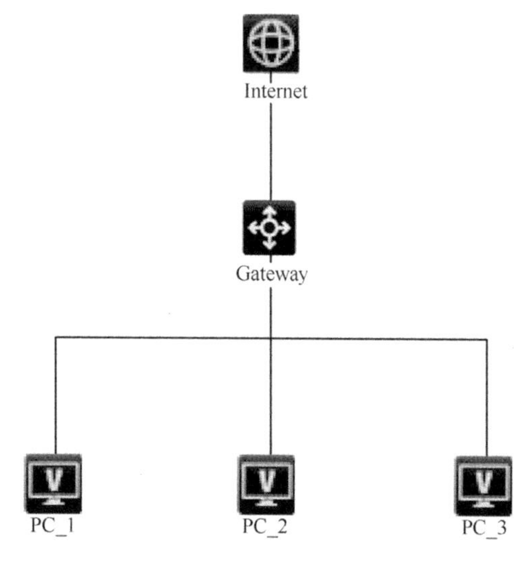

图 10-4 简化的企业终端用户上网拓扑

图 10-4 中是简化版的企业局域网图，终端设备通常是通过网络中的网关设备上网的，如果网络使用的是单网关，那么很容易就产生成局域网的“单点故障”问题，即如果网络中的网关出现故障无法提供正常服务，那么内部所有的终端设备都将无法上网，这将给网络带来很大的影响。

为了解决网关的“单点故障”问题，网络设计者们开发了 VRRP 协议，它对于终端用户来说是透明的，用户不需要在 PC 上做任何额外的操作；对于网络的整体设计影响也较小，只需

要在网关处添加一些路由设备并配置一些命令就能实现网关的热备份切换和负载均衡等冗余功能，相比其他冗余方法，VRRP 能更好地满足网络稳定的需求。

10.3.1　VRRP 协议简介

VRRP（Virtual Router Redundancy Protocol，虚拟路由冗余协议）是一种提供企业网络高可用性的协议，它是冗余协议的一种，可以通过提供热备份路由器的方式保证在网络中路由设备出现故障时，备份设备在线切换，从而保证通信的连续性和可靠性，如图 10-5 所示。

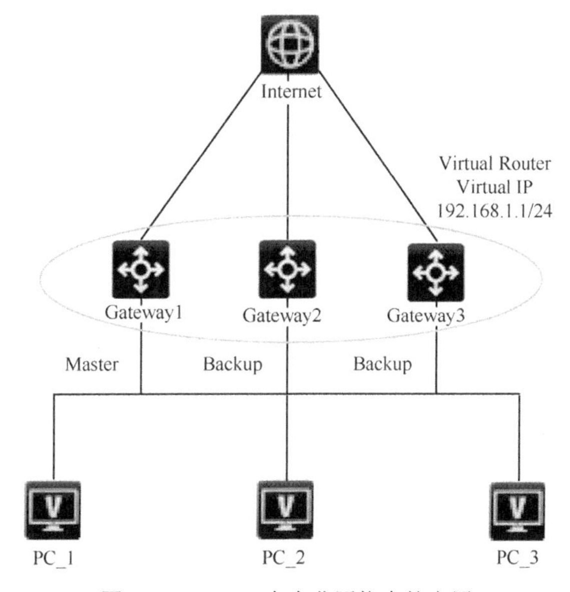

图 10-5　VRRP 在企业网络中的应用

VRRP 技术通常将局域网中的一些网关路由器连接成一体，形成一个 VRRP 工作组，这虽然是一组设备，但是网络中的其他设备却将它们看成一个整体，它相当于一台虚拟路由器。这台虚拟路由器拥有自己的虚拟 IP 地址和虚拟 MAC 地址，局域网中的终端设备将虚拟路由器的 IP 地址设置为默认网关，通过虚拟路由器进行中转与外部网络进行通信。

10.3.2　VRRP 选举、认证和工作过程

1. Master 路由器的选举

VRRP 工作组中的路由器需要选举出 Master 路由器和 Backup 路由器，路由器的优先级越高，成为 Master 路由器的可能性越大。VRRP 工作组开始选举 Master 路由器时组内所有的路由器都处于 Backup 状态，路由器在向外发送 VRRP 报文时，Master 路由器的信息为自身的相

关信息，通过相互交换 VRRP 报文，查看报文中 Master 路由器的优先级并进行比较判断。这里查看报文的结果有两种可能：

- 如果接收到的 VRRP 报文中 Master 路由器的优先级高于自己的优先级，那么路由器继续处于 Backup 状态。
- 如果接收到的 VRRP 报文中 Master 路由器的优先级低于自己的优先级，如果该路由器配置为抢占模式，那么它将变为 Master 状态，并继续周期性地向其他路由器发送 VRRP 报文，如果该路由器配置为非抢占模式，那么路由器仍然保持 Backup 状态。

VRRP 优先级的取值为 0～255，路由器优先级越高，成为 Master 的可能性越大。如果网络管理员设置一台路由器的优先级为 0，表示这台路由器不能成为 Master 路由器，如果设置为 255 表示这台路由器默认自动成为 Master 路由器。

2. VRRP 工作过程

VRRP 协议的工作过程主要分为一下 5 个部分：

① VRRP 工作组通过 Master 路由器的选举规则选举出组中的 Master 路由器和 Backup 路由器，Master 路由器发送包含虚拟路由器的 MAC 和 IP 地址的 ARP 报文与网络中的终端设备进行通信，Backup 路由器作为 Master 路由器的备份存在。

② 在一个正常运行的 VRRP 组中，Master 路由器周期性地给 Backup 路由器发送 VRRP 报文，通告自身的一些配置信息和状态。

③ 当 VRRP 组中的 Master 路由器出现故障时，VRRP 组会在所有活跃的 Backup 路由器中进行 Master 路由器选举，重新选择一台新的 Master 路由器。

④ 当出现故障的 Master 路由器重新恢复正常后，原 Master 路由器是否恢复 Master 身份视 VRRP 组的工作方式而定。如果工作方式采用的是抢占方式，那么重新进行选举，优先级高的路由器成为 Master 路由器；如果工作方式采用的是非抢占方式，那么将不再进行 Master 路由器选举，原 Master 路由器成为 Backup 路由器。

3. VRRP 认证

VRRP 组内各成员之间相互发送信息时主要采用三种认证方式，如表 10-4 所示。

表 10-4 三种认证方式

认证名称	描 述
无认证	对 VRRP 组内的数据包不进行任何认证措施，不提供任何安全保障
简单字符认证	VRRP 组内的一台路由器在发送 VRRP 报文时将认证字段添加到 VRRP 报文中，对端接收到报文后会先将认证字段和自己本地的认证字段进行比较，如果一直则认为是一个合法报文，如果不一致则认为是一个非法报文
MD5 认证	MD5 认证与简单字符认证比较：整个认证过程是相同的，不同点在于 MD5 认证方式加密程度更高，相比简单字符认证方式安全性更高

10.3.3　VRRP 定时器

1. 偏移时间

每台运行 VRRP 的路由器都会拥有一个不可设置的偏移时间，这个时间每台设备各不相同，它主要作用是在 Master 路由器出现故障时，所有 Backup 路由器等待一个偏移时间周期再转变为 Master 路由器，如果网络中已经有 Master 路由器，Backup 路由器就不在转变为 Master 路由器。有了偏移时间就可以避免在同一时刻所有 Backup 路由器都成为 Master 路由器。

2. 通告发送间隔定时器

正常运行的 VRRP 组中，Master 路由器会定时发送 VRRP 通告报文，通告所有 Backup 路由器自身的信息和状态，网络管理员可以通过配置命令的方式修改这个通告发送的间隔时间。如果 Backup 路由器在等待 3 个通告发送间隔时间和偏移时间总和后仍然没有接收到 Master 路由器发送的 VRRP 通告报文，那么它将认为自己是 Master 路由器，向 VRRP 组通告 VRRP 报文，再重新进行 Master 路由器的选举。

3. 抢占延迟定时器

在 VRRP 工作组中，抢占模式的设置是为了实现当网络中新加入成员拥有更高的优先级时，它将抢占 Master 角色，成为 Master 路由器。但是为了避免过于频繁地的抢占导致网络不稳定，在抢占模式下，新加入的拥有更高优先级的 Backup 路由器收到低优先级 Master 路由器发送的 VRRP 报文后会启动抢占延迟定时器。当抢占延迟定时器超时后再经过一个偏移时间周期后，才会对外发送 VRRP 通告取代现有的 Master 路由器成为网络新的 Master 路由器。

10.3.4　VRRP 负载分担与均衡

在 VRRP 协议中，默认情况下只有 Master 路由器进行数据报文转发，所有 Backup 路由器处于热备份监听状态，无法转发数据报文。这无形中造成网络资源的浪费，为了解决这一问题，VRRP 协议开发了一些负载功能，将热备份的设备资源进行充分利用，下面介绍两种常用的负载分担和负载均衡方式。

1. 负载分担

一个 VRRP 组上可以创建多个虚拟路由器，组内的物理路由器在一个虚拟路由器中的角色是 Master 路由器，而在另一个路由器中的角色是 Backup 路由器，这就是负载分担方式的原理。因此，负载分担至少需要两个虚拟路由器，每个虚拟路由器由一个 Master 路由器和若干个 Backup 路由器组成，每个虚拟路由器的 Master 路由器各不相同，如图 10-6 所示。

图 10-6 中虚拟路由器、Master 路由器和 Backup 路由器的关系即负载分担中路由器的角色如表 10-5 所示。

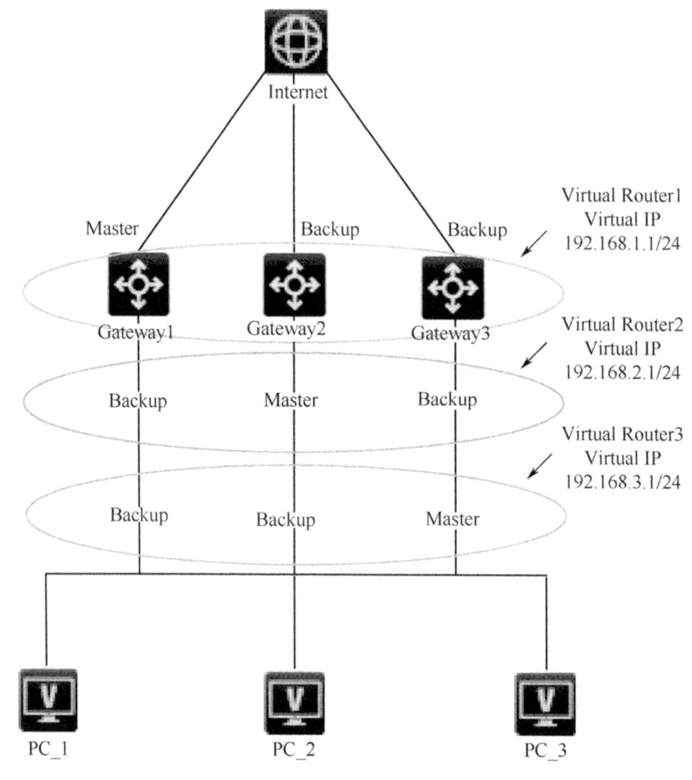

图 10-6　VRRP 负载分担原理

表 10-5　负载分担中路由器的角色

虚拟路由器名称	Master 路由器	Backup 路由器
Virtual Router1	Gateway1	Gateway2、Gateway3
Virtual Router2	Gateway2	Gateway1、Gateway3
Virtual Router3	Gateway3	Gateway1、Gateway2

2. 负载均衡

VRRP 的负载分担功能提高了网络设备资源利用率，但是也带来了额外的配置操作，例如，每台终端设备需要配置多个网关，增加了网络的复杂性，所以 VRRP 协议除了标准模式还开发了 VRRP 负载均衡模式，该模式在不增加终端设备配置的基础上实现了单个 VRRP 组内的负载均衡，有效地解决了配置复杂和简单易用的平衡问题。

在标准模式中，VRRP 组中虚拟路由器有一个虚拟 IP 地址和一个虚拟 MAC 地址，而在负载均衡模式中，虚拟路由器同样拥有一个虚拟 IP 地址，但是有多个虚拟的 MAC 地址，这样就可以使组内的所有成员都能转发数据流量，避免了标准模式下只有 Master 路由器可进行数据转发，所有 Backup 路由器处于空闲状态的情况，如图 10-7 所示。

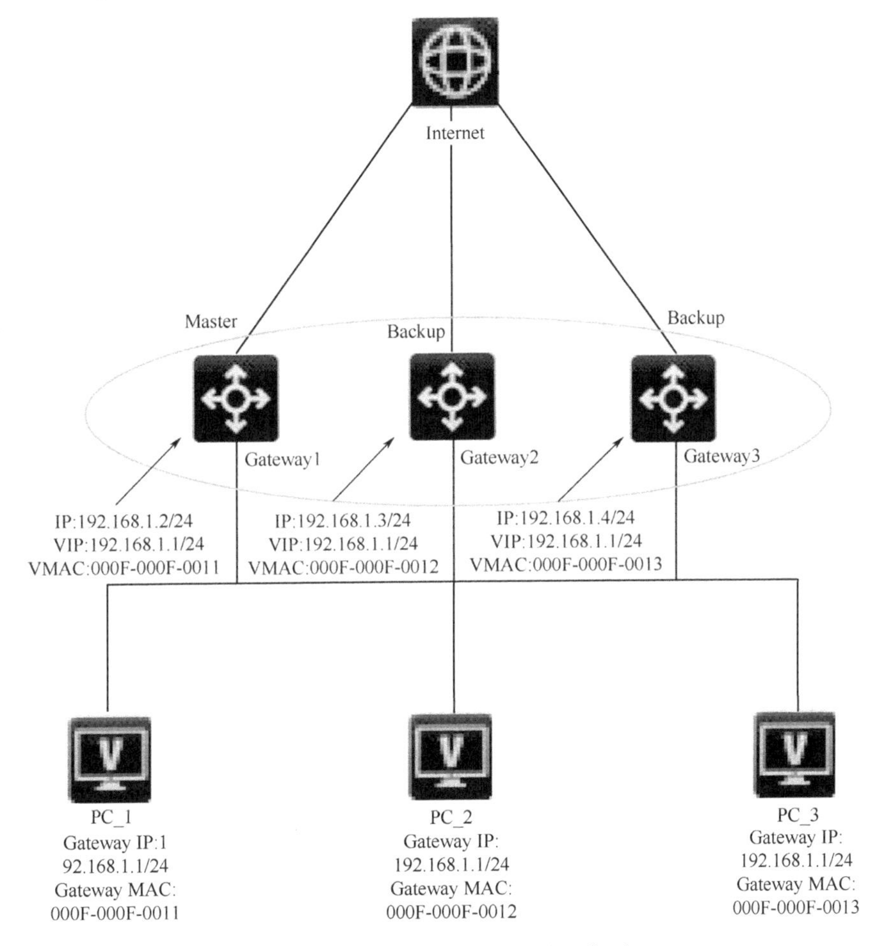

图 10-7　VRRP 负载均衡模式的工作原理

如图 10-7 所示，在负载均衡模式下，VRRP 中不仅有虚拟 IP 地址，Master 设备还管理虚拟 MAC 地址的分配，当终端设备通过网关时，Master 设备还会将数据流量通过 MAC 地址分配给其他的 Backup 设备从而避免 VRRP 网络中一台设备负载过高，而其他设备处于空闲状态的情况。这种方式有效地提高了设备资源的利用率，也是目前企业网络比较常用的负载方式。

VRRP 负载均衡模式的主要工作过程如下所述：

① VRRP 组内进行 Master 路由器的选举，选举方式和过程与 VRRP 标准模式相同。

② Backup 路由器向 Master 路由器发送 Request 报文，请求虚拟 MAC 地址，Master 路由器回复包含虚拟 MAC 地址的 Replay 报文给 Backup 路由器。

③ 在正常工作时，Master 路由器根据负载均衡算法为终端设备分配不同的虚拟 MAC 地

址，实现数据流在 VRRP 组内多台路由器之间的负载均衡效果。

10.4 实训 1：DLDP 配置

【实验目的】

- 掌握 DLDP 自动关闭单向链路的配置方法；
- 掌握 DLDP 手动关闭单向链路的配置方法；
- 了解 H3C 交换机 DLDP 配置的验证方法。

【实验拓扑】

实验拓扑如图 10-8 所示。

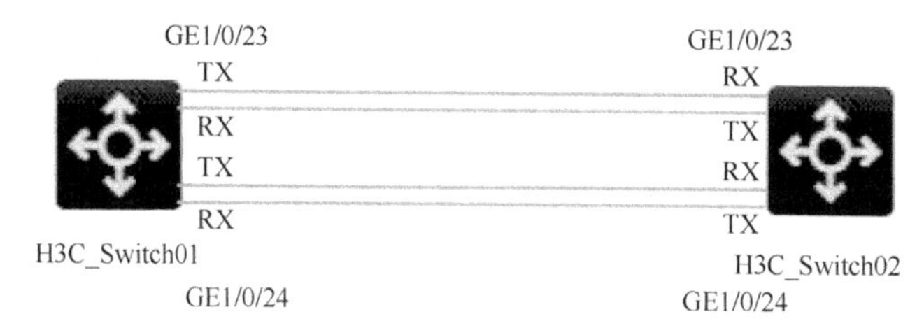

图 10-8 STP 配置实验拓扑

【实验任务】

交换机 H3C_Switch01 和 H3C_Switch02 之间通过两对光纤进行连接，交换机的端口号均为 GE1/0/23 和 GE1/0/24。完成正常的 DLDP 配置后，模拟网络线缆发生故障产生单通现象，DLDP 会自动关闭故障端口。查看在网络管理员排除故障后，故障端口自动恢复的过程。

1. 完成交换机基本配置

```
//交换机 H3C_Switch01 的基础配置
<H3C>system-view
[H3C]sysname H3C_Switch01
//配置交换机名为 H3C_Switch01
[H3C_Switch01]interface range GigabitEthernet 1/0/23 to GigabitEthernet 1/0/24
//进入交换机 H3C_Switch01 的 GE1/0/23 和 GE1/0/24 端口
[H3C_Switch01-if-range]duplex full
//配置交换机 H3C_Switch01 的 GE1/0/23 和 GE1/0/24 端口为全双工模式
[H3C_Switch01-if-range]speed 1000
//配置交换机 H3C_Switch01 的 GE1/0/23 和 GE1/0/24 端口的速率为 1 Gbps
```

```
[H3C_Switch01-if-range]exit
[H3C_Switch01]

//交换机 H3C_Switch02 和 H3C_Switch03 的配置与 H3C_Switch01 相同，这里只列出相关命令不解释

//H3C_Switch02 的基础配置
<H3C>system-view
[H3C]sysname H3C_Switch02
[H3C_Switch02]interface range GigabitEthernet 1/0/23 to GigabitEthernet 1/0/24
[H3C_Switch02-if-range]duplex full
[H3C_Switch02-if-range]speed 1000
[H3C_Switch02-if-range]exit
[H3C_Switch02]
```

2．完成交换机 DLDP 功能的配置

```
[H3C_Switch01]dldp global enable
//在交换机全局配置模式下开启 DLDP 功能
[H3C_Switch01]dldp unidirectional-shutdown auto
//配置 DLDP 发现单向链路后自动关闭端口
[H3C_Switch01]interface range GigabitEthernet 1/0/23 to GigabitEthernet 1/0/24
[H3C_Switch01-if-range]dldp enable
//进入交换机 H3C_Switch01 的 GE1/0/23 和 GE1/0/24 端口，开启 DLDP
[H3C_Switch01-if-range]exit
[H3C_Switch01]
//交换机 H3C_Switch02 和 H3C_Switch03 的配置与 H3C_Switch01 相同，这里只列出相关命令不解释

//H3C_Switch02 的基础配置
[H3C_Switch02]dldp global enable
[H3C_Switch02]dldp unidirectional-shutdown auto
[H3C_Switch02]interface range GigabitEthernet 1/0/23 to GigabitEthernet 1/0/24
[H3C_Switch02-if-range]dldp enable
[H3C_Switch02-if-range]exit
[H3C_Switch02]
```

3．验证交换机的 DLDP 信息

```
[H3C_Switch01]display dldp
//查看交换机 H3C_Switch01 的 DLDP 全局配置信息和接口配置信息
 DLDP global status: Enabled
```

```
//DLDP 全局状态为开启
 DLDP advertisement interval: 5s
//DLDP 通告间隔时间为 5 s
 DLDP authentication-mode: None
//DLDP 认证模式为无认证
 DLDP unidirectional-shutdown mode: Auto
//DLDP 发现单向链路后关闭端口模式为自动关闭
 DLDP delaydown-timer value: 1s
//DLDP 的延迟关闭计时器为 1 s;；
 Number of enabled ports: 2
//开启 DLDP 的端口数为 2
Interface GigabitEthernet1/0/23
 DLDP port state: Bidirectional
//端口状态为双通
 Number of the port's neighbors: 1
  Neighbor MAC address: 68f8-b3c4-0100
  Neighbor port index: 25
  Neighbor state: Confirmed
  Neighbor aged time: 7s
//端口 GE1/0/23 的邻居信息
Interface GigabitEthernet1/0/24
 DLDP port state: Bidirectional
//端口状态为双通
 Number of the port's neighbors: 1
  Neighbor MAC address: 68f8-b3c4-0100
  Neighbor port index: 24
  Neighbor state: Confirmed
  Neighbor aged time: 7s
//端口 GE1/0/23 的邻居信息

[H3C_Switch02]display dldp
//查看交换机 H3C_Switch02 的 DLDP 全局配置信息和接口配置信息
DLDP global status: Enabled
 DLDP advertisement interval: 5s
 DLDP authentication-mode: None
 DLDP unidirectional-shutdown mode: Auto
 DLDP delaydown-timer value: 1s
 Number of enabled ports: 2
```

```
Interface GigabitEthernet1/0/23
 DLDP port state: Bidirectional
 Number of the port's neighbors: 1
  Neighbor MAC address: 6e0c-1455-0100
  Neighbor port index: 24
  Neighbor state: Confirmed
  Neighbor aged time: 13s

Interface GigabitEthernet1/0/24
 DLDP port state: Bidirectional
 Number of the port's neighbors: 1
  Neighbor MAC address: 6e0c-1455-0100
  Neighbor port index: 25
  Neighbor state: Confirmed
  Neighbor aged time: 13s
```

4．采用 DLDP 验证光纤交叉连接的产生和恢复

模拟两个接口由于线缆交叉连接导致的网络单通现象，查看此时交换机的 DLDP 信息并将其进行对比。

```
[H3C_Switch01]display dldp
//查看单通状态下交换机 H3C_Switch01 的 DLDP 全局配置信息和接口配置信息
DLDP global status: Enabled
DLDP advertisement interval: 5s
DLDP authentication-mode: None
DLDP unidirectional-shutdown mode: Auto
DLDP delaydown-timer value: 1s
Number of enabled ports: 2

Interface GigabitEthernet1/0/23
 DLDP port state: Unidirectional
//DLDP 检测到端口 GE1/0/23 处于单通状态
 Number of the port's neighbors: 0（Maximum number ever detected：1）
//端口由于单通没有任何邻居
Interface GigabitEthernet1/0/24
 DLDP port state: Unidirectional
//DLDP 检测到端口 GE1/0/24 处于单通状态
Number of the port's neighbors: 0（Maximum number ever detected：1）
```

```
//端口由于单通没有任何邻居

[H3C_Switch02]display dldp
//查看单通状态下交换机 H3C_Switch02 的 DLDP 全局配置信息和接口配置信息
DLDP global status: Enabled
 DLDP advertisement interval: 5s
 DLDP authentication-mode: None
 DLDP unidirectional-shutdown mode: Auto
 DLDP delaydown-timer value: 1s
 Number of enabled ports: 2

Interface GigabitEthernet1/0/23
 DLDP port state: Unidirectional
//DLDP 检测到端口 GE1/0/23 处于单通状态
 Number of the port's neighbors: 0（Maximum number ever detected：1）
//端口由于单通没有任何邻居
Interface GigabitEthernet1/0/24
 DLDP port state: Unidirectional
//DLDP 检测到端口 GE1/0/24 处于单通状态
Number of the port's neighbors: 0（Maximum number ever detected：1）
//端口由于单通没有任何邻居
```

当模拟单通状态消除后，交换机 H3C_Switch01 和 H3C_Switch02 的 DLDP 自动切换为双通状态，此时如果使用 display DLDP 命令查询，结果与正常配置完成后的查询结果相同，这里就不列出了。

5．手动关闭单通端口的配置

默认情况下，DLDP 检测到端口单通后会自动关闭端口等待单通现象解除后再自行恢复 Up 状态，除此之外，还有一种管理端口单通的方法是发现端口单通后，交换机显示提示信息，提醒网络管理员手动关闭端口。

```
[H3C_Switch01]dldp unidirectional-shutdown manual
//配置 DLDP 发现单向链路后手动关闭端口
[H3C_Switch01]display dldp
 DLDP global status: Enabled
 DLDP advertisement interval: 5s
 DLDP authentication-mode: None
 DLDP unidirectional-shutdown mode: Manual
 DLDP delaydown-timer value: 1s
```

```
Number of enabled ports: 2
<省略部分输出>

[H3C_Switch01]
//当出现单通情况时，交换机会提醒网络管理员关闭单通端口并记录在系统的 log 日志中，当系统单通消除后，也需要网络管理员手动开启端口。
//实验完成
```

10.5　实训 2：RIP 与 BFD 联动的 Echo 方式单跳检测配置

【实验目的】

- 掌握 H3C 交换机 RIP 与 BFD 联动的配置方法。
- 掌握 H3C 交换机 BFD 采用 Echo 方式单跳检测的配置方法。
- 了解 H3C 交换机 BFD 采用 Echo 方式单跳检测的验证方法。

【实验拓扑】

实验拓扑如图 10-9 所示。

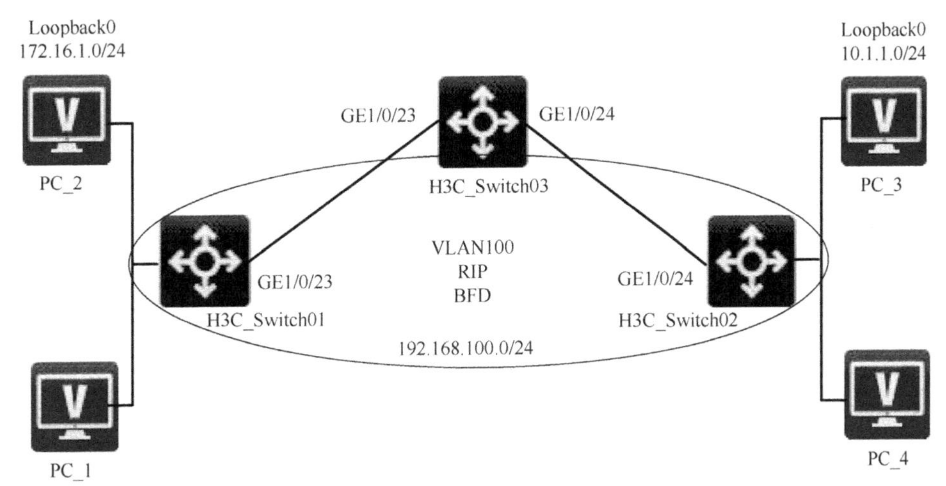

图 10-9　RIP 与 BFD 联动 Echo 单跳检测拓扑

【实验任务】

交换机 H3C_Switch01、H3C_Switch02 和 H3C_Switch03 之间通过网线进行串联，三台设备通过 VLAN100 相连，H3C_Switch01 和 H3C_Switch02 之间建立 RIP 邻居关系，交换机 H3C_Switch01 配置 Echo 方式单跳检测链路状态的 BFD 协议监视交换机之间的链路状态，模拟 H3C_Switch02 和 H3C_Switch03 之间链路出现故障，H3C_Switch01 的 BFD 快速感知并通告自身 RIP 协议进行相应处理。

1．完成交换机、VLAN 及 RIP 协议配置

```
//交换机 H3C_Switch01 的基础配置
<H3C>system-view
[H3C]sysname H3C_Switch01
[H3C_Switch01]vlan 100
[H3C_Switch01-vlan100]port GigabitEthernet 1/0/23
//创建 VLAN100，配置接口 GE1/0/23 属于 VLAN100
[H3C_Switch01-vlan100]exit
[H3C_Switch01]interface Vlan-interface 100
[H3C_Switch01-Vlan-interface100]ip address 192.168.100.1 255.255.255.0
//配置 VLAN100 的管理地址为 192.168.100.1/24
[H3C_Switch01-Vlan-interface100]exit
[H3C_Switch01]interface LoopBack 0
[H3C_Switch01-LoopBack0]ip address 172.16.1.1 255.255.255.0
//创建 Loopback 接口，配置 IP 地址为 172.16.1.1/24
[H3C_Switch01-LoopBack0]exit
[H3C_Switch01]rip 100
[H3C_Switch01-rip-100]network 192.168.100.0
[H3C_Switch01-rip-100]network 172.16.1.0
//创建 RIP 100，配置 VLAN100 和 Loopback 接口属于 RIP 协议

//交换机 H3C_Switch02 和 H3C_Switch03 的配置与 H3C_Switch01 相似，这里只列出相关命令不解释
//交换机 H3C_Switch02 的配置
[H3C]sysname H3C_Switch02
[H3C_Switch02]vlan 100
[H3C_Switch02-vlan100]port GigabitEthernet 1/0/24
[H3C_Switch02-vlan100]exit
[H3C_Switch02]interface vlan 100
[H3C_Switch02-Vlan-interface100]ip address 192.168.100.2 255.255.255.0
[H3C_Switch02-Vlan-interface100]exit
[H3C_Switch02]interface LoopBack 0
[H3C_Switch02-LoopBack0]ip add
[H3C_Switch02-LoopBack0]ip address 10.1.1.1 255.255.255.0
[H3C_Switch02-LoopBack0]exit
[H3C_Switch02]rip 100
```

```
[H3C_Switch02-rip-100]network 192.168.100.0
[H3C_Switch02-rip-100]network 10.1.1.0
//交换机 H3C_Switch03 的配置
[H3C]sysname H3C_Switch03
[H3C_Switch03]interface range GigabitEthernet 1/0/23 to GigabitEthernet 1/0/24
[H3C_Switch03-if-range]undo shutdown
[H3C_Switch03-if-range]vlan 100
[H3C_Switch03-vlan100]port GigabitEthernet 1/0/23
[H3C_Switch03-vlan100]port GigabitEthernet 1/0/24
```

2. 验证交换机之间 RIP 的配置

```
[H3C_Switch01-rip-100]display ip routing-table protocol rip
//查看交换机 H3C_Switch01 的 RIP 协议信息
Summary count : 2

RIP Routing table status : <Active>
Summary count : 1

Destination/Mask    Proto   Pre Cost        NextHop         Interface
10.0.0.0/8          RIP     100 1           192.168.100.2   Vlan100
//目前交换机 H3C_Switch01 通过 RIP 学习到的处于活跃状态的条目信息
RIP Routing table status : <Inactive>
Summary count : 1

Destination/Mask    Proto   Pre Cost        NextHop         Interface
192.168.100.0/24    RIP     100 0           0.0.0.0         Vlan100
//目前交换机 H3C_Switch01 通过 RIP 学习到的不活跃状态的条目信息，这是因为有更短的管理距离值的协议替代 RIP 路由协议进行路由条目的转发，这里 192.168.100.0/24 网段由于是直连条目，所以由直连路由器替代 RIP 进行数据转发

[H3C_Switch02-rip-100]display ip routing-table protocol rip
//查看交换机 H3C_Switch02 的 RIP 协议信息
Summary count : 2

RIP Routing table status : <Active>
Summary count : 1

Destination/Mask    Proto   Pre Cost        NextHop         Interface
```

```
172.16.0.0/16          RIP    100 1          192.168.100.1      Vlan100
//交换机 H3C_Switch01 上处于活跃状态的 RIP 条目
RIP Routing table status : <Inactive>
Summary count : 1

Destination/Mask       Proto  Pre Cost       NextHop            Interface
192.168.100.0/24       RIP    100 0          0.0.0.0            Vlan100
//交换机 H3C_Switch01 上处于不活跃状态的 RIP 条目
```

3．完成交换机 H3C_Switch01 的 RIP 与 BFD 联动配置

```
[H3C_Switch01]interface Vlan-interface 100
[H3C_Switch01-Vlan-interface100]rip bfd enable
//在 VLAN100 中开启 RIP 的 BFD 协议
[H3C_Switch01-Vlan-interface100]bfd min-echo-receive-interval 100
//配置 BFD 接收 Echo 报文的最小间隔时间
[H3C_Switch01-Vlan-interface100]bfd detect-multiplier 3
//配置 BFD 单跳检测的时间倍数
[H3C_Switch01-Vlan-interface100]exit
[H3C_Switch01]bfd echo-source-ip 172.16.1.1
//配置 BFD 的 Echo 报文源 IP 地址
```

4．验证交换机 H3C_Switch01 的 BFD 信息

```
[H3C_Switch01-rip-100]display bfd session
//查看交换机 H3C_Switch01 的 BFD 报文会话信息
 Total Session Num: 1      Up Session Num: 1      Init Mode: Active
//目前交换机总的有 BFD 会话 1 个，Up 状态会话 1 个，初始 BFD 模式为主动模式
 IPv4 Session Working Under Echo Mode:

 LD          SourceAddr      DestAddr        State   Holdtime   Interface
 129         192.168.100.1   192.168.100.2   Up      257ms      Vlan100
//BFD 会话原地址、目的地址、状态、持续时间和接口等信息
[H3C_Switch01-rip-100]display bfd session verbose
//查看交换机 H3C_Switch01 的 BFD 报文会话的详细信息
 Total Session Num: 1      Up Session Num: 1      Init Mode: Active

 IPv4 Session Working Under Echo Mode:
       Local Discr: 129
          Source IP: 192.168.100.1        Destination IP: 192.168.100.2
```

```
Session State: Up                    Interface: Vlan-interface100
Hold Time: 283ms                     Act Tx Inter: 100ms
Min Rx Inter: 100ms                  Detect Inter: 300ms
Rx Count: 741                        Tx Count: 741
Connect Type: Direct                 Running Up for: 00:01:04
Detect Mode: Async                   Slot: 1
Protocol: RIP
Version: 1
Diag Info: No Diagnostic
```

//交换机 H3C_Switch01 的 BFD 会话详细信息，这里除了 display bfd session 内的信息，还包含的联动的协议信息是一些时间信息等更多更详细的信息。目前 H3C_Switch01 的 RIP 与 BFD 已经配置完成，如果网络中链路出现故障，BFD 会第一时间通知 RIP 协议进行处理，效率比原来 RIP 每隔 30 s 触发一次更新的机制要提高很多

//实验完成

10.6　实训 3：RIP 与 BFD 联动的双向检测配置

【实验目的】

- 掌握 H3C 交换机 RIP 与 BFD 联动的配置方法。
- 掌握 H3C 交换机 BFD 双向检测的配置方法。
- 了解 H3C 交换机 BFD 双向检测的验证方法。

【实验拓扑】

实验拓扑如图 10-10 所示。

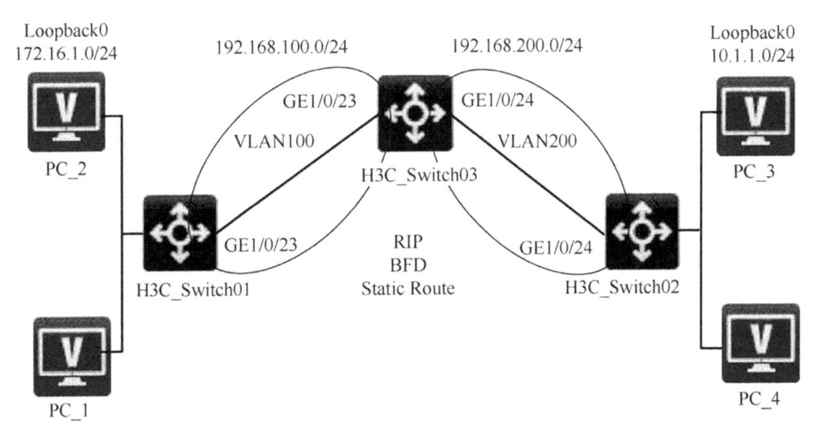

图 10-10　RIP 与 BFD 联动双向检测拓扑

【实验任务】

交换机 H3C_Switch01、H3C_Switch02 和 H3C_Switch03 之间通过网线进行串联，H3C_Switch01 和 H3C_Switch03 的部分端口属于 VLAN100，H3C_Switch02 和 H3C_Switch03 的部分端口属于 VLAN200，三台设备使用 RIP 建立邻居关系，通过配置交换机 H3C_Switch01 和 H3C_Switch02 达到当网络中任意两台设备之间的链路出现故障时，另一台设备的 BFD 协议都会感知并通告上层 RIP 协议进行相应处理。

1. 配置交换机 VLAN 及 RIP 协议配置

```
//交换机 H3C_Switch01 的基础配置
<H3C>system-view
[H3C]sysname H3C_Switch01
[H3C_Switch01]vlan 100
[H3C_Switch01-vlan100]port GigabitEthernet 1/0/23
//创建 VLAN100，配置接口 GE1/0/23 属于 VLAN100
[H3C_Switch01-vlan100]exit
[H3C_Switch01]interface Vlan-interface 100
[H3C_Switch01-Vlan-interface100]ip address 192.168.100.1 255.255.255.0
//配置 VLAN100 的管理地址为 192.168.100.1/24
[H3C_Switch01-Vlan-interface100]exit
[H3C_Switch01]interface LoopBack 0
[H3C_Switch01-LoopBack0]ip address 172.16.1.1 255.255.255.0
//创建 Loopback 接口，配置 IP 地址为 172.16.1.1/24
[H3C_Switch01-LoopBack0]exit
[H3C_Switch01]rip 100
[H3C_Switch01-rip-100]network 192.168.100.0
[H3C_Switch01-rip-100]network 172.16.1.0
//创建 RIP 100，配置 VLAN100 和 Loopback 接口属于 RIP 协议
[H3C_Switch01-rip-100]peer 192.168.200.1
//手工指定单播发送的 RIP 邻居为 192.168.200.1
[H3C_Switch01-rip-100]undo validate-source-address
//忽略 RIP 的更新源检测
[H3C_Switch01-rip-100]exit
[H3C_Switch01]ip route-static 192.168.200.0 255.255.255.0 Vlan-interface 100 192.168.100.2
//配置到达 192.168.200.0/24 网段的静态路由

//交换机 H3C_Switch02 和 H3C_Switch03 的配置与 H3C_Switch01 相似，这里只列出相关命令不解释
//交换机 H3C_Switch02 的配置
```

```
[H3C]sysname H3C_Switch02
[H3C_Switch02]vlan 200
[H3C_Switch02-vlan200]port GigabitEthernet 1/0/24
[H3C_Switch02-vlan200]exit
[H3C_Switch02]interface Vlan-interface 200
[H3C_Switch02-Vlan-interface200]ip address 192.168.200.1 255.255.255.0
[H3C_Switch02-Vlan-interface200]exit
[H3C_Switch02]interface LoopBack 0
[H3C_Switch02-LoopBack0]ip address 10.1.1.1 255.255.255.0
[H3C_Switch02-LoopBack0]exit
[H3C_Switch02]rip 100
[H3C_Switch02-rip-100]network 192.168.200.0
[H3C_Switch02-rip-100]network 10.1.1.0
[H3C_Switch02-rip-100]peer 192.168.100.1
[H3C_Switch02-rip-100]undo validate-source-address
[H3C_Switch02-rip-100]exit
[H3C_Switch02]
[H3C_Switch02]ip route-static 192.168.100.0 255.255.255.0 Vlan-interface 200 192.168.200.2

//交换机 H3C_Switch03 的配置
[H3C]sysname H3C_Switch03
[H3C_Switch03]vlan 100
[H3C_Switch03-vlan100]port GigabitEthernet 1/0/23
[H3C_Switch03-vlan100]exit
[H3C_Switch03]vlan 200
[H3C_Switch03-vlan200]port GigabitEthernet 1/0/24
[H3C_Switch03-vlan200]exit
[H3C_Switch03]interface Vlan-interface 100
[H3C_Switch03-Vlan-interface100]ip address 192.168.100.2 255.255.255.0
[H3C_Switch03-Vlan-interface100]exit
[H3C_Switch03]interface Vlan-interface 200
[H3C_Switch03-Vlan-interface200]ip address 192.168.200.2 255.255.255.0
```

2. 验证交换机连通性和 RIP 的配置

```
[H3C_Switch03]ping 192.168.100.1
//测试与交换机 H3C_Switch01 的连通性
Ping 192.168.100.1 (192.168.100.1): 56 data bytes, press CTRL_C to break
```

```
56 bytes from 192.168.100.1: icmp_seq=0 ttl=255 time=2.737 ms
56 bytes from 192.168.100.1: icmp_seq=1 ttl=255 time=0.709 ms
56 bytes from 192.168.100.1: icmp_seq=2 ttl=255 time=1.522 ms
56 bytes from 192.168.100.1: icmp_seq=3 ttl=255 time=0.538 ms
56 bytes from 192.168.100.1: icmp_seq=4 ttl=255 time=0.815 ms

--- Ping statistics for 192.168.100.1 ---
5 packet(s) transmitted, 5 packet(s) received, 0.0% packet loss
[H3C_Switch03]ping 192.168.200.1
//测试与交换机 H3C_Switch02 的连通性
Ping 192.168.200.1 (192.168.200.1): 56 data bytes, press CTRL_C to break
56 bytes from 192.168.200.1: icmp_seq=0 ttl=255 time=5.837 ms
56 bytes from 192.168.200.1: icmp_seq=1 ttl=255 time=1.388 ms
56 bytes from 192.168.200.1: icmp_seq=2 ttl=255 time=0.873 ms
56 bytes from 192.168.200.1: icmp_seq=3 ttl=255 time=2.012 ms
56 bytes from 192.168.200.1: icmp_seq=4 ttl=255 time=0.698 ms

--- Ping statistics for 192.168.200.1 ---
5 packet(s) transmitted, 5 packet(s) received, 0.0% packet loss
//在交换机 H3C_Switch03 上分别测试与 H3C_Switch01 和 H3C_Switch02 的连通性，三台设备的连通是完成后续实验的基础

[H3C_Switch01]display rip 100 route
//查看交换机 H3C_Switch01 的 RIP 100 路由信息
 Route Flags: R - RIP, T - TRIP
              P - Permanent, A - Aging, S - Suppressed, G - Garbage-collect
              D - Direct, O - Optimal, F - Flush to RIB
 ----------------------------------------------------------------------------
 Peer 192.168.200.1 on Vlan-interface100
      Destination/Mask        Nexthop           Cost    Tag     Flags    Sec
      10.0.0.0/8              192.168.200.1     1       0       RAOF     0
 Local route
      Destination/Mask        Nexthop           Cost    Tag     Flags    Sec
      192.168.100.0/24        0.0.0.0           0       0       RDOF     -
      172.16.1.0/24           0.0.0.0           0       0       RDOF     -
//交换机 H3C_Switch01 已经顺利通过路由协议学习到了 H3C_Switch02 上 10.0.0.0/8 网段的路由信息
```

```
[H3C_Switch02]display rip 100 route
//查看交换机 H3C_Switch02 的 RIP 100 路由信息
 Route Flags: R - RIP, T - TRIP
              P - Permanent, A - Aging, S - Suppressed, G - Garbage-collect
              D - Direct, O - Optimal, F - Flush to RIB
 ----------------------------------------------------------------------------
 Peer 192.168.100.1 on Vlan-interface200
     Destination/Mask        Nexthop          Cost    Tag     Flags    Sec
     172.16.0.0/16           192.168.100.1    1       0       RAOF     1
 Local route
     Destination/Mask        Nexthop          Cost    Tag     Flags    Sec
     192.168.200.0/24        0.0.0.0          0       0       RDOF     -
     10.1.1.0/24             0.0.0.0          0       0       RDOF     -
```

3. 完成交换机 H3C_Switch01 和 H3C_Switch02 的 RIP 与 BFD 联动配置

```
[H3C_Switch01]interface Vlan-interface 100
[H3C_Switch01-Vlan-interface100]rip bfd enable
//在 VLAN100 中开启 RIP 的 BFD 协议
[H3C_Switch01-Vlan-interface100]exit
[H3C_Switch01]bfd session init-mode active
//配置 BFD 会话建立前的运行模式
[H3C_Switch01]interface Vlan-interface 100
[H3C_Switch01-Vlan-interface100]bfd min-transmit-interval 100
//配置发送单跳 BFD 控制报文的最小间隔时间
[H3C_Switch01-Vlan-interface100]bfd min-receive-interval 100
//配置 BFD 接收单跳控制报文的最小间隔时间
[H3C_Switch01-Vlan-interface100]bfd detect-multiplier 3
//配置 BFD 单跳检测的时间倍数

//交换机 H3C_Switch02 的 BFD 配置与 H3C_Switch01 相似，这里只列出相关命令不解释
[H3C_Switch02]interface Vlan-interface 200
[H3C_Switch02-Vlan-interface200]rip bfd enable
[H3C_Switch02-Vlan-interface200]exit
[H3C_Switch02]bfd session init-mode active
[H3C_Switch02]interface Vlan-interface 200
```

```
[H3C_Switch02-Vlan-interface200]bfd min-transmit-interval 100
[H3C_Switch02-Vlan-interface200]bfd min-receive-interval 100
[H3C_Switch02-Vlan-interface200]bfd detect-multiplier 3
```

4. 验证交换机 H3C_Switch01 和 H3C_Switch02 的 BFD 信息

```
[H3C_Switch01]display bfd session
//查看交换机 H3C_Switch01 的 BFD 报文会话信息
 Total Session Num: 1       Up Session Num: 1       Init Mode: Active

 IPv4 Session Working Under Ctrl Mode:

 LD/RD        SourceAddr        DestAddr          State     Holdtime     Interface
 129/129      192.168.100.1     192.168.200.1     Up        245ms        Vlan100
```

//和 Echo 单向检测的 BFD 相比，双向检测不仅有 LD 的信息还有 RD 的接收信息，交换机 H3C_Switch01 的 RIP 双向连通，此时如果 H3C_Switch02 和 H3C_Switch03 之间链路出现故障，H3C_Switch01 也会第一时间通知 RIP 协议进行后续处理工作。

```
 [H3C_Switch02]display bfd session
//查看交换机 H3C_Switch02 的 BFD 报文会话信息
 Total Session Num: 1       Up Session Num: 1       Init Mode: Active

 IPv4 Session Working Under Ctrl Mode:

 LD/RD        SourceAddr        DestAddr          State     Holdtime     Interface
 129/129      192.168.200.1     192.168.100.1     Up        224ms        Vlan200
//实验完成
```

10.7 实训 4：VRRP 单工作组配置

【实验目的】

- 掌握 H3C 交换机 VRRP 单工作组的配置方法；
- 掌握 H3C 交换机 VRRP 单工作组中生成树协议的配置方法；
- 了解 H3C 交换机 VRRP 单工作组的验证方法。

【实验拓扑】

实验拓扑如图 10-11 所示。

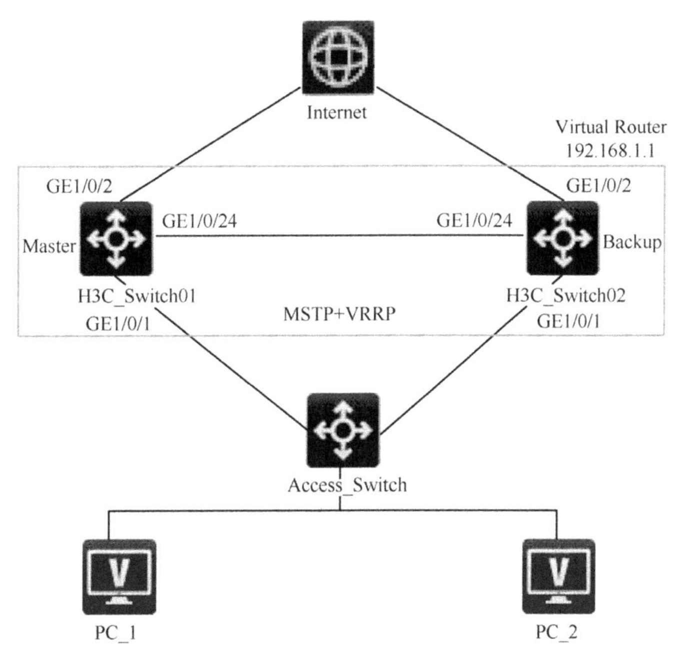

图 10-11　MSTP 配置实验拓扑

【实验任务】

网络中 H3C_Switch01 和 H3C_Switch02 共同承担网关功能，配置 VRRP 工作组使 H3C_Switch01 成为 Master 设备正常转发用户流量，H3C_Switch02 为备份网关，一旦 Master 设备出现故障，H3C_Switch02 能够迅速成为 Master 设备，转发用户数据。

1. 完成交换机、VLAN 和管理 IP 配置

```
//交换机 H3C_Switch01 的基础配置
<H3C>system-view
[H3C]sysname H3C_Switch01
[H3C_Switch01]vlan 100
[H3C_Switch01-vlan100]port GigabitEthernet 1/0/1
[H3C_Switch01-vlan100]port GigabitEthernet 1/0/24
//创建 VLAN100，配置 GE1/0/1 和 GE1/0/24 属于 VLAN100
[H3C_Switch01-vlan100]exit
[H3C_Switch01]vlan 200
[H3C_Switch01-vlan200]port GigabitEthernet 1/0/2
//创建 VLAN200，配置 GE1/0/2 属于 VLAN200
[H3C_Switch01-vlan200]exit
[H3C_Switch01]interface Vlan-interface 200
```

```
[H3C_Switch01-Vlan-interface200]ip address 200.1.1.2 255.255.255.0
[H3C_Switch01-Vlan-interface200]exit
[H3C_Switch01]interface Vlan-interface 100
[H3C_Switch01-Vlan-interface100]ip address 192.168.1.2 255.255.255.0
//配置 VLAN200 的管理地址为 200.1.1.2/24，VLAN100 的管理地址为 192.168.1.2/24.

//交换机 H3C_Switch02 的 VLAN 配置与 H3C_Switch01 相似，这里只列出相关命令不解释
[H3C]sysname H3C_Switch02
[H3C_Switch02]vlan 100
[H3C_Switch02-vlan100]port GigabitEthernet 1/0/1
[H3C_Switch02-vlan100]port GigabitEthernet 1/0/24
[H3C_Switch02-vlan100]exit
[H3C_Switch02]vlan 200
[H3C_Switch02-vlan200]port GigabitEthernet 1/0/2
[H3C_Switch02-vlan200]exit
[H3C_Switch02]interface Vlan-interface 200
[H3C_Switch02-Vlan-interface200]ip address 200.1.1.3 255.255.255.0
[H3C_Switch02-Vlan-interface200]exit
[H3C_Switch02]interface Vlan-interface 100
[H3C_Switch02-Vlan-interface100]ip address 192.168.1.3 255.255.255.0
[H3C_Switch02-Vlan-interface100]
```

2．完成交换机 VRRP 配置

```
[H3C_Switch01]interface Vlan-interface 100
[H3C_Switch01-Vlan-interface100]vrrp vrid 1 virtual-ip 192.168.1.1
//创建交换机 H3C_Switch01 的 VRRP 工作组 1 并配置工作组的虚拟 IP 地址为 192.168.1.1
[H3C_Switch01-Vlan-interface100]vrrp vrid 1 priority 120
//配置交换机 H3C_Switch01 在工作组中的优先级

[H3C_Switch02]interface Vlan-interface 100
[H3C_Switch02-Vlan-interface100]vrrp vrid 1 virtual-ip 192.168.1.1
//创建交换机 H3C_Switch02 的 VRRP 工作组 1 并配置工作组的虚拟 IP 地址为 192.168.1.1
```

3．完成交换机 MSTP 配置

```
[H3C_Switch01]stp region-configuration
//进入 MSTP 的域配置
[H3C_Switch01-mst-region]region-name vrrp
//配置 MSTP 的域名为 VRRP
```

```
[H3C_Switch01-mst-region]instance 1 vlan 100
//创建实例 1，将 VLAN100 加入实例中
[H3C_Switch01-mst-region]active region-configuration
//激活交换机域配置
[H3C_Switch01-mst-region]exit
[H3C_Switch01]stp instance 1 root primary
//配置交换机 H3C_Switch01 为实例 1 的根交换机
[H3C_Switch01]stp global enable
//在交换机上开启 MSTP

//交换机 H3C_Switch02 的 MSTP 配置与 H3C_Switch01 相似，这里只列出相关命令不解释
[H3C_Switch02]stp region-configuration
[H3C_Switch02-mst-region]region-name vrrp
[H3C_Switch02-mst-region]instance 1 vlan 100
[H3C_Switch02-mst-region]active region-configuration
[H3C_Switch02-mst-region]exit
[H3C_Switch02]stp global enable
```

4．验证交换机 VRRP 与 MSTP 的配置信息

```
[H3C_Switch01]display vrrp verbose
//查看交换机 H3C_Switch01 的 VRRP 详细信息
IPv4 Virtual Router Information:
 Running mode : Standard                  //运行模式为标准模式
 Total number of virtual routers : 1      //虚拟路由器的总数
   Interface Vlan-interface100
     VRID             : 1               Adver Timer     : 100
     Admin Status     : Up              State           : Master
     Config Pri       : 120             Running Pri     : 120
     Preempt Mode     : Yes             Delay Time      : 0
     Auth Type        : None
     Virtual IP       : 192.168.1.1
     Virtual MAC      : 0000-5e00-0101
     Master IP        : 192.168.1.2
//VRRP 的一些详细信息包括工作组号、工作状态、抢占模式是否开启、认证类型、虚拟的 IP 地址、虚拟的 MAC 地址、组中 Master 设备的 IP 地址、当前设备的状态及一些时间定时器的信息

[H3C_Switch02]display vrrp verbose
//查看交换机 H3C_Switch02 的 VRRP 详细信息
```

```
IPv4 Virtual Router Information:
 Running mode : Standard
 Total number of virtual routers : 1
   Interface Vlan-interface100
     VRID              : 1                  Adver Timer       : 100
     Admin Status      : Up                 State             : Backup
     Config Pri        : 100                Running Pri       : 100
     Preempt Mode      : Yes                Delay Time        : 0
     Become Master     : 2960ms left
     Auth Type         : None
     Virtual IP        : 192.168.1.1
     Master IP         : 192.168.1.2
//目前 VRRP 工作组在两台设备上工作正常
```

5．模拟 H3C_Switch01 故障，查看 H3C_Switch02 的 VRRP 信息

```
[H3C_Switch01]interface Vlan-interface 100
[H3C_Switch01-Vlan-interface100]shutdown
//在交换机 H3C_Switch01 上关闭 VLAN100 的管理接口，模拟 H3C_Switch01 交换机发生故障的情况

[H3C_Switch02]display vrrp verbose
//查看交换机 H3C_Switch02 的 VRRP 详细信息
IPv4 Virtual Router Information:
 Running mode : Standard
 Total number of virtual routers : 1
   Interface Vlan-interface100
     VRID              : 1              Adver Timer       : 100
     Admin Status      : Up             State             : Master
     Config Pri        : 100            Running Pri       : 100
     Preempt Mode      : Yes            Delay Time        : 0
     Auth Type         : None
     Virtual IP        : 192.168.1.1
     Virtual MAC       : 0000-5e00-0101
     Master IP         : 192.168.1.3
```

//查看交换机 H3C_Switch02 的信息后可以发现，目前的交换机的状态从之前的 Backup 备份设备转变为 Master 设备，并且信息中心的 Master IP 也变为 H3C_Switch02 的 192.168.1.3，但是发送给终端用户的 Virtual IP 和 Virtual MAC 没有发生变化，所以终端设备始终处于正常状态，不会感知到这次 H3C_Switch01 发生的故障

//实验完成

10.8　实训 5：VRRP 多工作组负载分担配置

【实验目的】

- 掌握 H3C 交换机 VRRP 多工作组的配置方法
- 掌握 H3C 交换机 VRRP 多工作组生成树协议的配置方法
- 了解 H3C 交换机 VRRP 负载分担的概念
- 了解 H3C 交换机 VRRP 多工作组的验证方法。

【实验拓扑】

实验拓扑如图 10-12 所示。

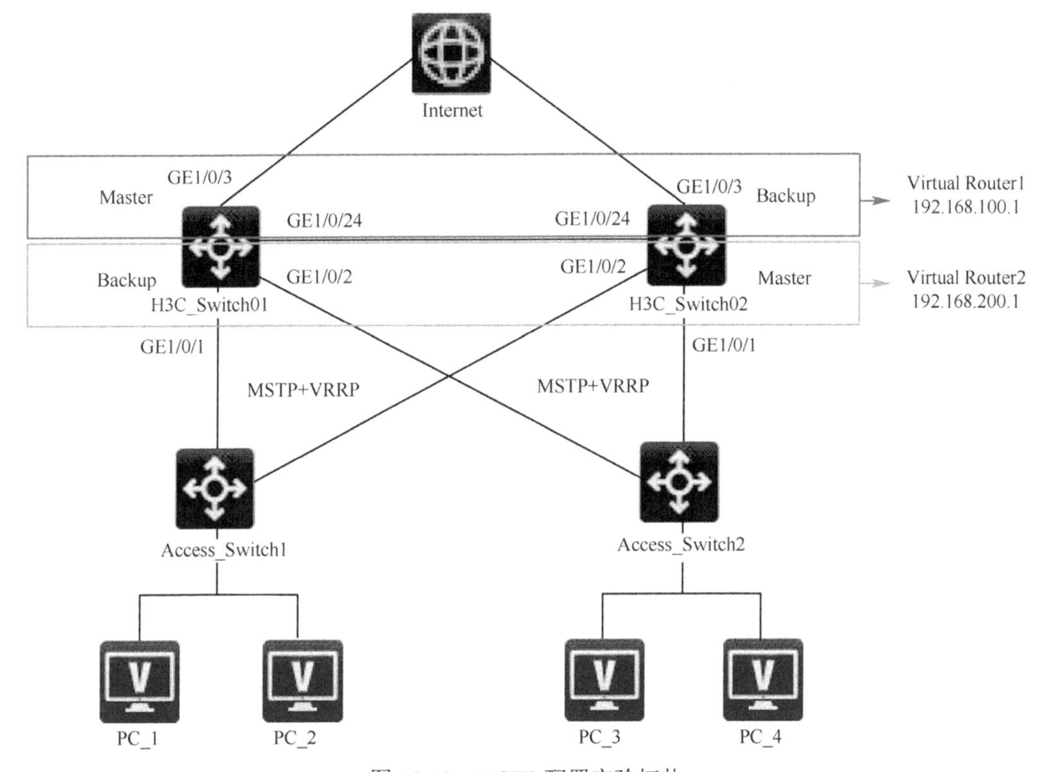

图 10-12　MSTP 配置实验拓扑

【实验任务】

网络中 H3C_Switch01 和 H3C_Switch02 共同承担网关功能，配置多个 VRRP 工作组使 H3C_Switch01 成为工作组 1 的 Master 设备，工作组 2 的 Backup 设备；使 H3C_Switch02 成为工作组 1 的 Backup 设备，工作组 2 的 Master 设备；VLAN100 和 VLAN200 分别属于两个工作

组，网络中的两台网关设备同时工作，提高了网络中设备资源的利用率。

1．完成交换机、VLAN 和管理 IP 配置

```
//交换机 H3C_Switch01 的基础配置
[H3C]sysname H3C_Switch01
[H3C_Switch01]vlan 100
[H3C_Switch01-vlan100]port GigabitEthernet 1/0/1
[H3C_Switch01-vlan100]exit
[H3C_Switch01]vlan 200
[H3C_Switch01-vlan200]port GigabitEthernet 1/0/2
[H3C_Switch01-vlan200]exit
[H3C_Switch01]vlan 300
[H3C_Switch01-vlan300]port GigabitEthernet 1/0/3
[H3C_Switch01-vlan300]exit
//创建 VLAN100、VLAN200 和 VLAN300，配置 GE1/0/1 属于 VLAN100，配置 GE1/0/2 属于 VLAN200，配置 GE1/0/3 属于 VLAN300
[H3C_Switch01]interface GigabitEthernet 1/0/24
[H3C_Switch01-GigabitEthernet1/0/24]port link-type trunk
[H3C_Switch01-GigabitEthernet1/0/24]port trunk permit vlan 100 200
[H3C_Switch01-GigabitEthernet1/0/24]exit
[H3C_Switch01]interface Vlan-interface 100
[H3C_Switch01-Vlan-interface100]ip address 192.168.100.2 255.255.255.0
[H3C_Switch01-Vlan-interface100]exit
[H3C_Switch01]interface Vlan-interface 200
[H3C_Switch01-Vlan-interface200]ip address 192.168.200.2 255.255.255.0
[H3C_Switch01-Vlan-interface200]exit
[H3C_Switch01]interface Vlan-interface 300
[H3C_Switch01-Vlan-interface300]ip address 103.1.1.2 255.255.255.0
//配置 VLAN100 的管理地址为 192.168.100.2/24，配置 VLAN200 的管理地址为 192.168.200.2/24，配置 VLAN300 的管理地址为 103.1.1.2/24，配置 GE1/0/24 为 Trunk 接口，允许 VLAN100 和 VLAN200 通过 Trunk 接口

//交换机 H3C_Switch02 的 VLAN 和管理 IP 的配置与 H3C_Switch01 相似，这里只列出相关命令不解释
[H3C]sysname H3C_Switch02
[H3C_Switch02]vlan 100
[H3C_Switch02-vlan100]port GigabitEthernet 1/0/1
```

```
[H3C_Switch02-vlan100]exit
[H3C_Switch02]vlan 200
[H3C_Switch02-vlan200]port GigabitEthernet 1/0/2
[H3C_Switch02-vlan200]exit
[H3C_Switch02]vlan 300
[H3C_Switch02-vlan300]port GigabitEthernet 1/0/3
[H3C_Switch02-vlan300]exit
[H3C_Switch02]interface GigabitEthernet 1/0/24
[H3C_Switch02-GigabitEthernet1/0/24]port link-type trunk
[H3C_Switch02-GigabitEthernet1/0/24]port trunk permit vlan 100 200
[H3C_Switch02-GigabitEthernet1/0/24]exit
[H3C_Switch02]interface Vlan-interface 100
[H3C_Switch02-Vlan-interface100]ip address 192.168.100.3 255.255.255.0
[H3C_Switch02-Vlan-interface100]exit
[H3C_Switch02]interface Vlan-interface 200
[H3C_Switch02-Vlan-interface200]ip address 192.168.200.3 255.255.255.0
[H3C_Switch02-Vlan-interface200]exit
[H3C_Switch02]interface Vlan-interface 300
[H3C_Switch02-Vlan-interface300]ip address 103.1.1.3 255.255.255.0
```

2．完成交换机 VRRP 的配置

```
[H3C_Switch01]interface Vlan-interface 100
[H3C_Switch01-Vlan-interface100]vrrp vrid 1 virtual-ip 192.168.100.1
//创建交换机 H3C_Switch01 的 VRRP 工作组 1 并配置工作组的虚拟 IP 地址为 192.168.100.1
[H3C_Switch01-Vlan-interface100]vrrp vrid 1 priority 120
//配置交换机 H3C_Switch01 在工作组中的优先级为 120
[H3C_Switch01-Vlan-interface100]exit
[H3C_Switch01]interface Vlan-interface 200
[H3C_Switch01-Vlan-interface200]vrrp vrid 2 virtual-ip 192.168.200.1
//创建交换机 H3C_Switch01 的 VRRP 工作组 2 并配置工作组的虚拟 IP 地址为 192.168.200.1
//交换机 H3C_Switch02 的 VRRP 配置与 H3C_Switch01 相似，这里只列出相关命令不解释
[H3C_Switch02]interface Vlan-interface 100
[H3C_Switch02-Vlan-interface100]vrrp vrid 1 virtual-ip 192.168.100.1
[H3C_Switch02-Vlan-interface100]exit
[H3C_Switch02]interface Vlan-interface 200
[H3C_Switch02-Vlan-interface200]vrrp vrid 2 virtual-ip 192.168.200.1
[H3C_Switch02-Vlan-interface200]vrrp vrid 2 priority 120
```

3. 完成交换机 MSTP 配置

```
[H3C_Switch01]stp region-configuration
//进入 MSTP 的域配置
[H3C_Switch01-mst-region]region-name vrrp
//配置 MSTP 的域名为 VRRP
[H3C_Switch01-mst-region]instance 1 vlan 100
[H3C_Switch01-mst-region]instance 2 vlan 200
//创建实例 1，将 VLAN100 加入实例中
[H3C_Switch01-mst-region]active region-configuration
//激活交换机域配置
[H3C_Switch01-mst-region]exit
[H3C_Switch01]stp instance 1 root primary
//配置交换机 H3C_Switch01 为实例 1 的根交换机
[H3C_Switch01]stp global enable
//在交换机上开启 MSTP
//交换机 H3C_Switch02 的 MSTP 配置与 H3C_Switch01 相似，这里只列出相关命令不解释
[H3C_Switch02]stp region-configuration
[H3C_Switch02-mst-region]region-name vrrp
[H3C_Switch02-mst-region]instance 1 vlan 100
[H3C_Switch02-mst-region]instance 2 vlan 200
[H3C_Switch02-mst-region]active region-configuration
[H3C_Switch02-mst-region]exit
[H3C_Switch02]stp instance 2 root primary
[H3C_Switch02]stp global enable
```

4. 验证交换机 VRRP 的配置信息

```
[H3C_Switch01]display vrrp verbose
//查看交换机 H3C_Switch01 的 VRRP 详细信息
IPv4 Virtual Router Information:
 Running mode : Standard
 Total number of virtual routers : 2
   Interface Vlan-interface100
     VRID               : 1            Adver Timer       : 100
     Admin Status       : Up           State             : Master
     Config Pri         : 120          Running Pri       : 120
     Preempt Mode       : Yes          Delay Time        : 0
     Auth Type          : None
```

```
    Virtual IP        : 192.168.100.1
    Virtual MAC       : 0000-5e00-0101
    Master IP         : 192.168.100.2

  Interface Vlan-interface200
    VRID              : 2               Adver Timer     : 100
    Admin Status      : Up              State           : Backup
    Config Pri        : 100             Running Pri     : 100
    Preempt Mode      : Yes             Delay Time      : 0
    Become Master     : 2980ms left
    Auth Type         : None
    Virtual IP        : 192.168.200.1
    Master IP         : 192.168.200.3
```

//交换机 H3C_Switch01 中有两个工作组，当有工作组 1 的数据流量发送到 VRRP 时，交换机 H3C_Switch01 作为 Master 设备将进行数据转发；当有工作组 2 的流量发送到 VRRP 时，交换机 H3C_Switch01 作为 Backup 设备进行备份，VRRP 将数据流转发给工作组 2 的 Master 设备进行转发

```
[H3C_Switch02]display vrrp verbose
//查看交换机 H3C_Switch02 的 VRRP 详细信息
IPv4 Virtual Router Information:
 Running mode : Standard
 Total number of virtual routers : 2
   Interface Vlan-interface100
     VRID              : 1               Adver Timer     : 100
     Admin Status      : Up              State           : Backup
     Config Pri        : 100             Running Pri     : 100
     Preempt Mode      : Yes             Delay Time      : 0
     Become Master     : 3570ms left
     Auth Type         : None
     Virtual IP        : 192.168.100.1
     Master IP         : 192.168.100.2

   Interface Vlan-interface200
     VRID              : 2               Adver Timer     : 100
     Admin Status      : Up              State           : Master
     Config Pri        : 120             Running Pri     : 120
     Preempt Mode      : Yes             Delay Time      : 0
```

```
    Auth Type           : None
    Virtual IP          : 192.168.200.1
    Virtual MAC         : 0000-5e00-0102
    Master IP           : 192.168.200.3
```

5．模拟 H3C_Switch01 故障，查看 H3C_Switch02 的 VRRP 信息

```
[H3C_Switch01]interface Vlan-interface 100
[H3C_Switch01-Vlan-interface100]shutdown
[H3C_Switch01-Vlan-interface100]exit
[H3C_Switch01]interface Vlan-interface 200
[H3C_Switch01-Vlan-interface200]shutdown
```

//在交换机 H3C_Switch01 上关闭 VLAN100 和 VLAN200 的管理接口，模拟 H3C_Switch01 交换机发生故障的情况

```
[H3C_Switch02]display vrrp verbose
//查看交换机 H3C_Switch02 的 VRRP 详细信息
IPv4 Virtual Router Information:
 Running mode : Standard
 Total number of virtual routers : 2
   Interface Vlan-interface100
     VRID                : 1              Adver Timer      : 100
     Admin Status        : Up             State            : Master
     Config Pri          : 100            Running Pri      : 100
     Preempt Mode        : Yes            Delay Time       : 0
     Auth Type           : None
     Virtual IP          : 192.168.100.1
     Virtual MAC         : 0000-5e00-0101
     Master IP           : 192.168.100.3

   Interface Vlan-interface200
     VRID                : 2              Adver Timer      : 100
     Admin Status        : Up             State            : Master
     Config Pri          : 120            Running Pri      : 120
     Preempt Mode        : Yes            Delay Time       : 0
     Auth Type           : None
     Virtual IP          : 192.168.200.1
     Virtual MAC         : 0000-5e00-0102
     Master IP           : 192.168.200.3
```

//当 VRRP 组中的设备出现故障后，工作组中的其他 Backup 设备将接替故障的 Master 设备继续提供服务。查看交换机 H3C_Switch02 的信息后可以发现，工作组 1 原本是 Backup 状态，由于 H3C_Switch01 模拟发生故障，所以现在 H3C_Switch02 在工作组 1 中变为了 Master 状态，接替故障设备对外提供服务

//实验完成

10.9　实训 6：VRRP 负载均衡模式配置

【实验目的】

- 掌握 H3C 交换机 VRRP 负载均衡模式的配置方法；
- 了解 H3C 交换机 VRRP 负载均衡模式的验证方法。

【实验拓扑】

实验拓扑如图 10-13 所示。

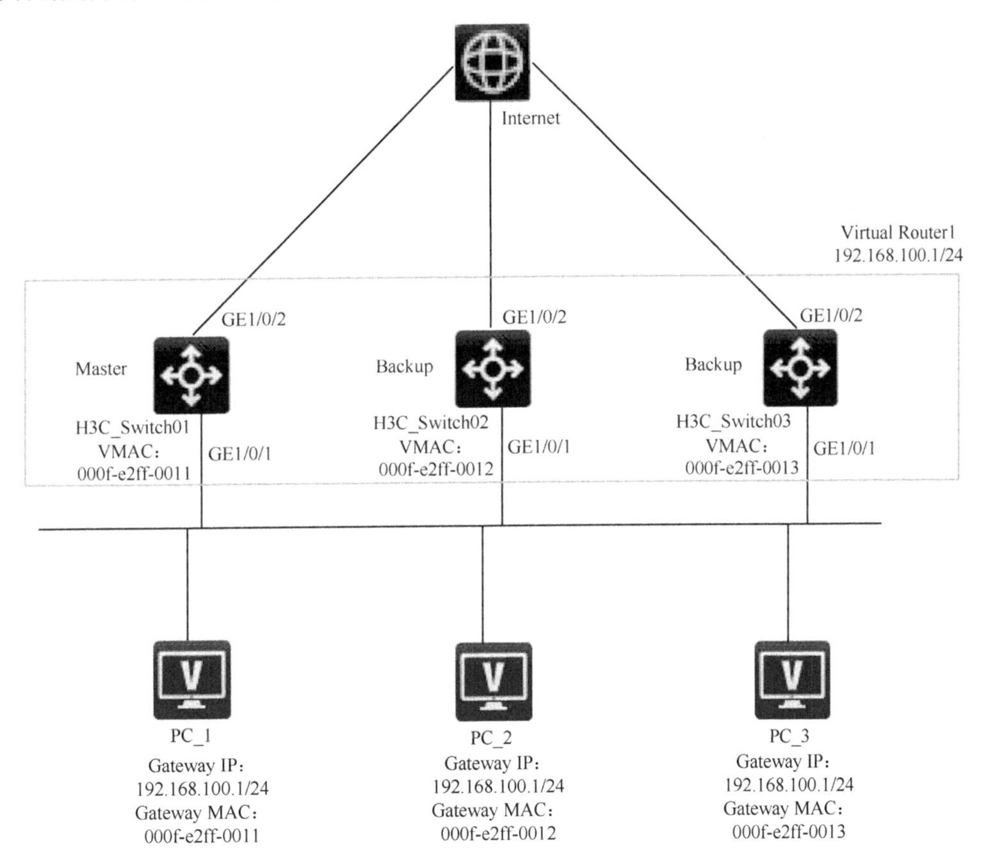

图 10-13　VRRP 负载均衡实验拓扑

【实验任务】

网络中 H3C_Switch01、H3C_Switch02 和 H3C_Switch03 共同承担网关功能，配置 VRRP 工作组工作模式为负载均衡模式，并使 H3C_Switch01 成为 Master 设备，H3C_Switch02 和 H3C_Switch03 为备份网关；由 Master 设备统一分配终端用户流量给备份设备，缓解 Master 设备的压力；当网络中的 Master 链路出现故障时，备份设备能迅速接替该设备继续进行数据转发。

1．完成交换机、VLAN 和管理 IP 配置

```
//交换机 H3C_Switch01 的基础配置
[H3C]sysname H3C_Switch01
[H3C_Switch01]vlan 100
[H3C_Switch01-vlan100]port GigabitEthernet 1/0/1
[H3C_Switch01-vlan100]exit
[H3C_Switch01]vlan 200
[H3C_Switch01-vlan200]port GigabitEthernet 1/0/2
[H3C_Switch01-vlan200]exit
//创建 VLAN100 和 VLAN200，配置 GE1/0/1 属于 VLAN100，配置 GE1/0/2 属于 VLAN200
[H3C_Switch01]interface Vlan-interface 100
[H3C_Switch01-Vlan-interface100]ip address 192.168.100.2 255.255.255.0
[H3C_Switch01-Vlan-interface100]exit
[H3C_Switch01]interface Vlan-interface 200
[H3C_Switch01-Vlan-interface200]ip address 192.168.200.2 255.255.255.0
//配置 VLAN100 的管理地址为 192.168.100.2/24，配置 VLAN200 的管理地址为 192.168.200.2/24

//交换机 H3C_Switch02 和 H3C_Switch03 的 VLAN 和管理 IP 的配置与 H3C_Switch01 相似，这里只列出相关命令不解释
//交换机 H3C_Switch02 的配置
[H3C]sysname H3C_Switch02
[H3C_Switch02]vlan 100
[H3C_Switch02-vlan100]port GigabitEthernet 1/0/1
[H3C_Switch02-vlan100]exit
[H3C_Switch02]interface Vlan-interface 100
[H3C_Switch02-Vlan-interface100]ip address 192.168.100.3 255.255.255.0
[H3C_Switch02-Vlan-interface100]exit
[H3C_Switch02]vlan 200
[H3C_Switch02-vlan200]port GigabitEthernet 1/0/2
[H3C_Switch02-vlan200]exit
[H3C_Switch02]interface Vlan-interface 200
```

```
[H3C_Switch02-Vlan-interface200]ip address 192.168.200.3 255.255.255.0

//交换机 H3C_Switch03 的配置
[H3C]sysname H3C_Switch03
[H3C_Switch03]vlan 100
[H3C_Switch03-vlan100]port GigabitEthernet 1/0/1
[H3C_Switch03-vlan100]exit
[H3C_Switch03]interface Vlan-interface 100
[H3C_Switch03-Vlan-interface100]ip address 192.168.100.4 255.255.255.0
[H3C_Switch03-Vlan-interface100]exit
[H3C_Switch03]vlan 200
[H3C_Switch03-vlan200]port GigabitEthernet 1/0/2
[H3C_Switch03-vlan200]exit
[H3C_Switch03]interface Vlan-interface 200
[H3C_Switch03-Vlan-interface200]ip address 192.168.200.4 255.255.255.0
```

2. 完成交换机 VRRP 的配置

```
[H3C_Switch01]vrrp mode load-balance
//配置 VRRP 的模式为负载均衡模式
[H3C_Switch01]interface Vlan-interface 100
[H3C_Switch01-Vlan-interface100]vrrp vrid 1 virtual-ip 192.168.100.1
//创建交换机 H3C_Switch01 的 VRRP 工作组 1 并配置工作组的虚拟 IP 地址为 192.168.100.1
[H3C_Switch01-Vlan-interface100]vrrp vrid 1 priority 120
//配置交换机 H3C_Switch01 在工作组中的优先级为 120

[H3C_Switch02]vrrp mode load-balance
//配置 VRRP 的模式为负载均衡模式
[H3C_Switch02]interface Vlan-interface 100
[H3C_Switch02-Vlan-interface100]vrrp vrid 1 virtual-ip 192.168.100.1
//创建交换机 H3C_Switch02 的 VRRP 工作组 1 并配置工作组的虚拟 IP 地址为 192.168.100.1
[H3C_Switch02-Vlan-interface100]vrrp vrid 1 priority 110
//配置交换机 H3C_Switch02 在工作组中的优先级为 110

[H3C_Switch03]vrrp mode load-balance
//配置 VRRP 的模式为负载均衡模式
[H3C_Switch03]interface Vlan-interface 100
[H3C_Switch03-Vlan-interface100]vrrp vrid 1 virtual-ip 192.168.100.1
//创建交换机 H3C_Switch03 的 VRRP 工作组 1 并配置工作组的虚拟 IP 地址为 192.168.100.1
```

3．验证交换机 VRRP 的配置信息

```
[H3C_Switch01]display vrrp verbose
//查看交换机 H3C_Switch01 的 VRRP 详细信息
IPv4 Virtual Router Information:
 Running mode : Load balance
//运行模式为负载均衡模式
 Total number of virtual routers : 1
//VRRP 的虚拟路由器数量
   Interface Vlan-interface100
     VRID              : 1              Adver Timer       : 100
     Admin Status      : Up             State             : Master
     Config Pri        : 120            Running Pri       : 120
     Preempt Mode      : Yes            Delay Time        : 0
     Auth Type         : None
     Virtual IP        : 192.168.100.1
     Member IP List    : 192.168.100.2 (Local, Master)
                         192.168.100.3 (Backup)
                         192.168.100.4 (Backup)
   Forwarder Information: 3   Forwarders 1   Active
//VRRP 工作组 1 共有 3 个成员，1 台 Master 设备，2 台 Backup 设备；转发设备 3 台，1 台处于活跃状态
     Config Weight     : 255
     Running Weight    : 255
    Forwarder 01
     State             : Active
     Virtual MAC       : 000f-e2ff-0011 (Owner)
     Owner ID          : 74f3-a9d7-0102
     Priority          : 255
     Active            : Local
    Forwarder 02
     State             : Listening
     Virtual MAC       : 000f-e2ff-0012 (Learnt)
     Owner ID          : 74f3-c688-0202
     Priority          : 127
     Active            : 192.168.100.3
    Forwarder 03
     State             : Listening
```

```
      Virtual MAC          : 000f-e2ff-0013 (Learnt)
      Owner ID             : 74f4-0d7b-0302
      Priority             : 127
      Active               : 192.168.100.4
```

//3 台转发设备的详细信息，所查看信息的本地设备处于活跃状态，由于本地设备是 Master 设备，它同时也是 VMAC 的分配者，另两台转发设备处于监听状态，它们的 VMAC 是由 Master 设备进行分配的

```
[H3C_Switch02]display vrrp verbose
//查看交换机 H3C_Switch02 的 VRRP 详细信息
IPv4 Virtual Router Information:
 Running mode : Load balance
 Total number of virtual routers : 1
   Interface Vlan-interface100
     VRID               : 1                Adver Timer        : 100
     Admin Status       : Up               State              : Backup
     Config Pri         : 110              Running Pri        : 110
     Preempt Mode       : Yes              Delay Time         : 0
     Become Master      : 3570ms left
     Auth Type          : None
     Virtual IP         : 192.168.100.1
     Member IP List     : 192.168.100.3 (Local, Backup)
                          192.168.100.2 (Master)
                          192.168.100.4 (Backup)
   Forwarder Information: 3  Forwarders 1  Active
     Config Weight      : 255
     Running Weight     : 255
    Forwarder 01
     State              : Listening
     Virtual MAC        : 000f-e2ff-0011 (Learnt)
     Owner ID           : 74f3-a9d7-0102
     Priority           : 127
     Active             : 192.168.100.2
    Forwarder 02
     State              : Active
     Virtual MAC        : 000f-e2ff-0012 (Owner)
     Owner ID           : 74f3-c688-0202
     Priority           : 255
```

```
        Active                : Local
      Forwarder 03
        State                 : Listening
        Virtual MAC           : 000f-e2ff-0013 (Learnt)
        Owner ID              : 74f4-0d7b-0302
        Priority              : 127
        Active                : 192.168.100.4

[H3C_Switch03]display vrrp verbose
//查看交换机 H3C_Switch03 的 VRRP 详细信息
IPv4 Virtual Router Information:
  Running mode : Load balance
  Total number of virtual routers : 1
    Interface Vlan-interface100
        VRID                  : 1               Adver Timer      : 100
        Admin Status          : Up              State            : Backup
        Config Pri            : 100             Running Pri      : 100
        Preempt Mode          : Yes             Delay Time       : 0
        Become Master         : 2800ms left
        Auth Type             : None
        Virtual IP            : 192.168.100.1
        Member IP List        : 192.168.100.4 (Local, Backup)
                                192.168.100.2 (Master)
                                192.168.100.3 (Backup)
    Forwarder Information: 3  Forwarders 1   Active
        Config Weight         : 255
        Running Weight        : 255
      Forwarder 01
        State                 : Listening
        Virtual MAC           : 000f-e2ff-0011 (Learnt)
        Owner ID              : 74f3-a9d7-0102
        Priority              : 127
        Active                : 192.168.100.2
      Forwarder 02
        State                 : Listening
        Virtual MAC           : 000f-e2ff-0012 (Learnt)
        Owner ID              : 74f3-c688-0202
```

```
    Priority              : 127
    Active                : 192.168.100.3
  Forwarder 03
    State                 : Active
    Virtual MAC           : 000f-e2ff-0013 (Owner)
    Owner ID              : 74f4-0d7b-0302
    Priority              : 255
    Active                : Local
```

4．模拟 H3C_Switch01 故障，查看备份设备的 VRRP 信息

```
[H3C_Switch01]interface Vlan-interface 100
[H3C_Switch01-Vlan-interface100]shutdown
//在交换机 H3C_Switch01 上关闭 VLAN100 的管理接口，模拟 H3C_Switch01 交换机发生故障的情况
[H3C_Switch03]display vrrp verbose
//查看交换机 H3C_Switch03 的 VRRP 详细信息
IPv4 Virtual Router Information:
 Running mode : Load balance
 Total number of virtual routers : 1
   Interface Vlan-interface100
     VRID                 : 1              Adver Timer       : 100
     Admin Status         : Up             State             : Backup
     Config Pri           : 100            Running Pri       : 100
     Preempt Mode         : Yes            Delay Time        : 0
     Become Master        : 3130ms left
     Auth Type            : None
     Virtual IP           : 192.168.100.1
     Member IP List       : 192.168.100.4 (Local, Backup)
                            192.168.100.3 (Master)
   Forwarder Information: 3   Forwarders 2   Active
     Config Weight        : 255
     Running Weight       : 255
   Forwarder 01
     State                : Active
     Virtual MAC          : 000f-e2ff-0011 (Take Over)
     Owner ID             : 74f3-a9d7-0102
     Priority             : 85
     Active               : Local
   Forwarder 02
```

```
    State              : Listening
    Virtual MAC        : 000f-e2ff-0012 (Learnt)
    Owner ID           : 74f3-c688-0202
    Priority           : 85
    Active             : 192.168.100.3
   Forwarder 03
    State              : Active
    Virtual MAC        : 000f-e2ff-0013 (Owner)
    Owner ID           : 74f4-0d7b-0302
    Priority           : 255
    Active             : Local
```

//当 VRRP 组中的 Master 设备发生故障时，Backup 设备将接替 Master 设备继续对外提供服务，此时实验环境中的 H3C_Switch02 由于设置的优先级为 110，它将成为新的 Master 设备，原 Master 设备的转发任务由 H3C_Switch03 接替

//实验完成

第 11 章

IRF 技术

本章要点

- IRF 概述
- IRF MAD 检测
- 实训 1：IRF 链形拓扑配置检测方式（LACP MAD）
- 实训 2：IRF 环形拓扑配置检测方式（BFD MAD）
- 实训 3：IRF 环形拓扑配置检测方式（ARP MAD）

虚拟化是一种资源的管理技术，它将各类资源进行抽象，打破实体的界限，灵活组合，更好地利用有限的资源。虚拟化技术在企业网络中有重要应用，采用虚拟化技术优化 IT 架构，提高系统资源利用率和运行效率是 IT 技术发展的主流方向。

对于网络构架中的服务器或应用虚拟化来说主要有两种运行方式，一种是在一台物理服务器中使用虚拟化软件运行多个 VM（Virtual Machine，虚拟机），提高物力资源利用率的 1∶*N* 虚拟化模式。另一种则是将多台物理服务器通过虚拟化软件将资源池“池化”，再进行整合，形成一台具有强大分析、处理和存储能力的“超级服务器”，这种虚拟化模式称为 *N*∶1 模式。

网络技术中也有很多许多使用虚拟的体现，比如将一个逻辑子网划分为许多相互隔离的逻辑网络的 1∶*N* 模式的 VLAN 技术，或者将多个物理不相连的网络整合成一个逻辑网络的 *N*∶1 模式的 VPN 技术等。本章介绍的 IRF 技术属于将多台物理设备整合成一台更强大的逻辑设备的 *N*∶1 虚拟化技术。

11.1　IRF 概述

IRF（Intelligent Resilient Framework，智能弹性架构）是 H3C 拥有自主知识产权的虚拟化技术，它的核心思想是通过将多台设备的物理接口转化为 IRF 接口连接在一起，进行配置后，虚拟成一台逻辑设备，这些物理设备的物理资源由逻辑设备统一管理，协同工作。

H3C 的 IRF 技术一共经历了 2 代，IRF1 技术与早期的堆叠技术相似，通过将多台网络设备的堆叠口连接起来形成虚拟设备，用户对虚拟设备的管理映射到所有物理设备中，这种连接方式虽然具有成本低和组建方便等特点，但是它也具有一些缺点，比如 IRF1 技术只支持 H3C 的低端网络设备，IRF1 只解决网络的接入层虚拟化问题，IRF1 只解决 L2 和 L3 业务简化功能，IRF1 本身还有一些小的 BUG 需要修正和优化。基于以上这些问题，H3C 公司在 2009 年推出了 IRF2 虚拟化技术。IRF2 相比 IRF1，从 H3C 最低端到最高端的网络设备全系列支持，IRF2 解决了全网的问题，大幅度地简化了企业运营成本，并且 IRF2 可以针对网络设备 L2～L7 深度简化业务复杂度，它同时修正和优化了 IRF1 中出现的问题，比 IRF1 更加安全、稳定和可靠。

IPF1 与 IRF2 的对比如图 11-1 所示。

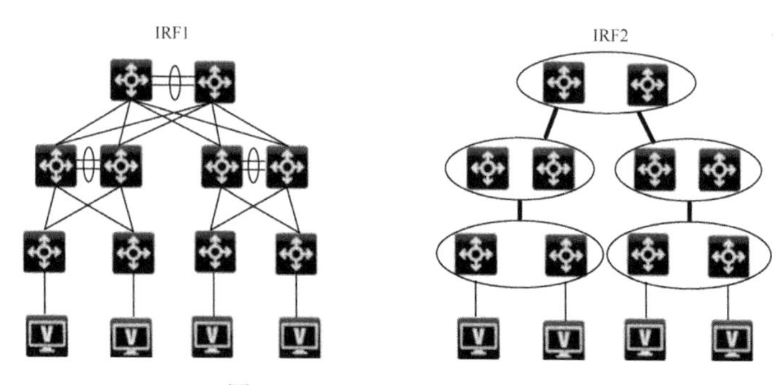

图 11-1　IRF1 与 IRF2 的对比

11.1.1　IRF 的优点

从网络管理员的角度出发，IRF 技术可以为企业网络带来很多好处，比如让网络变得更简单，让网络变得更可靠，让网络变得更高效等，下面简单介绍下 IRF 技术的优点。

1. 降低网络的复杂性

网络复杂性的降低需要同时解决网络结构的简化、网络业务的简化和维护管理的简化这三个问题。通过从核心到接入层全网部署 IRF 技术，将多台物理设备按照区域进行划分，将每个区域虚拟成一台逻辑设备统一运行和维护，使网络结构变得简单清晰，不需要在多台设备上进行重复配置。对比传统 MSTP+VRRP 的部署方式，IRF 不需要进行复杂的网络规划和生成树的计算，也不需要消耗 IP 地址资源，这些方面大大简化了网络设备的管理维护成本，降低了网络的复杂性。

2. 提高网络的可靠性

IRF 技术从链路、设备和协议三个方面保证了网络的高可靠性。

① 链路方面：IRF 内网络设备之间的端口支持聚合功能，IRF 端口与上下层的设备端口之间也支持聚合功能，这样通过多链路备份功能提高了链路的可靠性。

② 设备方面：IRF 由多台物理设备组成，Master 设备负责整个 IRF 系统的运行、管理与维护，Slave 设备在作为备份设备的同时也进行业务处理。一旦 Master 设备出现故障，不能继续提供网络服务，IRF 系统将迅速自动从 Slave 中选择新的 Master 设备，保证企业系统正常运行，实现备份功能。相比传统的 MSTP+VRRP 的备份方式，IRF 系统的收敛速度可以从秒级缩短到毫秒级别，性能的提升非常明显。

③ 协议方面：IRF 可以提供实时的热备份功能，物理设备协议的配置信息通过 IRF 自动备份到其他的物理设备中，从而实现协议的高可靠性。

3. 提高网络的运行效率

越高端的网络设备，随着性能和端口密度的提升越将会受到硬件结构的限制，而 IRF 系统的性能是内部所有物理设备的性能和端口数量的总和。所以，IRF 系统可以轻松地将网络的核心交换能力和端口数量数倍扩大，从而大幅度地提高虚拟设备的性能。传统的 MSTP+VRRP 方式会通过逻辑阻塞一些端口达到网络无环和备份功能，而 IRF 技术通过跨设备聚合等特性，将原来“Active-Standby”工作模式转变为双活工作模式，从而提高了全网的运行效率。

11.1.2　IRF 的虚拟化

IRF 在企业网络中的应用非常多，组成 IRF 的网络设备对于企业的其他设备来说，它们是一台设备，如图 11-2 所示。

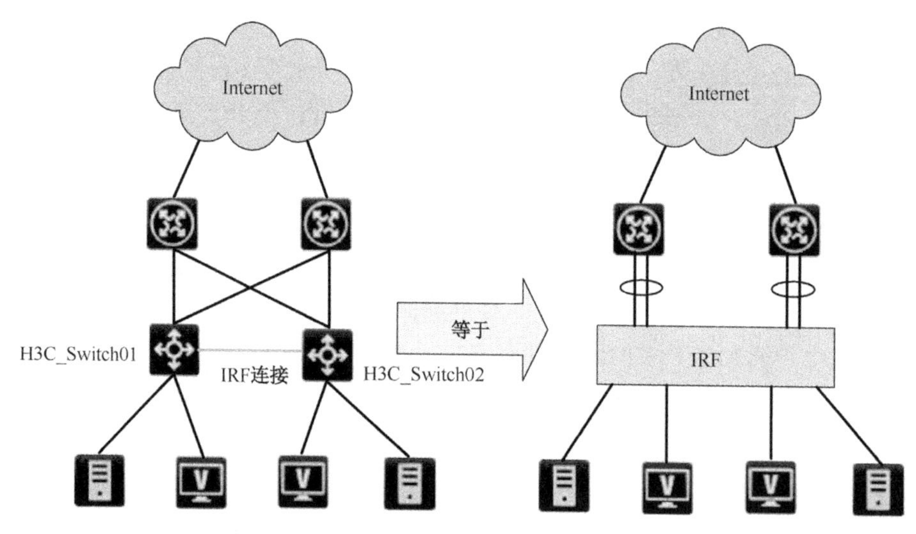

图 11-2 IRF 在企业中的应用

图 11-2 中，H3C_Switch01 和 H3C_Switch02 用于进行 IRF 连接的物理接口必须选择千兆以上速率级别的端口，完成连接后新的虚拟设备由 IRF 统一管理两台物理设备的硬件和软件资源，IRF 的虚拟化技术主要涉及以下概念。

1. 运行模式

H3C 网络设备的 IRF 一般支持以下两种运行模式。

① 独立运行模式：处于该模式下的网络设备不能与其他网络设备形成 IRF，只能处于单机运行状态。

② IRF 模式：处于该模式下的网络设备可以与其他网络设备形成 IRF。

通过配置命令可以在两种模式之间进行切换。

2. 成员角色

IRF 中的每台设备都会赋予一个角色，承担一些工作任务，设备按照功能分类，可以分为以下两种角色。

① Master（主设备）：负责整个 IRF 的运行。

② Slave（从设备）：作为 Master 设备的备份设备运行，同时 Slave 设备也承担一部分数据转发任务。当 Master 设备出现故障时，系统会自动从 Slave 设备中选举一台新设备成为 Master 设备。

IRF 系统中任何时刻内只存在一台 Master 设备，其他设备都是 Slave 设备，设备的角色完全通过选举产生，但是每台设备有一个成员优先级属性，默认值为 1，通过网络管理员的手工配置可以指定设备成为 Master。

3．IRF 端口

IRF 端口分为 IRF 逻辑端口和 IRF 物理端口，IRF 成员之间通过逻辑端口进行连接，每台 IRF 成员设备可以配置两个 IRF 端口，分别为 IRF-PORT1 和 IRF-PORT2，逻辑端口需要和物理端口绑定后才能生效。IRF 物理端口是绑定了 IRF 逻辑端口的接口。在 H3C 网络设备中，一般仅支持 1 Gbps 以上速率的物理端口绑定 IRF 逻辑端口。只有绑定了 IRF 逻辑端口的物理接口才能接收或转发 IRF 相关业务报文。

4．IRF 域

在企业网络环境中可以同时部署多个 IRF，不同的 IRF 使用不同的区域号（Domain ID）进行区分，如图 11-3 所示，H3C_Switch01 和 H3C_Switch02 组成 IRF1，H3C_Switch03 和 H3C_Switch04 组成 IRF2，这时为了保证两个 IRF 之间不会相互影响对方的网络稳定，通常情况需要为两个 IRF 配置不同的区域号，保证两个 IRF 的各自稳定。

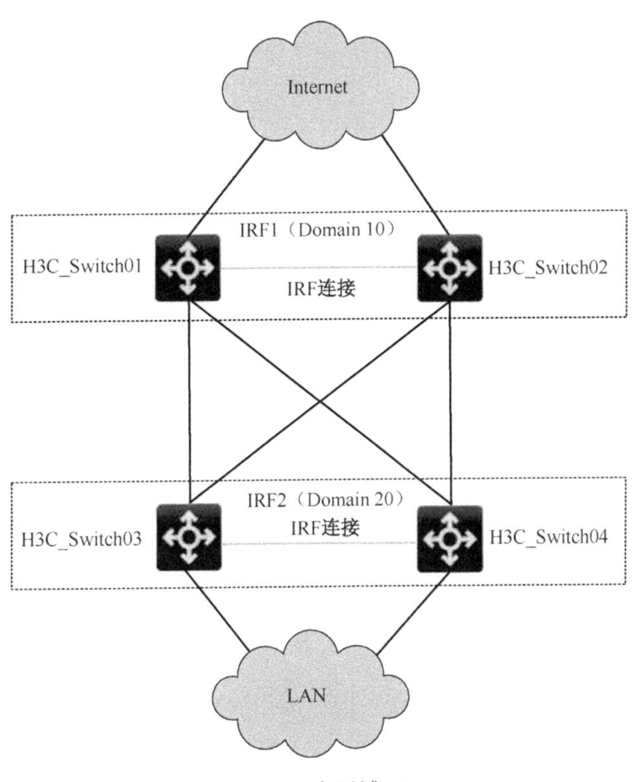

图 11-3　多区域 IRF

5．IRF 的合并与分裂

IRF 合并是将两个运行稳定的 IRF 通过物理连接和配置命令形成一个新的 IRF，这个过程称为 IRF 合并，如图 11-4 所示。

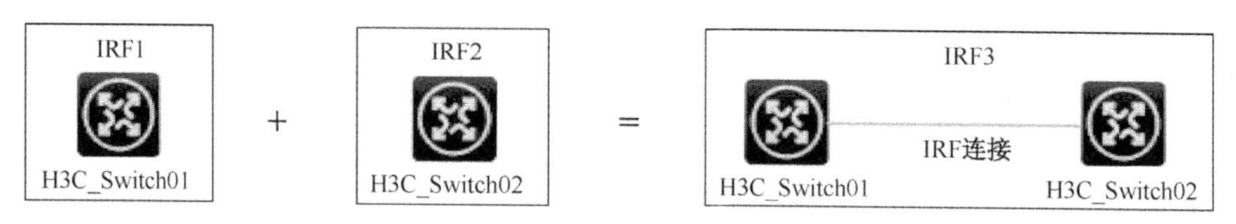

图 11-4 IRF 的合并

IRF 分裂是一个运行稳定的 IRF 由于设备故障等原因，导致 IRF 中的一些成员和另一些成员物理上不相连，变为两个 IRF 的情况，这个过程称为 IRF 分裂，如图 11-5 所示。

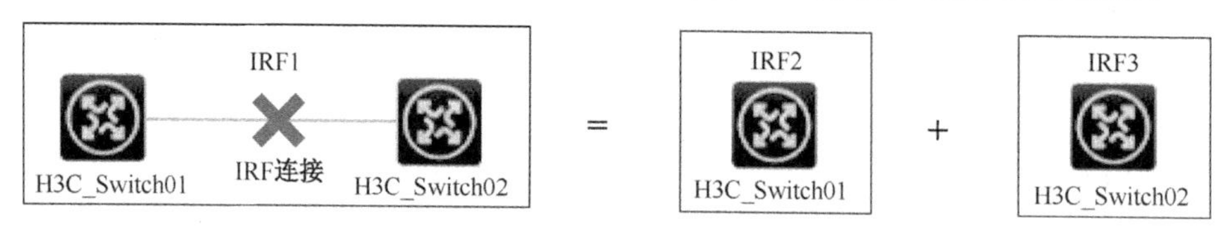

图 11-5 IRF 的分裂

11.1.3 IRF 的技术细节

一个完整的 IRF 系统会经历物理端口连接、拓扑信息收集、角色状态选举和系统运维 4 个过程，图 11-6 是 IRF 系统流程图，描述了这四个过程的联系。组建 IRF 系统首先需要在成员设备之间建立 IRF 连接，然后系统会自动进行拓扑信息收集和角色状态选举，选举出系统中的 Master 和 Slave 设备，最后当 IRF 系统稳定并正常运行后，系统进入运维状态。

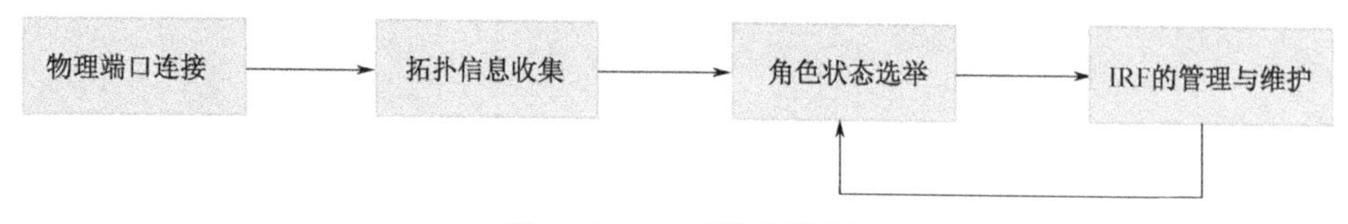

图 11-6 IRF 系统流程图

1. 物理端口连接

（1）介质选择

建立 IRF 系统，成员设备需要使用 IRF 物理端口互连，成员设备支持的 IRF 物理端口介质不同，使用的方法也不同。使用电口介质作为 IRF 物理端口，这种方式的优势是简单、节约成本，但是传输距离短和速率不高是其不足的地方，在企业网络中不建议使用电口介质作为 IRF 的物理端口。使用光口介质作为 IRF 物理端口，这种连接方式成本相对较高，但是给企业网络带来了长距离传输、更加灵活和更加高效的 IRF 系统，并且 IRF 系统也不会因为速率成为网络的瓶颈。现行企业网中建议采用光口介质作为 IRF 的物理端口。

（2）连接选择

IRF 系统中的成员设备在进行互连时，IRF 逻辑端口号的选择也至关重要，否则会导致成员设备之间不能形成 IRF 的现象。如图 11-7 所示，路由器 H3C_Router01 上的 IRF-PORT1 绑定的物理端口只能和路由器 H3C_Router02 的 IRF-PORT2 绑定的物理端口相连，如果两台 IRF 邻居设备使用相同的 IRF 逻辑端口，如 IRF-PORT1 与 IRF-PORT1 相连、IRF-PORT2 与 IRF-PORT2 相连，都不能建立 IRF。

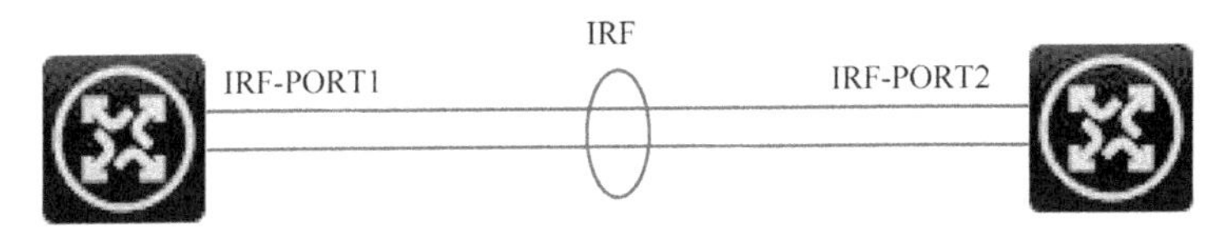

图 11-7　IRF 物理端口连接图

（3）拓扑选择

IRF 成员设备可以通过两种拓扑形式连接在一起，一种是链形拓扑，另一种是环形拓扑，如图 11-8 和图 11-9 所示。链形拓扑主要应用在 IRF 成员设备物理位置相对分散的组网环境中，而环形拓扑应用在物理位置相对较近，企业对于 IRF 的稳定性要求较高的环境中。如果两地相距非常远，比如两台设备的物理位置一个在北京，一个在上海，这时可以通过中继设备进行距离的拓展后再建立 IRF 连接。

图 11-8　IRF 链形拓扑

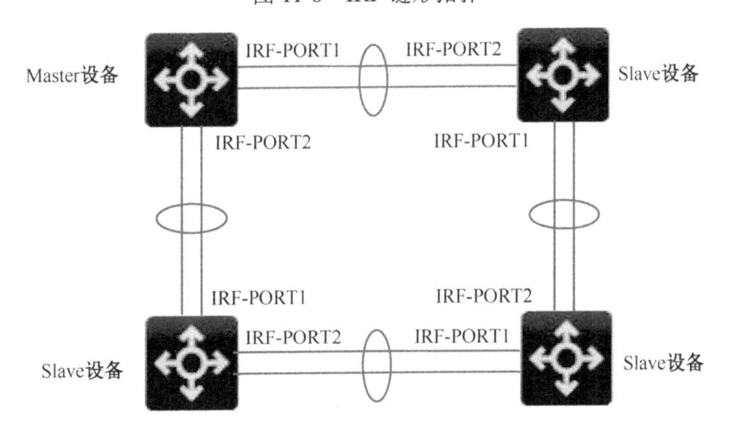

图 11-9　IRF 环形拓扑

2. 拓扑信息收集

IRF 的成员设备连接好物理端口后会相互发送 IRF Hello 报文同步整个网络的拓扑信息。IRF Hello 报文中携带了发送者与其邻居的端口连接关系、成员设备优先级、成员设备编号和成员设备 MAC 地址等信息。

每台成员设备开启 IRF 功能后会先收集自己的拓扑信息，当 IRF 物理端口变为 Up 状态后会接收邻居发送的 IRF Hello 报文更新 IRF 系统的拓扑信息，经过一段时间的收集，最终 IRF 系统中的每一个成员设备都会拥有整个 IRF 网络的完整拓扑信息。

3. 角色状态选举

IRF 系统中的成员设备完成拓扑信息的收集后会进入角色状态的选举。IRF 中的角色主要有 Master 和 Slave 两种，当 IRF 新建立、设备出现故障、加入新设备和出现 IRF 合并现象时都会进行选举，选举的规则如下所述。

选举开始时每台成员设备认为自己是 Master 设备，它们之间通过比较 IRF 报文信息决定谁成为 Master 设备，成员优先级越大越优先，设备运行时间越长越优先，成员编号越小越优先。从第一个属性开始判断，如果相同就判断第二个属性，最终选出 IRF 系统中的 Master 设备，其他所有 IRF 成员为 Slave 设备。

4. IRF 的管理与维护

IRF 系统经过物理端口的选择、拓扑信息的收集和角色状态的选举后进入稳定运行状态，在这个过程中需要对 IRF 成员设备进行编号，对网络拓扑变更等情况进行管理与维护。

运行的 IRF 系统中所有成员设备都拥有一个成员编号，这个编号是 IRF 系统识别成员设备的编号，每台成员设备必须保证编号在 IRF 系统中的唯一性。生成编号后 IRF 物理端口的命名规则一般为成员设备编号 / 设备槽位编号 / 接口序列号，默认的成员设备编号为 1。

如果 IRF 中的成员设备出现故障无法发送 IRF Hello 数据包给邻居设备，其邻居设备会通过广播的形式发送“该成员设备下线”的信息给 IRF 系统中的其他成员设备。接收到广播数据包的设备会根据自身维护的 IRF 拓扑表判断下线的设备是系统中的 Master 设备还是 Slave 设备，如果是 Master 设备离线，那么所有 Salve 设备会进行角色重新选举状态。如果是 Slave 设备离线，那么收到数据包的设备直接更新本地 IRF 拓扑表，达到迅速收敛的目的。

11.2 IRF MAD 检测

IRF 对外呈现为一台整体设备，但由于本身由多台物理设备组成，也存在由于设备故障、线缆故障或其他未知原因导致 IRF 系统被分隔成了几部分，形成了几个 IP 地址、MAC 地址和设备配置都相同的逻辑设备，这将对网络的稳定性造成破坏，网络业务有可能发生中断。针对这些情况，H3C 开发了 MAD 检测技术以消除 IRF 分裂对网络的影响。

11.2.1　MAD 检测技术介绍

当 IRF 系统产生分裂后，没有 Master 设备的新 IRF 系统将选举出新的 Master 设备，有 Master 设备的系统继续对外提供服务，这时网络中会出现几个配置完全一模一样的 IRF 系统，无论是 IP 地址和 MAC 地址，还是三层配置均相同，如图 11-10 所示。

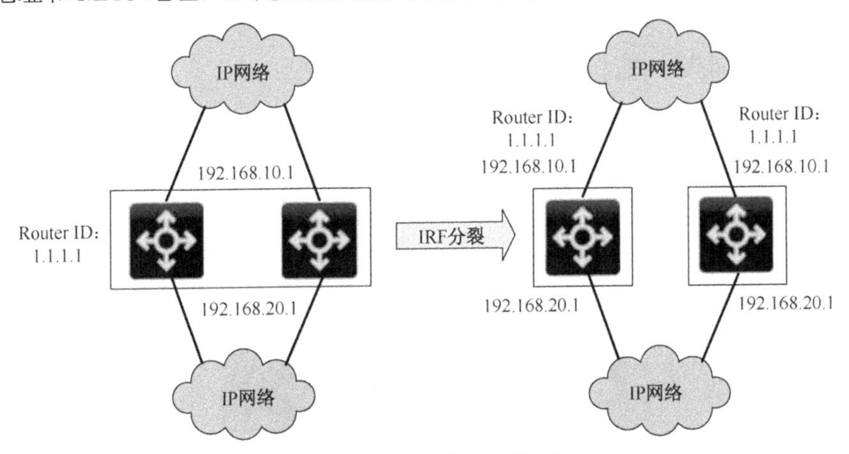

图 11-10　IRF 系统分裂过程

这时网络会产生很多地址冲突和路由信息错乱的报文，网络的稳定性也会受到挑战。MAD 检测的作用是当发生 IRF 分裂后，能够在毫秒级别的反应时间内，通过 IRF 竞争机制，将除了 IRF 端口的冗余配置的设备端口全部关闭，从网络中隔离出去，保证网络中设备的唯一性，图 11-11 是 IRF MAD 检测运行的原理图。

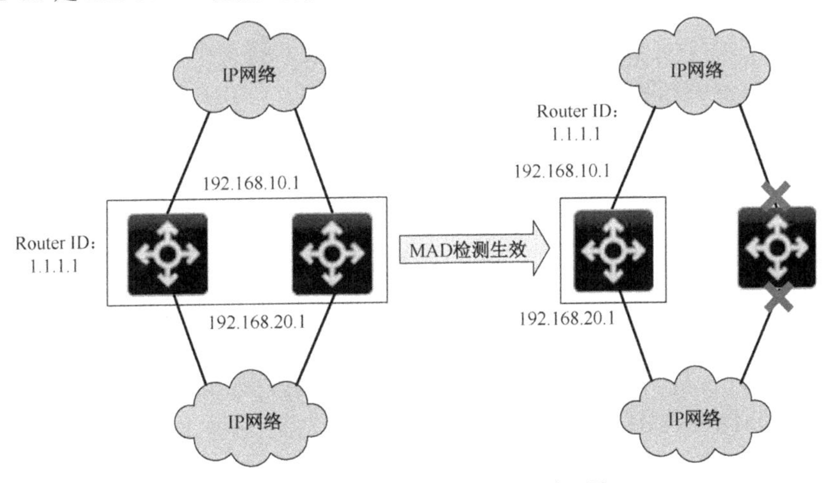

图 11-11　IRF MAD 检测运行原理图

从使用的报文类型分类 MAD 检测技术主要有以下三种：

- 通过 LACP 协议实现 LACP MAD 检测；
- 通过 BFD 协议实现 BFD MAD 检测；
- 通过 ARP 协议实现 ARP MAD 检测。

三种 MAD 检测机制的检测效果和检测原理相似，都能实现毫秒级别的故障切换，但是每一种检测方式对网络环境的要求各不相同，需要根据企业实际的网络环境选择合适的 MAD 检测方法。

11.2.2 LACP MAD 检测原理

LACP MAD 检测利用 LACP 报文中的 TLV 扩展字段实现，该字段定义了 IRF 系统中的 Active-ID，根据系统中 IRF 发送和接收的 Active-ID 进行 MAD 检测，其实现的原理如图 11-12 所示。

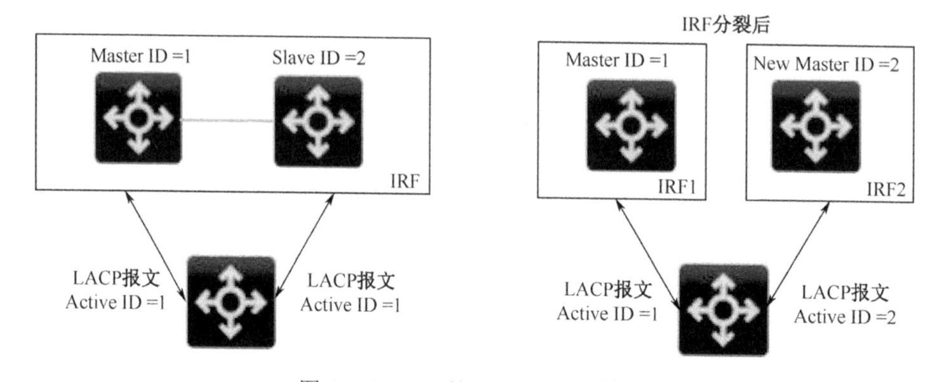

图 11-12　IRF 的 LACP MAD 检测

当 IRF 系统正常运行时，系统内所有设备发送的 LACP 报文中 TLV 字段的 Active-ID 都是相同的，均采用 Master 设备的 Member-ID 作为 Active-ID。当 IRF 系统分裂后，由于分裂后每个 IRF 系统都会选出 Master 设备，Master 设备的 Member-ID 都是各不相同的，所以 LACP 报文中的 Active-ID 也是不相同的，相互发送后设备将收到不同的 Active-ID 的报文。LACP MAD 检测机制将运行，收到不同 Active-ID 的 LACP 报文的设备将其与自己本身的 ID 进行比较，如果自己的 ID 较小，那么将保持原状；如果自己的 ID 较大，那么将 Shutdown 设备上除了 IRF 接口的所有端口，将自身从网络中隔离出来，保证 IRF 系统的唯一性。

LACP MAD 适用于网络设备之间运行 LACP 的动态聚合链路，并且由于 LACP 的 TLV 字段是 H3C 私有协议，所以只能在 H3C 设备的网络环境中使用，这种组网方式没有浪费端口和链路资源，LACP MAD 的部署链路同时也是数据转发链路，不会对网络的稳定性产生影响，是一种较为成熟的 MAD 检测技术。

11.2.3　BFD MAD 检测原理

BFD MAD 检测利用 BFD Session 会话的建立原理实现，这种检测机制的部署需要设计一个专门用于 MAD 检测的 VLAN，每台 IRF 设备至少有一个处于 Up 状态的端口属于这个 VLAN，并且每台设备需要手工配置一个 MAD IP，Master 设备的 MAD IP 地址始终处于生效状态，Slave 设备的 MAD IP 地址始终处于失效状态，利用 BFD 会话的生效与失效状态判断 IRF 系统是否分裂，IRF 的 BFD MAD 检测如图 11-13 所示。

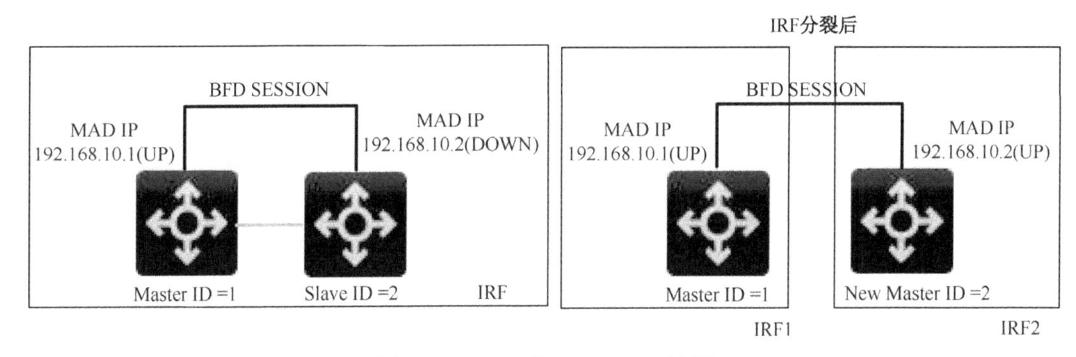

图 11-13　IRF 的 BFD MAD 检测

当 IRF 系统正常运行时，IRF 成员设备之间的 BFD Session 处于 Down 状态，因为 Slave 设备的 MAD IP 地址不生效，所以 BFD MAD 检测不生效。当 IRF 系统发生分裂后，分裂后的每一个 IRF 系统都会选出新的 Master 设备，此时 Master 设备的 MAD IP 生效，BFD 会话的状态也变为 Up，IRF 成员设备就能检测到网络中有多个 Master 设备存在，设备 Member ID 较大的设备将 Shutdown 除了 IRF 端口的所有端口，通过一段时间后，网络中只有一台 Master 设备存在。

如果互联设备不支持 LACP MAD 协议，或者成员设备之间存在 BFD 链路的情况可以使用 BFD MAD 检测 IRF 系统。这种检测方式由于还需要网络管理员进行手工配置，所以比 LACP MAD 复杂一些，可以作为在 LACP MAD 无法建立时的备选方案。

11.2.4　ARP MAD 检测原理

ARP MAD 检测技术利用 ARP 报文的扩展字段实现，该字段是 ARP 中的保留字段，存放的是 IRF 的 Domain ID 和 Active ID 信息。ARP MAD 检测方式与 LACP MAD 检测方式基本相同，不同的是 ARP MAD 在建立时还需要开启 MSTP 消除物理环路对网络的影响，IRF 的 ARP MAD 检测如图 11-14 所示。

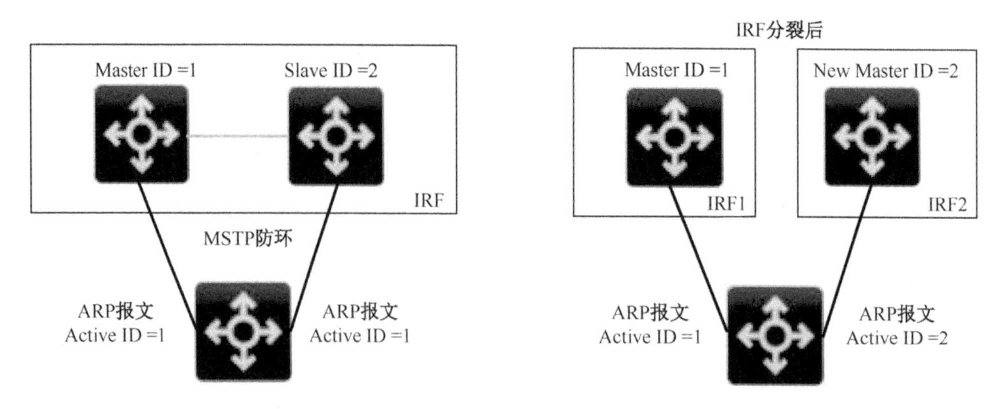

图 11-14　IRF 的 ARP MAD 检测

当 IRF 系统正常运行时，MSTP 会阻塞一些端口使网络无环，所以图 11-14 中 ARP 报文无法传递到 Slave 设备中，不会产生相同 Active ID 的冲突。而当 IRF 分裂后，MSTP 重新计算，原先阻塞的端口重启启动，不同 IRF 成员设备可以接收到其他设备的 ARP 报文，也能接收到不同的 Active ID，所以成员设备检测到 IRF 分裂。

ARP MAD 检测技术一般适用于当 LACP 与 BFD 的 MAD 方案都无法使用的网络环境中，由于需要启动生成树协议，阻塞一些端口，所以实际传输效率和其他两种方案还有差距，在检测速度上可以通过将 IRF 的 MAC 地址保留时间配置为立即更新的方式来提高，总体来说这种检测技术适应度最广，但效率和速率较低。

11.3　实训 1：IRF 链形拓扑配置检测方式（LACP MAD）

【实验目的】

- 掌握 H3C 路由器 IRF 链形拓扑的配置方法；
- 掌握 H3C 路由器 IRF 的 LACP MAD 的配置方法；
- 了解 H3C 路由器 IRF 链形拓扑与 LACP MAD 的验证方法。

【实验拓扑】

实验拓扑如图 11-15 所示。

【实验任务】

路由器 H3C_Router01 与 H3C_Router02 之间通过网线串联，两台设备的 GE0/1 接口绑定 IRF 逻辑接口建立 IRF 连接，两台设备的 GE0/2 接口用于 LACP 协议的可靠性检测，为防止因 IRF 故障导致 IRF 分裂，启动 MAD 检测功能，使用 LACP MAD 检测方法监测 IRF 系统的状态。

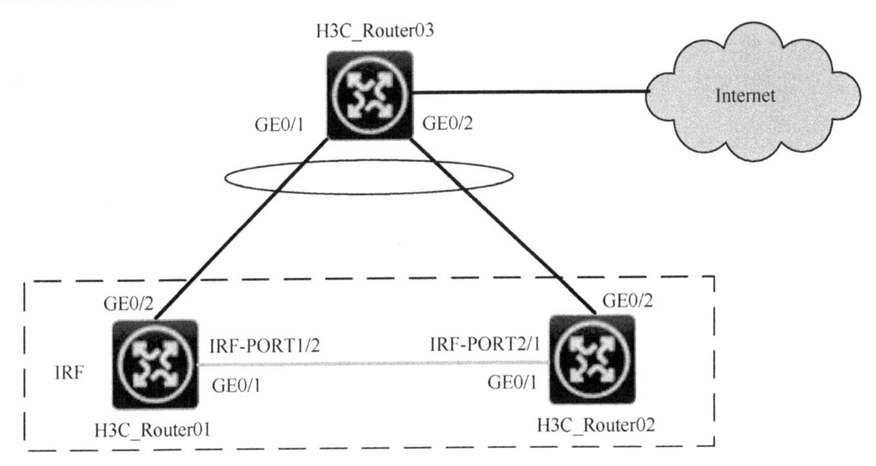

图 11-15　IRF 链形实验拓扑

1. 完成将 H3C 路由器工作模式切换为 IRF 模式的配置

```
//H3C_Router01 运行模式切换的配置
[H3C]irf member 1
//配置 H3C_Router01 的 IRF 成员编号为 1
[H3C]irf priority 12
//配置 H3C_Router01 的 IRF 成员设备优先级为 12
[H3C]chassis convert mode irf
//切换 H3C_Router01 的工作模式为 IRF2
The device will switch to IRF mode and reboot.
You are recommended to save the current running configuration and specify the configuration file for the next startup. Continue? [Y/N]:y
Now rebooting, please wait...
%Sep 29 13:58:15:765 2017 H3C DEV/5/SYSTEM_REBOOT: System is rebooting now.
//重新启动设备完成工作模式的切换

//H3C_Router02 运行模式切换的配置
[H3C]irf member 2
//配置 H3C_Router01 的 IRF 成员编号为 2
[H3C]chassis convert mode irf
//切换 H3C_Router01 的工作模式为 IRF2
The device will switch to IRF mode and reboot.
You are recommended to save the current running configuration and specify the configuration file for the next startup. Continue? [Y/N]:y
Now rebooting, please wait...
```

```
%Sep 29 14:06:55:796 2017 H3C DEV/5/SYSTEM_REBOOT: System is rebooting now.
//重新启动设备完成工作模式的切换
```

2. 完成 H3C 路由器 IRF 虚拟与物理接口绑定配置

```
//H3C_Router01 的端口配置
[H3C]sysname H3C_Router01
[H3C_Router01]irf-port 1/2
//进入 IRF 接口 1/2,（如果设备没有 IRF 端口会新建并进入该端口）
[H3C_Router01-irf-port1/2]port group interface GigabitEthernet 1/0/1
//将 IRF 端口与物理端口进行绑定
Please shutdown the current interface first.
//没有绑定成功。因为在绑定前需要手工关闭物理端口后再进行逻辑端口与物理端口的绑定
[H3C_Router01-irf-port1/2]exit
[H3C_Router01]interface GigabitEthernet 1/0/1
[H3C_Router01-GigabitEthernet1/0/1]shutdown
[H3C_Router01-GigabitEthernet1/0/1]exit
//手工关闭 H3C_Router01 的 GE1/0/1 物理端口
[H3C_Router01]irf-port 1/2
[H3C_Router01-irf-port1/2]port group interface GigabitEthernet 1/0/1
You must perform the following tasks for a successful IRF setup:
Save the configuration after completing IRF configuration.
Execute the "irf-port-configuration active" command to activate the IRF ports.
//重新进行端口绑定，成功后，系统提示完成，需要保存 IRF 配置并激活 IRF 端口配置
[H3C_Router01-irf-port1/2]exit
[H3C_Router01]interface GigabitEthernet 1/0/1
[H3C_Router01-GigabitEthernet1/0/1]undo shutdown
[H3C_Router01-GigabitEthernet1/0/1]exit
//将手工关闭的 GE1/0/1 端口重启打开
[H3C_Router01]irf-port-configuration active
//激活 IRF 端口配置
[H3C_Router01]save
The current configuration will be written to the device. Are you sure? [Y/N]:y
Please input the file name(*.cfg)[flash:/startup.cfg]
(To leave the existing filename unchanged, press the enter key):
Validating file. Please wait...
Saved the current configuration to mainboard device successfully.
//保存 IRF 配置
//路由器 H3C_Router02 的端口配置与 H3C_Router01 相似，这里只列出相关命令不解释
```

```
[H3C]sysname H3C_Router02
[H3C_Router02]interface GigabitEthernet 2/0/1
[H3C_Router02-GigabitEthernet2/0/1]shutdown
[H3C_Router02-GigabitEthernet2/0/1]exit
[H3C_Router02]irf-port 2/1
[H3C_Router02-irf-port2/1]port group interface GigabitEthernet 2/0/1
You must perform the following tasks for a successful IRF setup:
Save the configuration after completing IRF configuration.
Execute the "irf-port-configuration active" command to activate the IRF ports.
[H3C_Router02-irf-port2/1]exit
[H3C_Router02]interface GigabitEthernet 2/0/1
[H3C_Router02-GigabitEthernet2/0/1]undo shutdown
[H3C_Router02-GigabitEthernet2/0/1]exit
[H3C_Router02]irf-port-configuration active
[H3C_Router02]save
The current configuration will be written to the device. Are you sure? [Y/N]:y
Please input the file name(*.cfg)[flash:/startup.cfg]
(To leave the existing filename unchanged, press the enter key):
Validating file. Please wait...
Saved the current configuration to mainboard device successfully.
```

3．验证 H3C 路由器上的 IRF 配置信息

```
[H3C_Router01]display interface brief
//查看 H3C_Router01 的端口简明列表
Brief information on interfaces in route mode:
Link: ADM - administratively down; Stby - standby
Protocol: (s) - spoofing
Interface            Link Protocol Primary IP       Description
GE1/0/0                DOWN DOWN        --
GE1/0/2                UP     UP        --
GE1/5/0                DOWN DOWN        --
GE1/5/1                DOWN DOWN        --
GE1/6/0                DOWN DOWN        --
GE1/6/1                DOWN DOWN        --
GE2/0/0                DOWN DOWN        --
GE2/0/2                UP     UP        --
GE2/5/0                DOWN DOWN        --
GE2/5/1                DOWN DOWN        --
```

```
GE2/6/0                 DOWN DOWN      --
GE2/6/1                 DOWN DOWN      --
InLoop0                 UP    UP(s)    --
NULL0                   UP    UP(s)    --
REG0                    UP    --       --
RAGG1                   UP    UP       --
Ser1/1/0                DOWN DOWN      --
Ser1/2/0                DOWN DOWN      --
Ser1/3/0                DOWN DOWN      --
Ser1/4/0                DOWN DOWN      --
Ser2/1/0                DOWN DOWN      --
Ser2/2/0                DOWN DOWN      --
Ser2/3/0                DOWN DOWN      --
Ser2/4/0                DOWN DOWN      --

Brief information on interfaces in bridge mode:
Link: ADM - administratively down; Stby - standby
Speed: (a) - auto
Duplex: (a)/A - auto; H - half; F - full
Type: A - access; T - trunk; H - hybrid
Interface              Link Speed   Duplex Type PVID Description
GE1/0/1                UP    1G(a)   F(a)   --   --
GE2/0/1                UP    1G(a)   F(a)   --   --
```

//此时无论在路由器 H3C_Router01 或 H3C_Router02 上操作，显示的都是 H3C_Router01。这是因为现在两台物理路由器已经形成新的 IRF 系统，系统中 Master 设备为 H3C_Router01。查看端口的简明列表可以看出这台新的“H3C_Router01”的设备包含了物理设备 H3C_Router01 和 H3C_Router02 的所有端口

```
[H3C_Router01]display irf
//查看 IRF 中所有成员设备的信息
MemberID    Role      Priority    CPU-Mac           Description
 *+1        Master      12        a662-e656-0104       ---
   2        Standby     1         a663-0307-0204       ---
--------------------------------------------------
 * indicates the device is the master.
 + indicates the device through which the user logs in.

 The bridge MAC of the IRF is: a662-e656-0100
 Auto upgrade                     : yes
 Mac persistent                   : 6 min
```

```
 Domain ID                          : 0
 Auto merge                         : yes
```

//显示的信息包括成员设备编号、角色、优先级、MAC 等信息，其中有两个符号需要特别注意：星号表示设备为 Master 设备，加号表示目前登录的设备

[H3C_Router01]**display irf configuration**

//查看 IRF 成员设备的端口信息

```
 MemberID NewID    IRF-Port1                  IRF-Port2
     1       1     disable                    GigabitEthernet1/0/1
     2       2     GigabitEthernet2/0/1       disable
```

//设备显示的主要是 IRF 设备成员 ID 和 IRF 逻辑端口与物理端口的对应情况

[H3C_Router01]**display irf link**

//查看 IRF 的链路状态

```
Member 1
 IRF Port  Interface                              Status
 1          disable                                 --
 2          GigabitEthernet1/0/1                  UP
Member 2
 IRF Port  Interface                              Status
 1          GigabitEthernet2/0/1                  UP
 2          disable                                 --
```

<H3C_Router01>display irf

//在物理设备 H3C_Router02 上查看 IRF 中所有成员设备的信息

```
MemberID    Role     Priority  CPU-Mac          Description
  *1        Master    1          a662-e656-0104   ---
  +2        Standby 1           a663-0307-0204   ---
--------------------------------------------------
 * indicates the device is the master.
 + indicates the device through which the user logs in.

 The bridge MAC of the IRF is: a662-e656-0100
 Auto upgrade                       : yes
 Mac persistent                     : 6 min
 Domain ID                          : 0
 Auto merge                         : yes
```

//进入的是 IRF 系统“H3C_Router01”，加号表示目前是从备份设备 H3C_Router02

4. 配置 IRF 的 LACP MAD 检测功能

```
[H3C_Router01]irf domain 1
//配置 IRF 的域编号为 1
[H3C_Router01]interface Route-Aggregation 1
//创建路由链路聚合端口 1
[H3C_Router01-Route-Aggregation1]link-aggregation mode dynamic
//配置聚合口的聚合模式为动态模式
[H3C_Router01-Route-Aggregation1]mad enable
//开启 LACP MAD 检测功能
You need to assign a domain ID (range: 0-4294967295)
[Current domain is: 1]:
The assigned domain ID is: 1
MAD LACP only enable on dynamic aggregation interface.
//选择要检测的 IRF 域，系统提示只有聚合模式为动态的聚合口可以开启 LACP MAD 检测功能
[H3C_Router01-Route-Aggregation1]exit
[H3C_Router01]interface GigabitEthernet 1/0/2
[H3C_Router01-GigabitEthernet1/0/2]port link-aggregation group 1
[H3C_Router01-GigabitEthernet1/0/2]exit
[H3C_Router01]interface GigabitEthernet 2/0/2
[H3C_Router01-GigabitEthernet2/0/2]port link-aggregation group 1
//配置路由器 GE1/0/2 与 GE2/0/2 的端口加入路由聚合口 1

//H3C_Router03 的路由聚合口的创建及 GE0/1 与 GE0/2 端口的加入
[H3C]sysname H3C_Router03
[H3C_Router03]interface Route-Aggregation 1
[H3C_Router03-Route-Aggregation1]link-aggregation mode dynamic
[H3C_Router03-Route-Aggregation1]exit
[H3C_Router03]interface GigabitEthernet 0/1
[H3C_Router03-GigabitEthernet0/1]port link-aggregation group 1
[H3C_Router03-GigabitEthernet0/1]exit
[H3C_Router03]interface GigabitEthernet 0/2
[H3C_Router03-GigabitEthernet0/2]port link-aggregation group 1
[H3C_Router03-GigabitEthernet0/2]exit
```

5. 验证 H3C 路由器 IRF 的 LACP MAD 配置信息

```
[H3C_Router01]display link-aggregation verbose
//查看 H3C_Router01 链路聚合的详细信息
Loadsharing Type: Shar -- Loadsharing, NonS -- Non-Loadsharing
```

```
Port: A -- Auto
Port Status: S -- Selected, U -- Unselected, I -- Individual
Flags:  A -- LACP_Activity, B -- LACP_Timeout, C -- Aggregation,
        D -- Synchronization, E -- Collecting, F -- Distributing,
        G -- Defaulted, H -- Expired

Aggregate Interface: Route-Aggregation1
Aggregation Mode: Dynamic
Loadsharing Type: Shar
System ID: 0x8000, a662-e656-0100
Local:
  Port                Status  Priority Oper-Key  Flag
--------------------------------------------------------------------------------
  GE1/0/2             S       32768    1         {ACDEF}
  GE2/0/2             S       32768    1         {ACDEF}
Remote:
  Actor         Partner Priority Oper-Key  SystemID               Flag
--------------------------------------------------------------------------------
  GE1/0/2       2       32768    1         0x8000, a663-0bbe-0300 {ACDEF}
  GE2/0/2       3       32768    1         0x8000, a663-0bbe-0300 {ACDEF}
//目前 IRF 系统与 H3C_Router03 的两条链路聚合情况正常

[H3C_Router01]display mad verbose
//查看 H3C_Router01 的 MAD 的详细信息
Multi-active recovery state: No
Excluded ports (user-configured):
Excluded ports (system-configured):
  GigabitEthernet1/0/1
  GigabitEthernet2/0/1
MAD ARP disabled.
MAD ND disabled.
MAD LACP enabled interface: Route-Aggregation1
  MAD status                 : Normal
  Member ID    Port                              MAD status
  1            GigabitEthernet1/0/2              Normal
  2            GigabitEthernet2/0/2              Normal
MAD BFD disabled.
//目前 IRF 系统中 LACP MAD 处于开启状态，使用端口为路由聚合口 1，状态正常
//实验完成
```

11.4 实训 2：IRF 环形拓扑配置检测方式（BFD MAD）

【实验目的】

- 掌握 H3C 交换机 IRF 环形拓扑的配置方法；
- 掌握 H3C 交换机 IRF 的 BFD MAD 的配置方法；
- 了解 H3C 交换机 IRF 环形拓扑与 BFD MAD 的验证方法。

【实验拓扑】

实验拓扑如图 11-16 所示。

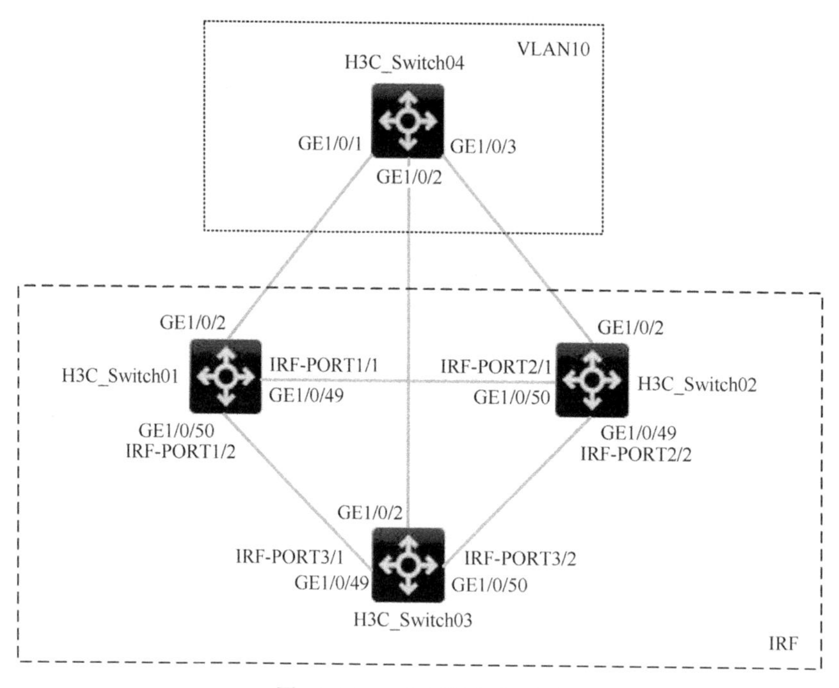

图 11-16　IRF 环形实验拓扑

【实验任务】

交换机 H3C_Switch01、H3C_Switch02 和 H3C_Switch03 之间通过网线环形连接起来，三台设备通过 IRF 接口连接建立 IRF 系统，通过每台设备的上行链路与 H3C_Switch04 建立连接，接口属于 VLAN10。为了防止 IRF 链路故障导致 IRF 系统分裂，开启 MAD 检测功能，使用 BFD MAD 检测方法监测 IRF 系统的状态。

1．完成将 H3C 交换机运行模式切换为 IRF 模式配置

```
<H3C>display irf
//查看交换机 H3C_Switch01 的 IRF 信息
MemberID     Role      Priority   CPU-Mac            Description
 *+1         Master    1          a6ee-b904-0104     ---
--------------------------------------------------
 * indicates the device is the master.
 + indicates the device through which the user logs in.

 The bridge MAC of the IRF is: a6ee-b904-0100
 Auto upgrade                    : yes
 Mac persistent                  : 6 min
 Domain ID                       : 0
//H3C 交换机默认开启 IRF，设备编号为 1，优先级为 1。
[H3C]irf member 1 priority 12
//配置交换机 H3C_Switch01 的 IRF 优先级为 12
[H3C]sysname H3C_Switch01
[H3C_Switch01]

[H3C]irf member 1 renumber 2
//配置交换机 H3C_Switch02 的成员编号为 2
[H3C]exit
<H3C>reboot
Start to check configuration with next startup configuration file, please wait.........DONE!
This command will reboot the device. Continue? [Y/N]:y
Now rebooting, please wait...
%Sep 29 20:14:11:177 2017 H3C DEV/5/SYSTEM_REBOOT: System is rebooting now.
//交换机成员编号修改后需要重启交换机使配置生效
<H3C>display irf
//查看交换机 H3C_Switch02 的 IRF 信息，确认 IRF 成员编号修改成功
MemberID     Role      Priority   CPU-Mac            Description
 *+2         Master    1          a6ee-c45f-0204     ---
--------------------------------------------------
 * indicates the device is the master.
 + indicates the device through which the user logs in.

 The bridge MAC of the IRF is: a6ee-c45f-0200
```

```
 Auto upgrade                    : yes
 Mac persistent                  : 6 min
 Domain ID                       : 0
<H3C>system-view
[H3C]sysname H3C_Switch02
[H3C_Switch02]

//修改 H3C_Switch03 的 IRF 成员编号为 3，查看修改后的交换机 IRF 信息
[H3C]sysname H3C_Switch03
[H3C_Switch03]display irf
MemberID    Role    Priority  CPU-Mac          Description
 *+3        Master   1        a6ee-cf3e-0304   ---
--------------------------------------------------
 * indicates the device is the master.
 + indicates the device through which the user logs in.

 The bridge MAC of the IRF is: a6ee-cf3e-0300
 Auto upgrade                    : yes
 Mac persistent                  : 6 min
 Domain ID                       : 0
```

2．完成 H3C 交换机 IRF 虚拟与物理接口绑定配置

```
//H3C_ Switch 01 的端口 IRF 配置
[H3C_Switch01]interface range Ten-GigabitEthernet 1/0/49 to Ten-GigabitEthernet 1/0/50
[H3C_Switch01-if-range]shutdown
[H3C_Switch01-if-range]exit
//手工关闭 H3C_Switch01 的 GE1/0/49 和 GE1/0/50 物理端口
[H3C_Switch01]irf-port 1/1
//进入 IRF 接口 1/1,（如果设备没有 IRF 端口会新建并进入该端口）
[H3C_Switch01-irf-port1/1]port group interface Ten-GigabitEthernet 1/0/49
You must perform the following tasks for a successful IRF setup:
Save the configuration after completing IRF configuration.
Execute the "irf-port-configuration active" command to activate the IRF ports.
//配置 IRF 逻辑端口 1/1 与物理端口 GE1/0/49 绑定，绑定后系统提示保存和激活 IRF 配置信息
[H3C_Switch01-irf-port1/1]exit
[H3C_Switch01]irf-port 1/2
//进入 IRF 接口 1/2
[H3C_Switch01-irf-port1/2]port group interface Ten-GigabitEthernet 1/0/50
```

```
You must perform the following tasks for a successful IRF setup:
Save the configuration after completing IRF configuration.
Execute the "irf-port-configuration active" command to activate the IRF ports.
//配置 IRF 逻辑端口 1/2 与物理端口 GE1/0/50 绑定
[H3C_Switch01-irf-port1/2]exit
[H3C_Switch01]interface range Ten-GigabitEthernet 1/0/49 to Ten-GigabitEthernet 1/0/50
[H3C_Switch01-if-range]undo shutdown
[H3C_Switch01-if-range]exit
//开启手工关闭的交换机 GE1/0/49 和 GE1/0/50 端口
[H3C_Switch01]irf-port-configuration active
//激活交换机 IRF 端口配置
[H3C_Switch01]save
The current configuration will be written to the device. Are you sure? [Y/N]:y
Please input the file name(*.cfg)[flash:/startup.cfg]
(To leave the existing filename unchanged, press the enter key):
Validating file. Please wait...
Saved the current configuration to mainboard device successfully.
//保存交换机 H3C_Switch01 的配置

//交换机 H3C_Switch02 和 H3C_Switch03 的端口 IRF 配置与 H3C_Switch01 相似，这里只列出相关命令不解释
//交换机 H3C_Switch02 的端口 IRF 配置
[H3C_Switch02]interface range Ten-GigabitEthernet 2/0/49 to Ten-GigabitEthernet 2/0/50
[H3C_Switch02-if-range]shutdown
[H3C_Switch02-if-range]exit
[H3C_Switch02]irf-port 2/1
[H3C_Switch02-irf-port2/1]port group interface Ten-GigabitEthernet 2/0/49
[H3C_Switch02-irf-port2/1]exit
[H3C_Switch02]irf-port 2/2
[H3C_Switch02-irf-port2/2]port group interface Ten-GigabitEthernet 2/0/50
[H3C_Switch02-irf-port2/2]exit
[H3C_Switch02]interface range Ten-GigabitEthernet 2/0/49 to Ten-GigabitEthernet 2/0/50
[H3C_Switch02-if-range]undo shutdown
[H3C_Switch02-if-range]exit
[H3C_Switch02]irf-port-configuration active
[H3C_Switch02]save
//交换机 H3C_Switch03 的端口 IRF 配置
```

```
[H3C_Switch03]interface range Ten-GigabitEthernet 3/0/49 to Ten-GigabitEthernet 3/0/50
[H3C_Switch03-if-range]shutdown
[H3C_Switch03-if-range]exit
[H3C_Switch03]irf-port 3/1
[H3C_Switch03-irf-port3/1]port group interface Ten-GigabitEthernet 3/0/49
[H3C_Switch03-irf-port3/1]exit
[H3C_Switch03]irf-port 3/2
[H3C_Switch03-irf-port3/2]port group interface Ten-GigabitEthernet 3/0/50
[H3C_Switch03-irf-port3/2]exit
[H3C_Switch03]interface range Ten-GigabitEthernet 3/0/49 to Ten-GigabitEthernet 3/0/50
[H3C_Switch03-if-range]undo shutdown
[H3C_Switch03-if-range]exit
[H3C_Switch03]irf-port-configuration active
[H3C_Switch03]save
```

3．验证 H3C 交换机上的 IRF 配置信息

```
[H3C_Switch01]display interface brief
//查看 IRF 系统的端口简明信息
Brief information on interfaces in route mode:
Link: ADM - administratively down; Stby - standby
Protocol: (s) - spoofing
Interface            Link Protocol  Primary IP      Description
InLoop0                 UP          UP(s)           --
MGE0/0/0                DOWN        DOWN            --
NULL0                   UP          UP(s)           --
REG0                    UP          --              --

Brief information on interfaces in bridge mode:
Link: ADM - administratively down; Stby - standby
Speed: (a) - auto
Duplex: (a)/A - auto; H - half; F - full
Type: A - access; T - trunk; H - hybrid
Interface            Link Speed   Duplex Type PVID Description
FGE1/0/53             DOWN   40G      A       A    1
FGE1/0/54             DOWN   40G      A       A    1
FGE2/0/53             DOWN   40G      A       A    1
FGE2/0/54             DOWN   40G      A       A    1
FGE3/0/53             DOWN   40G      A       A    1
```

```
FGE3/0/54          DOWN   40G     A     A     1
<省略部分输出>
XGE1/0/49          UP     10G     F     --    --
XGE1/0/50          UP     10G     F     --    --
XGE1/0/51          DOWN   10G     F     A     1
XGE1/0/52          DOWN   10G     F     A     1
XGE2/0/49          UP     10G     F     --    --
XGE2/0/50          DOWN   10G     F     --    --
XGE2/0/51          DOWN   10G     F     A     1
XGE2/0/52          DOWN   10G     F     A     1
XGE3/0/49          UP     10G     F     --    --
XGE3/0/50          UP     10G     F     --    --
XGE3/0/51          DOWN   10G     F     A     1
XGE3/0/52          DOWN   10G     F     A     1
```

//从查看的结果可以看出，IRF 系统包含了 H3C_Switch01、H3C_Switch02 和 H3C_Switch03 的所有物理端口

[H3C_Switch01]**display irf**

//查看 IRF 中所有成员设备的信息

```
MemberID    Role      Priority    CPU-Mac           Description
 *+1        Master    12          a6ce-4ec8-0104    ---
   2        Standby   1           a6ce-56f5-0204    ---
   3        Standby   1           a6ce-60d2-0304    ---
--------------------------------------------------
 * indicates the device is the master.
 + indicates the device through which the user logs in.

 The bridge MAC of the IRF is: a6ce-4ec8-0100
 Auto upgrade                  : yes
 Mac persistent                : 6 min
 Domain ID                     : 0
```

//显示的信息包括成员设备编号、角色、优先级、MAC 等信息，其中有两个符号需要特别注意：星号表示设备为 Master 设备，加号表示目前登录的设备

[H3C_Switch01]display irf configuration

//查看 IRF 中所有成员设备的端口信息

```
MemberID NewID    IRF-Port1                   IRF-Port2
1        1        Ten-GigabitEthernet1/0/49   Ten-GigabitEthernet1/0/50
2        2        Ten-GigabitEthernet2/0/49   Ten-GigabitEthernet2/0/50
3        3        Ten-GigabitEthernet3/0/49   Ten-GigabitEthernet3/0/50
//显示 IRF 设备成员 ID 和 IRF 逻辑端口与物理端口的对应情况，三台物理设备相互连接形成环路
[H3C_Switch01]display irf link
//查看 IRF 的链路状态
Member 1
 IRF Port  Interface                          Status
 1          Ten-GigabitEthernet1/0/49         UP
 2          Ten-GigabitEthernet1/0/50         UP
Member 2
 IRF Port  Interface                          Status
 1          Ten-GigabitEthernet2/0/49         UP
 2          Ten-GigabitEthernet2/0/50         UP
Member 3
 IRF Port  Interface                          Status
 1          Ten-GigabitEthernet3/0/49         UP
 2          Ten-GigabitEthernet3/0/50         UP
```

4．配置 IRF 的 BFD MAD 检测功能

```
[H3C_Switch01]interface range GigabitEthernet 1/0/2 GigabitEthernet 2/0/2 GigabitEthernet 3/0/2
[H3C_Switch01-if-range]undo stp enable
[H3C_Switch01-if-range]exit
//关闭 IRF 系统中物理端口 GE1/0/2、GE2/0/2 和 GE3/0/2 的生成树，因为同时开启 BFD MAD 与 STP 会相互干扰
[H3C_Switch01]vlan 10
[H3C_Switch01-vlan10]port GigabitEthernet 1/0/2 GigabitEthernet 2/0/2 GigabitEthernet 3/0/2
[H3C_Switch01-vlan10]exit
//配置 IRF 系统创建 VLAN10，使物理端口 GE1/0/2、GE2/0/2 和 GE3/0/2 属于 VLAN10。
[H3C_Switch01]interface Vlan-interface 10
//进入 VLAN10 的管理端口
[H3C_Switch01-Vlan-interface10]mad bfd enable
//开启 BFD MAD 检测功能
[H3C_Switch01-Vlan-interface10]mad ip address 192.168.10.1 255.255.255.0 member 1
//在 VLAN10 的管理端口中配置成员设备 1 的 MAD IP 地址
[H3C_Switch01-Vlan-interface10]mad ip address 192.168.10.2 255.255.255.0 member 2
//在 VLAN10 的管理端口中配置成员设备 2 的 MAD IP 地址
```

```
[H3C_Switch01-Vlan-interface10]mad ip address 192.168.10.3 255.255.255.0 member 3
//在 VLAN10 的管理端口中配置成员设备 3 的 MAD IP 地址
[H3C_Switch01-Vlan-interface10]exit

[H3C_Switch04]vlan 10
[H3C_Switch04-vlan10]port GigabitEthernet 1/0/1 to GigabitEthernet 1/0/3
[H3C_Switch04-vlan10]exit
//配置交换机 H3C_Switch04 的 GE1/0/1、GE1/0/2 和 GE1/0/3 端口属于 VLAN10
```

5. 验证 H3C 交换机 IRF 的 BFD MAD 配置信息

```
[H3C_Switch01]display bfd session
//查看 IRF 系统 BFD 的会话
 Total Session Num: 2       Up Session Num: 0       Init Mode: Active

 IPv4 Session Working Under Ctrl Mode:

 LD/RD        SourceAddr       DestAddr         State     Holdtime     Interface
 129/0        192.168.10.1     192.168.10.2     Down        /          Vlan10
 130/0        192.168.10.1     192.168.10.3     Down        /          Vlan10
//IRF 系统的会话处于 Down 状态，说明系统中只有一个 Master 设备，运行正常

[H3C_Switch01]display mad verbose
//查看 IRF 系统 MAD 的详细信息
Multi-active recovery state: No
Excluded ports (user-configured):
Excluded ports (system-configured):
  Ten-GigabitEthernet1/0/49
  Ten-GigabitEthernet1/0/50
  Ten-GigabitEthernet2/0/49
  Ten-GigabitEthernet2/0/50
  Ten-GigabitEthernet3/0/49
  Ten-GigabitEthernet3/0/50
MAD ARP disabled.
MAD ND disabled.
MAD LACP disabled.
MAD BFD enabled interface: Vlan-interface10
  MAD status                     :Faulty
  Member ID    MAD IP address         Neighbor      MAD status
```

```
    1          192.168.10.1/24          2          Faulty
    1          192.168.10.1/24          3          Faulty
    3          192.168.10.3/24          1          Faulty
    3          192.168.10.3/24          2          Faulty
//目前 IRF 系统中 BFD MAD 处于开启状态，使用端口为 VLAN10，状态正常
//实验完成
```

11.5 实训 3：IRF 环形拓扑配置检测方式（ARP MAD）

【实验目的】

- 掌握 H3C 交换机 IRF 环形拓扑的配置方法；
- 掌握 H3C 交换机 IRF 的 ARP MAD 的配置方法；
- 了解 H3C 交换机 IRF 环形拓扑与 ARP MAD 的验证方法。

【实验拓扑】

实验拓扑与图 11-16 的实验拓扑图相同。

【实验任务】

交换机 H3C_Switch01、H3C_Switch02 和 H3C_Switch03 之间通过网线环形连接起来，三台设备通过 IRF 接口连接建立 IRF 系统，通过每台设备的上行链路与 H3C_Switch04 建立连接，接口属于 VLAN10。为了防止 IRF 链路故障导致 IRF 系统分裂，开启 MAD 检测功能，使用 ARP MAD 检测方法监测 IRF 系统的状态。

1. 完成将 H3C 交换机运行模式切换为 IRF 模式的配置

```
[H3C]irf member 1 priority 12
//配置交换机 H3C_Switch01 的 IRF 优先级为 12，成员编号使用默认值 1.
[H3C]sysname H3C_Switch01
[H3C_Switch01]

[H3C]irf member 1 renumber 2
//配置交换机 H3C_Switch02 的成员编号为 2
[H3C]exit
<H3C>reboot
//重新启动交换机，使 IRF 配置生效。
<H3C>system-view
```

```
[H3C]sysname H3C_Switch02
[H3C_Switch02]display irf
//查看交换机 H3C_Switch02 的 IRF 配置
MemberID      Role        Priority      CPU-Mac              Description
 *+2          Master      1             a6ee-c45f-0204       ---
-----------------------------------------------
 * indicates the device is the master.
 + indicates the device through which the user logs in.

 The bridge MAC of the IRF is: a6ee-c45f-0200
 Auto upgrade                  : yes
 Mac persistent                : 6 min
 Domain ID                     : 0

//修改 H3C_Switch03 的 IRF 成员编号为 3，查看修改后的交换机 IRF 信息
[H3C_Switch03]display irf
MemberID      Role        Priority      CPU-Mac              Description
 *+3          Master      1             a6ee-cf3e-0304       ---
-----------------------------------------------
 * indicates the device is the master.
 + indicates the device through which the user logs in.

 The bridge MAC of the IRF is: a6ee-cf3e-0300
 Auto upgrade                  : yes
 Mac persistent                : 6 min
 Domain ID                     : 0
```

2. 完成 H3C 交换机 IRF 虚拟与物理接口绑定配置

```
//H3C_ Switch 01 的端口 IRF 配置
[H3C_Switch01]interface range Ten-GigabitEthernet 1/0/49 to Ten-GigabitEthernet 1/0/50
[H3C_Switch01-if-range]shutdown
[H3C_Switch01-if-range]exit
//手工关闭 H3C_Switch01 的 GE1/0/49 和 GE1/0/50 物理端口
[H3C_Switch01]irf-port 1/1
//进入 IRF 接口 1/1（如果设备没有 IRF 端口会新建并进入该端口）
[H3C_Switch01-irf-port1/1]port group interface Ten-GigabitEthernet 1/0/49
You must perform the following tasks for a successful IRF setup:
Save the configuration after completing IRF configuration.
```

```
Execute the "irf-port-configuration active" command to activate the IRF ports.
[H3C_Switch01-irf-port1/1]exit
//配置 IRF 逻辑端口 1/1 与物理端口 GE1/0/49 绑定，绑定后系统提示保存和激活 IRF 配置信息
[H3C_Switch01]irf-port 1/2
//进入 IRF 接口 1/2
[H3C_Switch01-irf-port1/2]port group interface Ten-GigabitEthernet 1/0/50
You must perform the following tasks for a successful IRF setup:
Save the configuration after completing IRF configuration.
Execute the "irf-port-configuration active" command to activate the IRF ports.
[H3C_Switch01-irf-port1/2]exit
//配置 IRF 逻辑端口 1/2 与物理端口 GE1/0/50 绑定

[H3C_Switch01]interface range Ten-GigabitEthernet 1/0/49 to Ten-GigabitEthernet 1/0/50
[H3C_Switch01-if-range]undo shutdown
[H3C_Switch01-if-range]exit
//开启手工关闭的交换机 GE1/0/49 和 GE1/0/50 端口
[H3C_Switch01]irf-port-configuration active
//激活交换机 IRF 端口配置
[H3C_Switch01]save
The current configuration will be written to the device. Are you sure? [Y/N]:y
Please input the file name(*.cfg)[flash:/startup.cfg]
(To leave the existing filename unchanged, press the enter key):
Validating file. Please wait...
Saved the current configuration to mainboard device successfully.
//保存交换机 H3C_Switch01 的配置

//交换机 H3C_Switch02 和 H3C_Switch03 的端口 IRF 配置与 H3C_Switch01 相似，这里只列出相关命令不解释
//交换机 H3C_Switch02 的端口 IRF 配置
[H3C_Switch02]interface range Ten-GigabitEthernet 2/0/49 to Ten-GigabitEthernet 2/0/50
[H3C_Switch02-if-range]shutdown
[H3C_Switch02-if-range]exit
[H3C_Switch02]irf-port 2/1
[H3C_Switch02-irf-port2/1]port group interface Ten-GigabitEthernet 2/0/49
[H3C_Switch02-irf-port2/1]exit
[H3C_Switch02]irf-port 2/2
[H3C_Switch02-irf-port2/2]port group interface Ten-GigabitEthernet 2/0/50
```

```
[H3C_Switch02-irf-port2/2]exit
[H3C_Switch02]interface range Ten-GigabitEthernet 2/0/49 to Ten-GigabitEthernet 2/0/50
[H3C_Switch02-if-range]undo shutdown
[H3C_Switch02-if-range]exit
[H3C_Switch02]irf-port-configuration active
[H3C_Switch02]save
//交换机 H3C_Switch03 的端口 IRF 配置
[H3C_Switch03]interface range Ten-GigabitEthernet 3/0/49 to Ten-GigabitEthernet 3/0/50
[H3C_Switch03-if-range]shutdown
[H3C_Switch03-if-range]exit
[H3C_Switch03]irf-port 3/1
[H3C_Switch03-irf-port3/1]port group interface Ten-GigabitEthernet 3/0/49
[H3C_Switch03-irf-port3/1]exit
[H3C_Switch03]irf-port 3/2
[H3C_Switch03-irf-port3/2]port group interface Ten-GigabitEthernet 3/0/50
[H3C_Switch03-irf-port3/2]exit
[H3C_Switch03]interface range Ten-GigabitEthernet 3/0/49 to Ten-GigabitEthernet 3/0/50
[H3C_Switch03-if-range]undo shutdown
[H3C_Switch03-if-range]exit
[H3C_Switch03]irf-port-configuration active
[H3C_Switch03]save
```

3．验证 H3C 路由器上的 IRF 配置信息

```
[H3C_Switch01]display irf
//查看 IRF 中所有成员设备的信息
MemberID    Role       Priority    CPU-Mac           Description
 *+1        Master     12          aa52-a2b2-0104    ---
   2        Standby    1           aa52-ab69-0204    ---
   3        Standby    1           aa52-b1b1-0304    ---
--------------------------------------------------
 * indicates the device is the master.
 + indicates the device through which the user logs in.

 The bridge MAC of the IRF is: aa52-a2b2-0100
 Auto upgrade                : yes
 Mac persistent              : 6 min
 Domain ID                   : 0
//显示的信息包括成员设备编号、角色、优先级、MAC 等信息，其中有两个符号需要特别注意：星
```

```
号表示设备为 Master 设备，加号表示目前登录的设备
[H3C_Switch01]display irf configuration
//查看 IRF 系统成员设备的端口信息
 MemberID NewID    IRF-Port1                     IRF-Port2
 1        1        Ten-GigabitEthernet1/0/49     Ten-GigabitEthernet1/0/50
 2        2        Ten-GigabitEthernet2/0/49     Ten-GigabitEthernet2/0/50
 3        3        Ten-GigabitEthernet3/0/49     Ten-GigabitEthernet3/0/50

[H3C_Switch01]display irf link
//查看 IRF 的链路状态
Member 1
 IRF Port  Interface                          Status
 1         Ten-GigabitEthernet1/0/49          UP
 2         Ten-GigabitEthernet1/0/50          UP
Member 2
 IRF Port  Interface                          Status
 1         Ten-GigabitEthernet2/0/49          UP
 2         Ten-GigabitEthernet2/0/50          UP
Member 3
 IRF Port  Interface                          Status
 1         Ten-GigabitEthernet3/0/49          UP
 2         Ten-GigabitEthernet3/0/50          UP
```

4. 配置 IRF 的 ARP MAD 检测功能

```
[H3C_Switch01]stp global enable
//开启 IRF 系统的 STP
[H3C_Switch01]stp region-configuration
//进入 MSTP 的域配置视图
[H3C_Switch01-mst-region]region-name ARPIRF
//配置 MSTP 域名为 ARPIRF
[H3C_Switch01-mst-region]instance 1 vlan 10
//创建 MSTP 的实例 1，配置 VLAN10 属于实例 1
[H3C_Switch01-mst-region]active region-configuration
//激活域配置
[H3C_Switch01-mst-region]exit
[H3C_Switch01]undo irf mac-address persistent
//配置 IRF 的 MAC 地址为立即更改
[H3C_Switch01]irf domain 1
```

```
//配置 IRF 域名为 1
[H3C_Switch01]vlan 10
[H3C_Switch01-vlan10]port GigabitEthernet 1/0/1 GigabitEthernet 2/0/1 GigabitEthernet 3/0/1
[H3C_Switch01-vlan10]exit
//创建 VLAN10，IRF 系统中 GE1/0/1、GE2/0/1 和 GE3/0/1 端口属于 VLAN10
[H3C_Switch01]interface Vlan-interface 10
[H3C_Switch01-Vlan-interface10]ip address 192.168.10.1 255.255.255.0
//进入 VLAN10 的管理接口，配置 IP 地址
[H3C_Switch01-Vlan-interface10]mad arp enable
//开启 ARP MAD 检测功能
You need to assign a domain ID (range: 0-4294967295)
[Current domain is: 1]:
The assigned domain ID is: 1
//配置检测的 IRF 域为 1

[H3C]sysname H3C_Switch04
[H3C_Switch04]stp global enable
[H3C_Switch04]stp region-configuration
[H3C_Switch04-mst-region]region-name ARPIRF
[H3C_Switch04-mst-region]instance 1 vlan 10
[H3C_Switch04-mst-region]active region-configuration
[H3C_Switch04-mst-region]exit
[H3C_Switch04]vlan 10
[H3C_Switch04-vlan10]port GigabitEthernet 1/0/1 to GigabitEthernet 1/0/3
[H3C_Switch04-vlan10]exit
[H3C_Switch04]interface Vlan-interface 10
[H3C_Switch04-Vlan-interface10]ip address 192.168.10.2 255.255.255.0
[H3C_Switch04-Vlan-interface10]exit
//配置交换机 H3C_Switch04 的 MSTP、VLAN10 和 VLAN10 的管理地址等。
```

5．验证 H3C 路由器 IRF 的 ARP MAD 配置信息

```
[H3C_Switch01]display mad verbose
//查看 IRF 系统的 MAD 详细信息
Multi-active recovery state: No
Excluded ports (user-configured):
Excluded ports (system-configured):
  Ten-GigabitEthernet1/0/49
  Ten-GigabitEthernet1/0/50
```

```
    Ten-GigabitEthernet2/0/49
    Ten-GigabitEthernet2/0/50
    Ten-GigabitEthernet3/0/49
    Ten-GigabitEthernet3/0/50
MAD ARP enabled interface:
    Vlan-interface10
MAD ND disabled.
MAD LACP disabled.
MAD BFD disabled.
//目前 IRF 系统中 ARP MAD 处于开启状态，使用端口为 VLAN10，状态正常
//实验完成
```